职业院校校企"双元"合作电气类专业立体化教材

电动机维修与拖动一体化教学工作页

主　编　李永华

副主编　陆锡都　黄绍凡　何凤爱

参　编　卢　慧　梁绍杰　黄小青

机械工业出版社

本书通俗易懂、图文并茂，以任务驱动形式呈现。全书分两个模块。模块一介绍电动机原理与维修，分为五个任务。模块二介绍电力拖动，分为六个任务，包含最基本的起动、制动技术，常用的电动机控制电路以及电力拖动技术。部分任务附有习题、技能训练，同时还对知识进行了拓展延伸，体现出以培养人才为目标、以培养电动机维修技能为主线的职教特色。

本书适合作为中等职业学校机电、电气类专业相关课程教材，或作为专业技术教师进行电机技术教学及自学者的参考用书，也可以作为相关培训班的培训教材。

为方便教学，本书配套电子课件、电子教案、习题答案及动画视频资源（以二维码形式呈现于书中）等，选择本书作为教材的教师可登录www.cmpedu.com 注册并免费下载。

图书在版编目（CIP）数据

电动机维修与拖动一体化教学工作页/李永华主编. —北京：机械工业出版社，2022.10

职业院校校企"双元"合作电气类专业立体化教材

ISBN 978-7-111-71873-4

Ⅰ.①电… Ⅱ.①李… Ⅲ.①电动机-维修-高等职业教育-教材②电力传动-高等职业教育-教材 Ⅳ.①TM320.7②TM921

中国版本图书馆 CIP 数据核字（2022）第 196226 号

机械工业出版社（北京市百万庄大街22号 邮政编码100037）
策划编辑：赵红梅　　　　责任编辑：赵红梅　王　荣　高亚云
责任校对：张亚楠　李　婷　封面设计：马精明
责任印制：单爱军
北京虎彩文化传播有限公司印刷
2023年2月第1版第1次印刷
184mm×260mm・13印张・335千字
标准书号：ISBN 978-7-111-71873-4
定价：45.00元

电话服务　　　　　　　　　网络服务
客服电话：010-88361066　　机　工　官　网：www.cmpbook.com
　　　　　010-88379833　　机　工　官　博：weibo.com/cmp1952
　　　　　010-68326294　　金　书　网：www.golden-book.com
封底无防伪标均为盗版　机工教育服务网：www.cmpedu.com

前 言

近十年来,电工电子行业高速发展,电动机新技术应用层出不穷,为各行业生产带来极大方便。在建筑、工厂车间、农业、轻工业等领域,电动机得以普及应用,象征着生产现代化的普遍实现。近年来,我国制造业已跻身世界前列,基建、轻工产品闻名于世,它们都建立在电动机全方位的应用之上。在生产现代化中,需要大量掌握电动机技术的人才,广大中等职业院校的机电技术专业或其他电类专业正是培养这类人才的摇篮。社会上有很多有志青年在上班之余也想学习电动机维修技术,以适应工作需要。在这个大背景下,编写一本具有实战作用、提供学习或教学参考的书籍显得十分重要。

编者从事一线电动机技术教学达30年,对电动机维修技术教学有较深了解,懂得学生和教师各自的需要,知道他们在教与学中的困惑,比如教师在教学中,除了对学生进行一般的技术讲授之外,还需要有相应的习题和具有针对性的技能训练。机电技术知识十分丰富,如何让学生在有限的时间里,学到较为实用的理论知识和扎实的操作技能,教师需要知道教学的重点内容,典型的知识点,行业生产的需要、发展进程和发展方向,还需要懂得学生学习困难点,帮助学生克服学习难点。同时,教师也要具备相应的电动机技术操作技能,而不是只会讲授理论知识,却不会实际操作,不懂得安装与维修。对于学生来说,学是为了用,关键是会正确使用设备器件,会对设备进行维护和检修,使生产正常运转。

为解决以上需要,本书以通俗易懂的语言,并配置大量插图,介绍电动机原理、维修、应用技术,适合中职学生的学习水平;在选材上,有电动机原理、电动机维修和电力拖动三大内容,涉及比较前沿的电动机应用,对于参加电气安装比赛的选手也具有很大的参考价值。

本书根据电动机技术内容分为两个模块,每一模块以任务驱动为教学点,大部分的学习活动配有习题和技能训练,体现教材以培养技能人才为目标,也为教师提供了教学服务。

本书在使用时,可根据情况进行课时安排,对于三年制中职学校机电专业,建议分两个学期进行教学,前一个学期进行模块一电动机原理与维修教学,计划用100~120课时,后一个学期进行模块二电力拖动教学,计划用100~110课时。其他专业可根据需要进行必要的取舍。

本书由李永华任主编,陆锡都、黄绍凡、何凤爱任副主编,卢慧、梁绍杰、黄小青参与编写。

由于编者水平有限,书中不妥之处在所难免,恳请读者批评指正。

编 者

目 录

前言

模块一　电动机原理与维修 ·············· 1

任务一　认识三相异步电动机的工作
　　　　原理与结构 ····················· 1
　　学习活动一　通过实验认识电动机工作
　　　　　　　　的基本电磁原理 ········· 1
　　学习活动二　分析三相电流经过三相
　　　　　　　　绕组产生旋转磁场的
　　　　　　　　过程 ····················· 4
　　学习活动三　分析旋转磁场转速及
　　　　　　　　初步认识三相4极
　　　　　　　　电动机 ··················· 10
　　学习活动四　学习三相电动机转向及
　　　　　　　　双速电动机的调速 ······ 14
　　学习活动五　观察三相异步电动机的
　　　　　　　　构造 ···················· 19
任务二　认识单相异步电动机和控制
　　　　电动机原理与结构 ············· 23
　　学习活动一　认识单相异步电动机
　　　　　　　　工作原理与结构 ········ 24
　　学习活动二　认识步进电动机工作
　　　　　　　　原理与结构 ············· 32
　　学习活动三　学习步进电动机转速
　　　　　　　　知识，了解步进电动机
　　　　　　　　驱动器 ·················· 36
　　学习活动四　认识交流伺服电动机
　　　　　　　　结构与工作原理 ········ 42
任务三　电动机维修基础 ················ 47
　　学习活动一　学习电动机基本检测
　　　　　　　　方法 ···················· 47
　　学习活动二　学习三相电动机故障
　　　　　　　　分析 ···················· 55
　　学习活动三　学习绕组基本知识 ······ 57
　　学习活动四　学习三相绕组的构成
　　　　　　　　原则 ···················· 67

任务四　电动机拆卸 ····················· 70
　　学习活动一　做好拆卸电动机的准备
　　　　　　　　工作 ···················· 70
　　学习活动二　拆卸机壳 ················ 74
　　学习活动三　拆卸旧绕组 ·············· 77
任务五　三相绕组嵌线 ·················· 81
　　学习活动一　选择绕线模板 ··········· 81
　　学习活动二　三相绕组嵌线练习 ····· 85
　　学习活动三　绕组的电气检测 ······· 100
　　学习活动四　学习浸漆与干燥
　　　　　　　　工艺 ··················· 103

模块二　电力拖动 ··················· 110

任务六　学习三相异步电动机起动和
　　　　制动方式 ······················ 110
　　学习活动一　学习三相异步电动机的
　　　　　　　　起动方式 ·············· 110
　　学习活动二　学习三相异步电动机的
　　　　　　　　制动方式 ·············· 115
任务七　学习三相异步电动机基本控制
　　　　电路 ··························· 119
　　学习活动一　学习直接起动控制
　　　　　　　　电路 ··················· 120
　　学习活动二　学习三相异步电动机
　　　　　　　　减压起动控制电路 ···· 142
任务八　三相异步电动机调速 ········· 152
　　学习活动一　变极调速 ·············· 152
　　学习活动二　变转差率调速 ········· 158
　　学习活动三　变频调速 ·············· 163
任务九　步进电动机应用 ·············· 174
　　学习活动一　学习两相混合式步进电动
　　　　　　　　机调速应用电路 ······ 175
　　学习活动二　学习步进电动机调速
　　　　　　　　控制方法 ············· 179
任务十　交流伺服电动机的应用 ······ 184
任务十一　电动机综合控制 ··········· 192

参考文献 ····························· **202**

模块一 电动机原理与维修

任务一 认识三相异步电动机的工作原理与结构

学习目标

1. 掌握三相异步电动机的构造。
2. 能描述三相异步电动机的旋转原理。
3. 能分析三相 4 极 12 槽旋转磁场的产生过程。
4. 了解旋转磁场反向旋转的方法原理。
5. 掌握转差率公式及含义。
6. 会拆卸电动机。
7. 掌握三相电动机铭牌上的几个重要参数的含义。

任务情境描述

对三相电动机进行应用与维修的前提是掌握三相异步电动机的工作原理和结构,根据电动机铭牌选择电动机以及控制方式。在三相电动机应用时,须掌握电动机转差率概念,避免概念不清而烧毁电动机。在三相电动机维修时,须掌握正确的拆卸方法。

学习过程与活动

1. 通过实验了解电生磁的现象及旋转磁场对闭合导体的作用力。
2. 分析理解简单的三相绕组产生旋转磁场的过程。
3. 分析理解常见的 4 极电动机的三相绕组产生旋转磁场的过程。
4. 分析理解电动机转向的改变方法,理解转差率概念,初步认识双速电动机的调速方法。
5. 通过拆卸电动机,掌握电动机的构造。
6. 认识电动机铭牌上的几个重要参数,了解在实际使用中如何选择异步电动机。

学习活动一 通过实验认识电动机工作的基本电磁原理

学习目标

1. 分组完成电动机原理的两个实验。
2. 结合电工学原理及教材理论分析,理解实验原理。

建议学时

建议 2 学时。

学习材料

一、通过实验认识电和磁的关系

常见的能量种类有电能、机械能、光能、化学能、核能、热能等，它们在一定条件下可以相互转化，例如：流动的水具有机械能，可用于驱动水轮机转动，水轮机又可带动发电动机旋转，产生电能；燃料具有化学能，燃烧时转化为热能；日常使用的电动机工作时消耗电能，转化为机械能，带动其他机械转动，提供动力；电动车消耗直流电能，转化为电动机的机械能，驱动车轮旋转前进。

让我们通过图 1-1 所示实验来认识电动机的基本电磁原理。

接通开关时，磁场中原来静止的导体迅速向外摆动，说明导体在磁场中受到了作用力；改变电源极性，电流方向变化后，导体向内摆动，说明受力方向发生了变化，这个力称为安培力，也是常说的电磁力，其方向与导体中的电流方向有关系。

实验说明，电能在磁场中转化为机械能，电能、磁能、机械能是电动机的三个基本要素，所有的电动机都是利用这三个要素相互转化的原理制造出来的。

在这个实验中，磁场、电源、闭合电路等要素构成了基本单元。实际中，根据磁场的来源、电源的种类可派生出直流电动机和交流电动机，比如，如果磁场是由交流电产生的，则称为交流电动机，

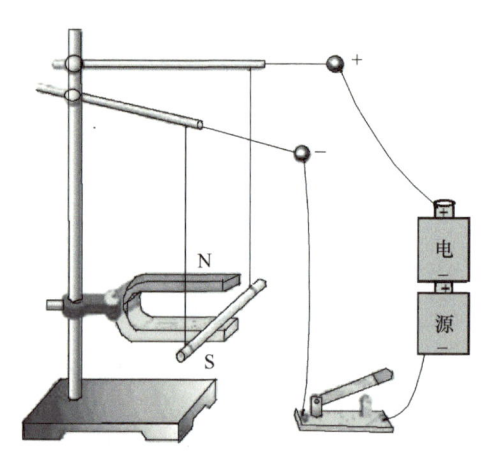

图 1-1 通电导体在磁场中受力

由直流电产生的，则称为直流电动机；由永磁铁产生的，则称为永磁电动机；由三相电源产生的，则称为三相电动机；由单相交流电源产生的，则称为单相电动机。

三相异步电动机可直接接入三相交流电源，将电能转化为机械能。三相异步电动机已广泛用于工农业生产，它具有运行可靠、结构简单、效率高、容易维护等优点，本任务主要介绍它的工作原理和基本结构。

二、利用实验演示电动机模型——认识旋转磁场对闭合导体的作用力

异步电动机转动原理用到了如下物理知识：闭合导体切割磁力线产生感应电流；电流与磁场正交时，导体受磁场力最大。

图 1-2 所示是一个装有手柄的 U 形磁铁，磁极间放有一个可以自由转动的、由铜条组成的转子，铜条两端分别用铜环连接起来，形似鼠笼，可称为笼型转子。磁极和转子间没有机械连接。当磁极旋转时，发现转子跟着磁极一起转动。磁极转得快，转子也转得快，磁极转得慢，转子也转得慢，再仔细观察，转子总是转得比磁极慢一些，当磁极反转时，转子马上

反转。

异步电动机转子转动原理与上述演示实验相似。当磁极向顺时针方向旋转时，磁极的磁力线切割转子铜条，铜条中就会感应出电动势。电动势的方向由右手定则确定。在这里应用右手定则时，可假设磁极不动，而转子铜条向逆时针方向旋转切割磁力线，这与实际上磁极顺时针方向旋转时磁力线切割转子铜条是相当的。

由于磁极转速总是快过转子，它们存在相对运动，所以不停地做切割磁力线运动，不停地产生感生电动势。

在电动势的作用下，闭合的铜条中就有感应电流，感应电流与旋转磁极的磁场相互作用，而使转子铜条受到安培力 F，安培力的方向可用左手定则来判定，由安培力产生电磁转矩，转子就转动起来，由图1-3可见，转子转动的方向与磁极旋转的方向是相同的。

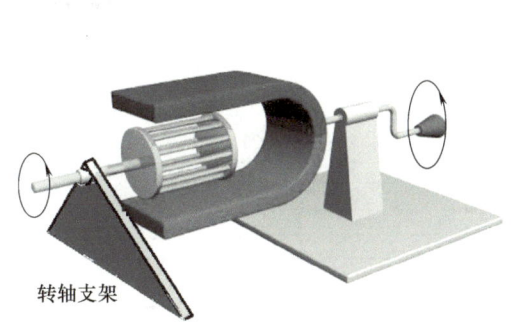

图1-2　旋转磁场带动铜笼同方向转动　　图1-3　轴横截面图

在上述实验中过程中发生了两个过程：①因为铜条切割磁力线而产生感应电流；②铜条中的电流受磁场作用力，因此铜笼因磁场作用力而转动起来。

以上实验分析可得到如下结论：旋转磁场可使闭合铜笼跟着旋转（转速稍慢于磁场转速，$n<n_0$）。三相异步电动机就是在此基础上工作的，它的内部也有旋转磁场，也有铜笼，这是电动机最基本的构成部分。

学习过程与检测

一、填空题

1. 根据图1-1实验，接通开关时，磁场中的那根导体向_____（左、右、前、后）摆动。

2. 旋转磁场对闭合导体_____（有或没有）力的作用。改变旋转磁场的旋转方向，闭合导体受力方向_____（会或不会）改变。

3. 图1-2实验中，铜笼中_____（产生或不产生）感应电流。笼条在磁场中_____（受或不受）力的作用。

4. 如果将磁铁和电源如图1-4所示放置，接通开关时，导体向_____（左、右、前、后）摆动。

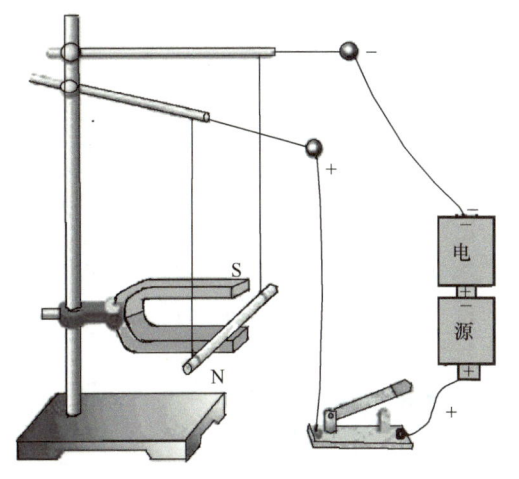

图1-4　填空题4图

二、简答题

1. 将图 1-4 中的直流电换为 50Hz、5V 交流电，磁铁不变，则通电时，导体受力运动情况如何？

2. 图 1-2 实验发生了哪两个电和磁的转化过程？

完成表 1-1 的评价与分析。

表 1-1　评价与分析

班级		姓名		日期	
序号	评 价 要 点		配分	得分	总评
1	成功完成图 1-1 和图 1-2 的实验		15		A≥90 80≤B<90 60≤C<80 D<60
2	完成填空题 1		5		
3	完成填空题 2		10		
4	完成填空题 3		10		
5	完成填空题 4		10		
6	完成简答题 1		10		
7	完成简答题 2		10		
8	正确解释实验现象		10		
9	爱护实验设备，无损坏仪器		5		
10	与同学团结合作良好		5		
11	遵守课堂纪律		10		
学习小结与建议					

学习活动二　分析三相电流经过三相绕组产生旋转磁场的过程

1. 掌握三相异步电动机的三个绕组首尾端标识符号。
2. 掌握三相绕组的星形联结和三角形联结。
3. 理解最简单的三相绕组产生旋转磁场的过程（依照图 1-9 进行分析）。
4. 了解旋转磁场形成的条件。
5. 完成技能训练内容。

建议 4 学时。

一、了解电动机定子绕组的构成

从前一学习活动我们知道,电动机模型通过旋转磁场带动铜笼旋转,那么实际的三相异步电动机如何产生旋转磁场呢?

产生旋转磁场是三相电源和三个绕组共同作用的结果,缺一不可。绕组由一个或多个线圈串联或并联构成(以串联多为常见)。线圈是由绝缘导线制成的。如表1-2中的图a-c所示,最简单的绕组是由一个线圈置于电动机定子铁心槽里构成,复杂一些的绕组是两个及以上的线圈置于电动机定子铁心槽里构成。

表1-2 绕组

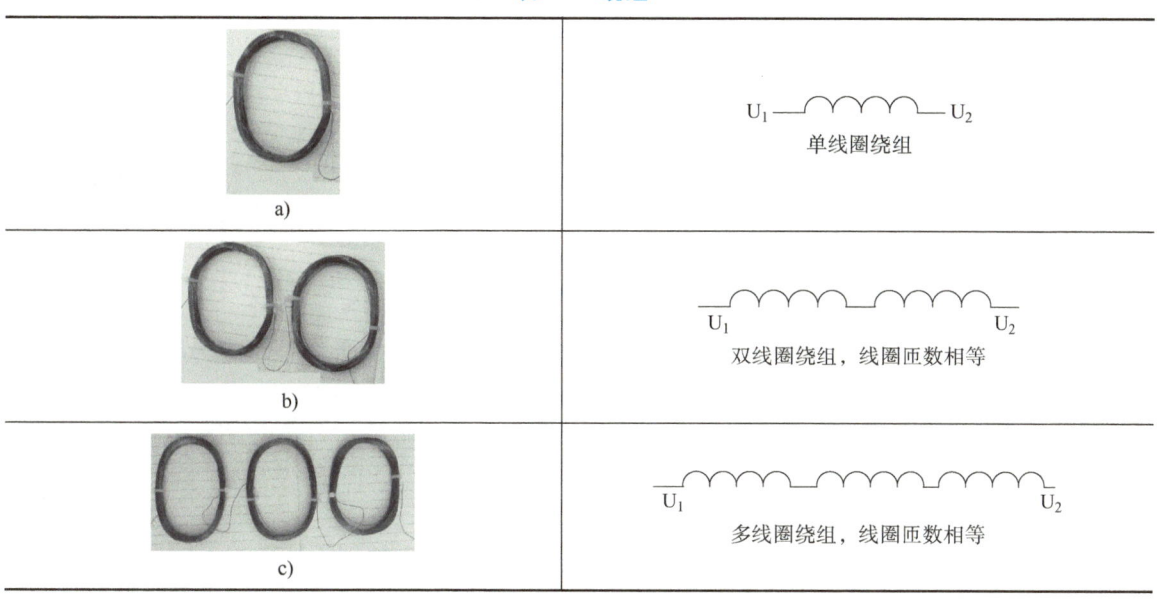

三相电动机内有三个相同的绕组,即各绕组的线圈个数相同,每个线圈的匝数也相同,各绕组分别称为U相、V相、W相,合称为三相绕组,绕组的首尾端分别标识为U_1U_2、V_1V_2、W_1W_2,三相绕组之间可采用星形联结,也可采用三角形联结,如图1-5和图1-6所示。

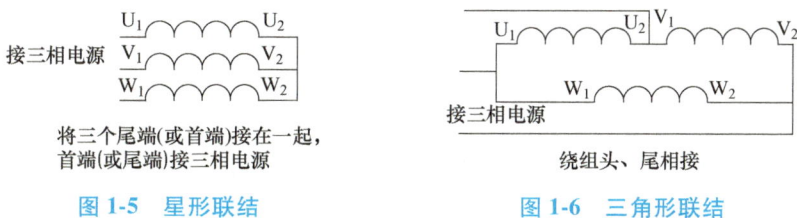

图1-5 星形联结   图1-6 三角形联结

二、认识最简单的三相电动机定子绕组空间分布

现以一台最简单的三相异步电动机进行分析,电动机定子铁心有6个线槽,三相绕组各

由一个线圈组成,共三个线圈,各线圈两边按图1-7嵌入槽中,各绕组的首尾端伸出前面槽口,并接成星形。

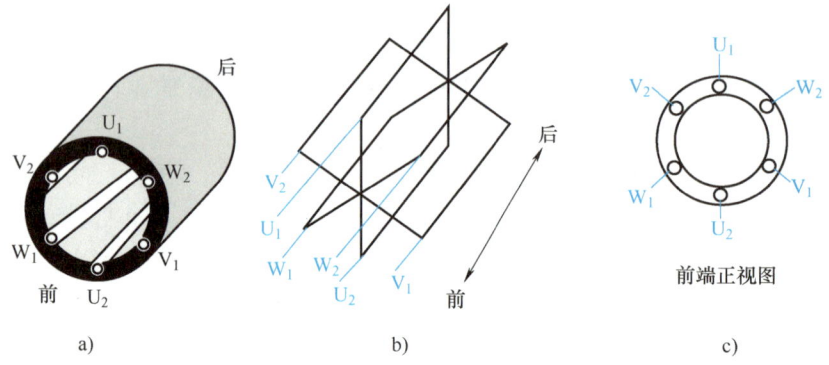

图1-7 定子铁心、定子绕组立体图

这些绕组固定安装在定子铁心里,所以称为定子绕组。这样就构成了一个最简单的定子,这样的结构为定子绕组产生旋转磁场提供了必要条件。

当三相绕组接至三相对称电源时,接线如图1-8所示,由于三相绕组对称,三相交流电源对称,所以定子绕组的电流强度相等,相位互差120°。即三相绕组中便通入三相对称电流 i_U、i_V、i_W,则

$$i_U = I_m \sin\omega t$$
$$i_V = I_m \sin(\omega t - 120°)$$
$$i_W = I_m \sin(\omega t - 240°)$$

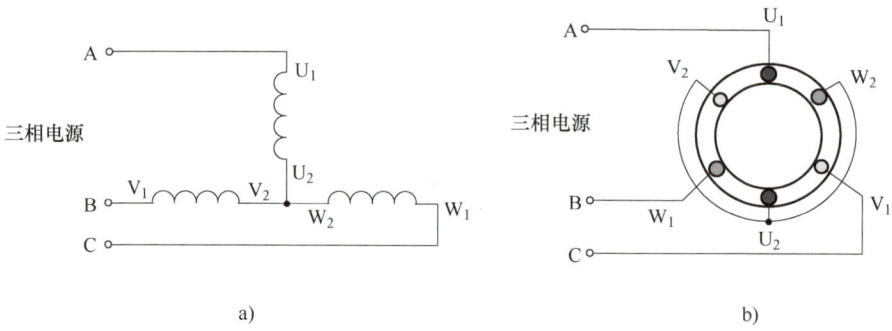

图1-8 绕组星形接线图

电流的参考方向和随时间变化的波形如图1-9所示。

三、认识简单的三相定子绕组通电后产生旋转磁场的过程

1)电流参考方向的选取。取绕组首端到尾端的方向为电流的参考方向,即电流为正值时,电流从首端流入,经绕组内部后,从尾端流出;电流为负值时,电流从尾端流入,经绕组内部后,从首端流出。

在图1-9中,电动机前端子的小圆圈表示线圈横截面,"⊙"表示电流流出,"⊕"表示电流注入。

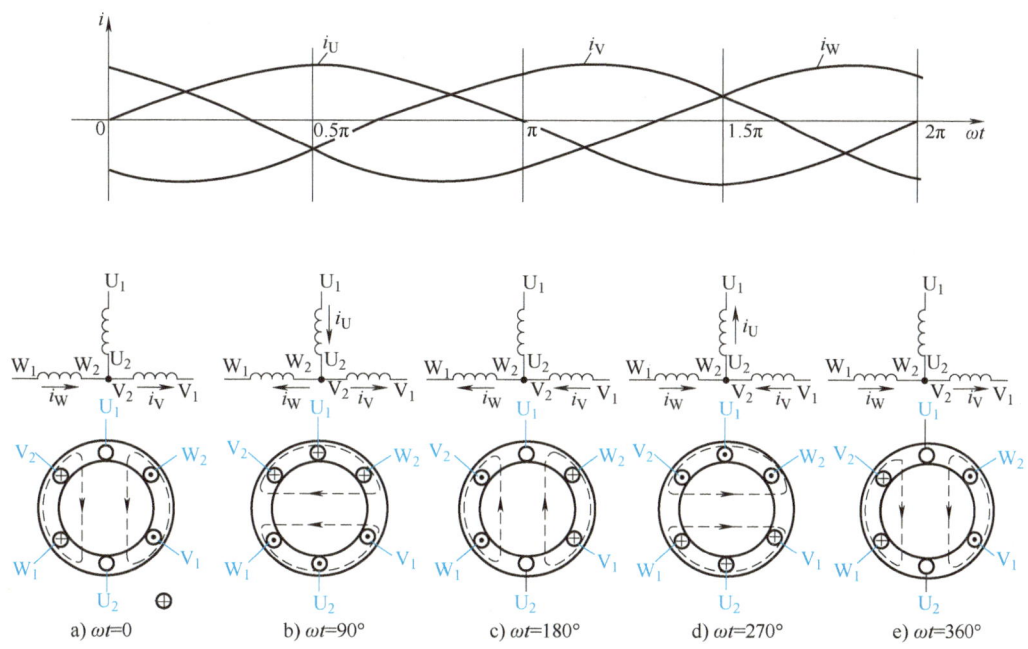

图 1-9 电流的参考方向和随时间变化的波形

2)当 $\omega t=0$ 时,W 相电流为正值,电流从 W_1 流入,用"⊕"表示,从 W_2 流出,用"⊙"表示;V 相电流为负值,电流从 V_2 端流入,用"⊕"表示,从 V_1 端流出,用"⊙"表示;U 相电流为零,所以 U 相绕组首尾端 U_1、U_2 均用"○"表示。根据分析,得到绕组电流方向如图 1-9a 所示。根据右手螺旋定则,可得到图中所示磁场方向。左右两部分磁场经合成,得到自上而下的合成磁场。

3)当交流电流经过 1/4 周期后,即 $\omega t=0.5\pi=90°$,根据上述方法分析,此时上下两部分磁场经合成,得到自右向左的合成磁场。这时合成磁场在空间顺时针转过了 90°。如图 1-9b 所示。

4)当交流电流经过 1/2 周期后,即 $\omega t=\pi=180°$,根据上述方法分析,此时左右两部分磁场经合成,得到自下向上的合成磁场。这时合成磁场在空间顺时针又转了 90°。如图 1-9c 所示。

5)当交流电流经过 3/4 周期后,即 $\omega t=3\pi/2=270°$,根据上述方法分析,此时上下两部分磁场经合成,得到自左向右的合成磁场。这时合成磁场在空间顺时针又转过了 90°。如图 1-9d 所示。

6)当交流电流经过 1 周期后,即 $\omega t=2\pi=360°$,根据上述方法分析,此时左右两部分磁场经合成,得到自上向下的合成磁场。这时合成磁场在空间顺时针又转过了 90°。如图 1-9e 所示。

以上分析可知,当定子绕组中通入三相电流后,它们共同产生的合成磁场随电流的交变而在空间不断地旋转,这就是旋转磁场。

绕组产生的旋转磁场与磁极在空间旋转所起的作用是一样的。也就是三相电流产生的旋转磁场切割转子导体(铜条或铝条),便在其中感应出电动势和电流,转子电流同旋转磁场相互作用而产生的电磁转矩使电动机转动起来。

四、形成旋转磁场的条件

经总结分析，可以知道形成旋转磁场的条件是：
1) 三相电流相位差 120°。
2) 各相绕组的线圈在定子空间分布均匀，且绕组间错开均匀分布。

学习过程与检测

一、判断题

1. 将三相交流电流分别通入三个绕组，就一定能产生旋转磁场。（   ）
2. 将单相交流电通入三相绕组，也能产生旋转磁场。（   ）
3. 三相交流电的相位差是 120°。（   ）
4. 只要将三相绕组装入电动机定子槽里，通入三相交流电，就一定能产生旋转磁场。（   ）
5. 三相绕组的线圈在定子空间分布均匀，且绕组间错开均匀分布。（   ）

二、作图题

将图 1-10 三相绕组分别连接成星形和三角形（画线表示）。

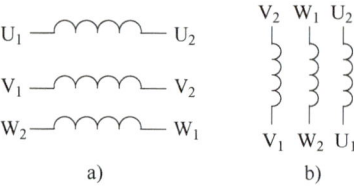

图 1-10　作图题图

三、填空题

1. 三相绕组能产生旋转磁场的条件是：
(1) _____。
(2) _____。
2. 如图 1-9 所示，当电流经过一个周期之后，磁场转过的角度是_____。
3. 如果交流电周期是 0.5s，则三相绕组旋转磁场转速是_____ r/min。
4. 关于定子绕组在空间分布，请总结它的分布规律。
定子绕组空间分布规律：_____
_____。

技能训练

分组完成表 1-3 的技能训练。

表 1-3　技能训练——测量绕组电阻及进行绕组连接

技能训练时间	_____年____月____日　星期____第____节　地点_____
技能训练指导教师	

（续）

技能训练项目小组名单		人数	
技能训练内容	1. 测量绕组电阻 2. 分别将绕组接成星形和三角形		
技能训练设备及型号	三相异步电动机 YS5022		
技能训练工具	万用表、十字螺钉旋具、导线若干		
技能训练步骤	1. 在电动机接线盒上分别找出接线端子：U_1、U_2、V_1、V_2、W_1、W_2 2. 在机壳上找出 PE 接线螺钉 3. 使用万用表欧姆档 R×10 或 R×100 或数字万用表 2k 档测量并将数据填于技能训练记录表中 技能训练记录表　测量电阻 | 点对点	电阻	点对点	电阻	点对点	电阻 | |---|---|---|---|---|---| | U_1、U_2 | | V_1、V_2 | | W_1、W_2 | | | U_1、V_1 | | V_1、U_1 | | W_1、U_1 | | | U_1、V_2 | | V_1、U_2 | | W_1、U_2 | | | U_1、W_1 | | V_1、W_1 | | W_1、V_1 | | | U_1、W_2 | | V_1、W_2 | | W_1、V_2 | | | U_1、PE | | V_1、PE | | W_1、PE | | 4. 操作结束后收拾器材，打扫现场 图 1-11 所示为三相电机接线盒，根据上述测量结果，请用线圈符号将各相绕组的两个端子连接起来 图 1-11　三相电机接线盒 回答：三相绕组中，各相绕组端子分别是哪两个？填写到下面空格中 第一相绕组端子是：_____ 第二相绕组端子是：_____ 第三相绕组端子是：_____ PE 是什么端子？_____ 思考：各相绕组的电阻大小有什么联系？		
技能训练评价	执行力（技能训练效率）100%	团结协作力 100%	遵守现场秩序 100%	综合成绩（平均）

评价与分析

各技能训练小组完成表 1-4 的评价与分析。

表 1-4 评价与分析

班级			姓名		日期	
序号	评价要点		配分		得分	总评
1	完成判断题 1		4			
2	完成判断题 2		4			
3	完成判断题 3		4			
4	完成判断题 4		4			
5	完成判断题 5		4			
6	完成作图题图 1-10a		5			A≥90
7	完成作图题图 1-10b		5			80≤B<90
8	完成填空题 1		5			60≤C<80
9	完成填空题 2		5			D<60
10	完成填空题 3		5			
11	完成填空题 4		5			
12	完成技能训练		38（技能训练综合成绩的 38%）			
13	爱护实验设备，无损坏仪器		4			
14	与同学团结合作良好		4			
15	遵守课堂纪律		4			
学习小结与建议						

学习活动三　分析旋转磁场转速及初步认识三相 4 极电动机

学习目标

1. 了解磁极数和磁极对数关系。
2. 掌握交流电变化一周，4 极 12 槽电动机磁场运行情况（旋转角度）。
3. 掌握同步转速公式，并背记 2 极、4 极、6 极电动机同步转速。

建议学时

建议 3 学时。

学习材料

一、旋转磁场磁极数

前面分析的电动机中，在每一个时刻，电动机内的合成磁场只有一个方向，相当于电动机外部有一对磁极（一个 S 极和一个 N 极），如图 1-12 所示，常用 p 表示电动机磁极对数，故上述电动机 $p=1$，也称为 2 极电动机。在三相异步电动机中，按照电动机工作时定子绕组产生的磁极数量分类,可以分为 2 极电动机、4 极电动机、6 极电动机、8 极电动机等。

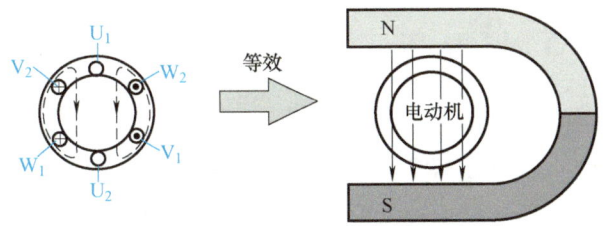

图 1-12 2 极电动机

二、旋转磁场转速

根据前面旋转磁场分析可知,当交流电流变化了一周期,磁场转过了 360°,即转一周,我国交流电周期是 $T=0.02\text{s}$,上述电动机磁场转速为

$$n_0 = \frac{1\text{r}}{0.02\text{s}} = 50\text{r/s} = 3000\text{r/min}$$

磁场转速称为同步转速,用 n_0 表示,转子转速 n 和同步转速 n_0 关系是

$$n < n_0$$

由于两者速度不一样,所以铜条不断地进行切割磁力线运动,使得感应电动势源源不断地建立起来,电磁转矩也就不停地驱动转子旋转,形成稳定的转矩。

上面的转子铜笼就是产生电磁感应的电路部分,感应电流在铜笼中产生,所以这部分铜条称为转子绕组。三相交流电+定子绕组+转子绕组,构成了三相电动机工作的基础。

总结得出三相 2 极电动机具有如下特点:

1)绕组的头端 U_1、V_1、W_1 均匀分布在一个圆周上,360°÷3 相 = 120°/相,所以绕组头端相差 120°圆心角,同理,绕组尾端也相差 120°圆心角;$p=1$,同步转速 $n_0 = 3000\text{r/min}$。

2)每相绕组在定子圆周上对称分布;每相绕组规格(线圈数、匝数、线圈大小)相同。

三、三相 4 极异步电动机绕组结构

前面分析的电动机是 6 槽 3 线圈 2 极三相电动机,是最简单的电动机,实际上,旋转磁场的极数和三相绕组的空间布置有关。下面分析 4 极三相电动机的绕组结构。

假设定子铁心有 12 槽,如图 1-13a 所示,按图 1-13b,每两个线圈串联起来作为一相绕组,按图 1-14 布置三相绕组。

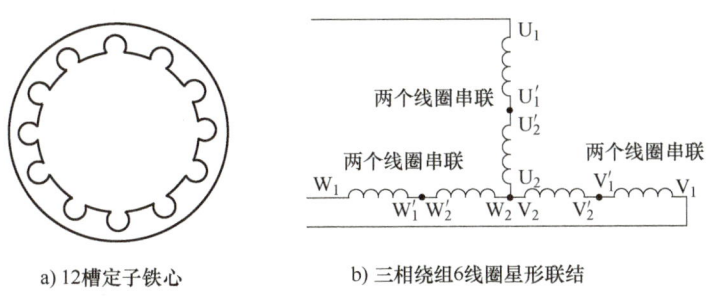

a) 12 槽定子铁心   b) 三相绕组 6 线圈星形联结

图 1-13 12 槽定子三相绕组 6 线圈

这样布置三相绕组6个线圈，各绕组的头端之间只相差 $360°÷12×2=60°$，相隔两线槽。

这些绕组线圈的布置遵从规律：每相绕组的各个线圈均匀分布在定子空间线槽上，具有对称性，各相绕组之间错开位置布局。

不同极数的电动机，绕组头端相差空间角可用公式 $120°/p$ 计算。

四、三相4极异步电动机的旋转磁场

如图1-15所示是三相绕组构成4个磁极的定子，经分析可知，当电流变化1/2周期时，从图1-15a~c所示，磁场顺时针移动了90°，所以当磁场旋转一周时，电流要变化两个周期。

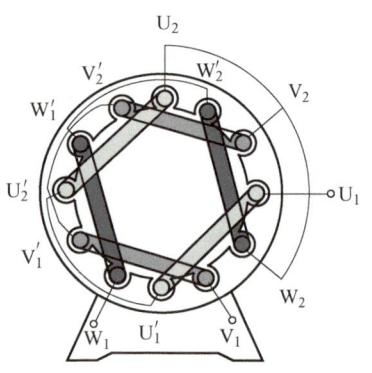

图1-14 三相4极电动机绕组布置端面图

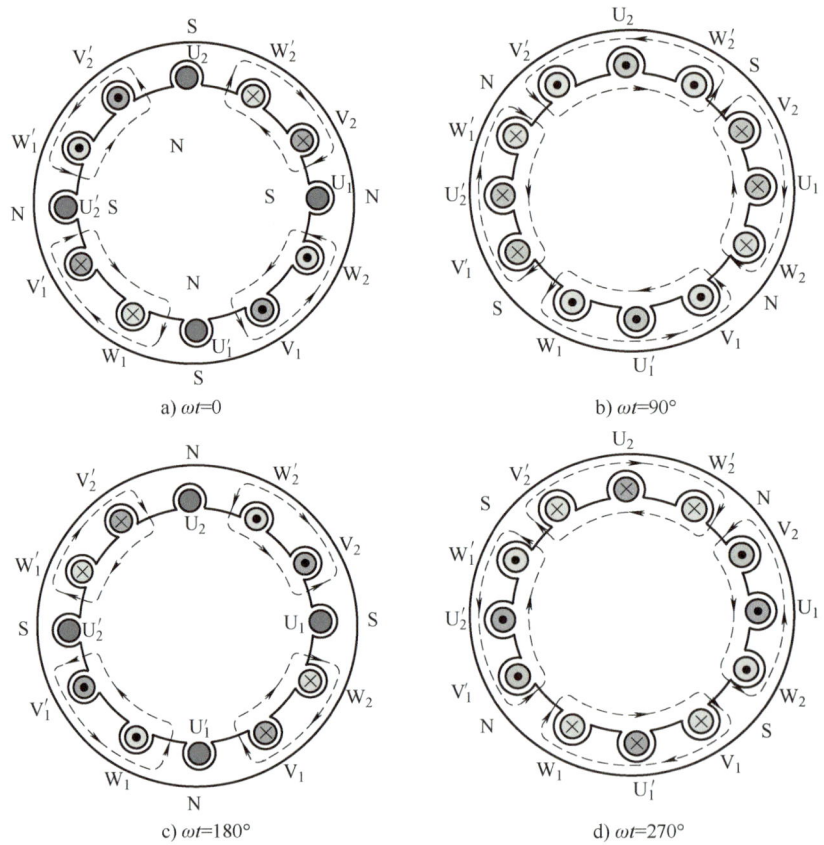

图1-15 三相4极电动机磁场（$p=2$）

由此可计算磁场转速（交流电周期0.02s）：

$$n_0 = 25\text{r/s} = 1500\text{r/min}$$

总结以上规律可知：

$p=1$　　每相绕组至少1个线圈

$p=2$　每相绕组至少 2 个线圈

$p=3$　每相绕组至少 3 个线圈

...

总结得出 4 极电动机特点：$p=2$，同步转速 $n_0=1500$r/min；每相绕组在定子圆周上对称分布；每相绕组规格（线圈数、匝数、线圈大小）相同。

五、转子的转速 n 和旋转磁场的转速 n_0

旋转磁场转速与交流电频率有关，当电源频率为 f 时，合成磁场转速为

$$n_0 = \frac{60f}{p}$$

式中，n_0 为旋转磁场的转速，单位为 r/min（转/分），我国的电力网电源频率 $f=50$Hz，故电动机磁极对数 p 与同步转速的对应关系如下：

$p=1$　　$n_0=3000$r/min

$p=2$　　$n_0=1500$r/min

$p=3$　　$n_0=1000$r/min

$p=4$　　$n_0=750$r/min

前面提到，$n<n_0$，即转子速度始终小于同步转速，只有这样，转子与旋转磁场有相对运动，才能做切割磁力线运动，才能不断地产生感应电动势，不断地产生电磁转矩，形成稳定转速。由于 $n<n_0$，因此这种电动机称为异步电动机。

又由于异步电动机的转子绕组不直接与电源线路相连接，而是靠定子绕组产生的旋转磁场感应到转子绕组提供机械功率，因此称为感应电动机。

学习过程与检测

一、填空题

1. _____ 称为同步转速。
2. 常用字母 _____ 表示电动机磁极对数。
3. 我国交流电频率是 _____，对应于三相 2 极电动机的同步转速是 _____，对应于三相四极电动机的同步转速是 _____。
4. 已知电源频率和电动机磁极数，则同步转速计算公式为 _____。
5. 三相 6 极电动机的同步转速是 _____。该电动机电流变化一周期时，磁场转过角度为 _____。
6. 人们常说的三相异步电动机中的"异步"指的是 _____。
7. 根据本任务知识介绍，总结得出三相 4 极电动机的特点：_____。
8. 三相绕组线圈的布置遵从规律：_____。

二、判断题

1. 同一交流电源下，磁极对数越多的电动机，转速越高。（　　）
2. 同一交流电源，6 极电动机同步转速大于 2 极电动机。（　　）
3. 三相异步电动机转子转速高于旋转磁场转速。（　　）
4. 提高三相电动机的电源频率，可以提高电动机的转速。（　　）

评价与分析

各小组填写完成表1-5的评价与分析。

表1-5　评价与分析

班级		姓名		日期	
序号	评价要点		配分	得分	总评
1	完成填空题1		5		
2	完成填空题2		5		
3	完成填空题3		5		
4	完成填空题4		5		
5	完成填空题5		5		
6	完成填空题6		5		A≥90
7	完成填空题7		15		80≤B<90
8	完成填空题8		15		60≤C<80
9	完成判断题1		5		D<60
10	完成判断题2		5		
11	完成判断题3		5		
12	完成判断题4		5		
13	不迟到早退		10		
14	与同学团结合作良好		5		
15	遵守课堂纪律		5		
学习小结与建议					

学习活动四　学习三相电动机转向及双速电动机的调速

 学习目标

1. 掌握转速跟转差率之间的关系。
2. 掌握三相电动机改变转向的方法。
3. 掌握双速电动机变极调速的原理。

 建议学时

建议3学时。

学习材料

一、转差率

转差率又称"滑差率"。异步电动机转速 n 与同步转速 n_0 之差与同步转速的百分比称为转差率，用 s 表示，即

$$s = \frac{n_0 - n}{n_0} \times 100\%$$

异步电动机的转子转速 n 与旋转磁场的同步转速 n_0 之差是保证异步电动机工作的必要条件。两者相差越大，感应电流会越大，例如在电动机刚起动瞬间，转子转速为0，而旋转磁场转速是恒定值，这时转子绕组感应电流很大，起动转矩很大；如果转子空载或轻载，转速会很快地被提升，从而接近同步转速。

从力学基本知识可知，转速×转矩=功率。当电动机加载后，转子转速下降，从而加大了切割磁力线运动，产生更大的感应电流，转子转矩得到提升，从而对外输出机械功率。从另一方面来说，当负载增加时，转子转速下降，定子绕组中产生的反电动势减小，在外加电压不变的情况下，定子电流增大，从而从电网消耗的电能增加，所以负载越重，电能消耗跟着增加，符合能量守恒定律。

电动机空载转差率小于额定负载的转差率，空载转差率为0.4%～0.7%，一般中小型异步电动机在额定电压和额定负载情况下，额定负载的转差率2%～7%。

二、电动机转子旋转方向的改变

电动机转子转动的方向和磁场的旋转方向相同，如果需要电动机转子反转，必须改变旋转磁场的旋转方向。在三相电流中，电流出现正幅值的顺序为

$$U_1 \to V_1 \to W_1 \to U_1 \to V_1 \to W_1$$

A、B、C 三相电源分别接 U、V、W 三相绕组，电源相序 A→B→C，因此磁场的旋转方向是与电源相序一致的，即磁场的转向与通入绕组的三相电流的相序有关。

电源相序 A→B→C 称为正相序，如图 1-16a 所示，对应的磁场旋转方向为 $U_1 \to V_1 \to W_1$，电动机正转，如图 1-16b 所示；如果将同三相电源连接的三根导线中的任意两根对调位置，如对调了 B 与 C 两相，则电动机绕组的 V_1 相与 W_1 相对调，三相电流相序变为

$$U_1 \to W_1 \to V_1 \to U_1 \to W_1 \to V_1 \cdots$$

如图 1-16c 所示，旋转磁场因此反转，电动机也就跟着改变转动方向。绕组通电相序改变，磁场移动方向随着改变，如图 1-17 所示。

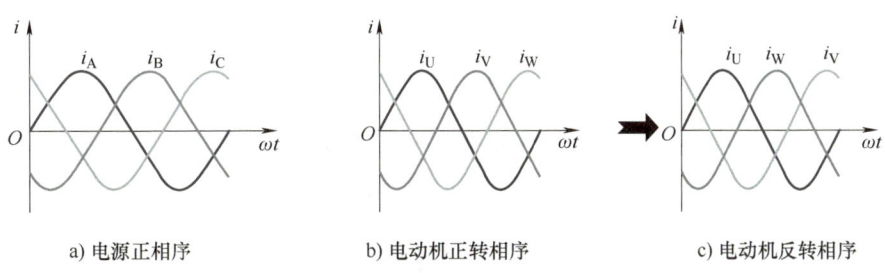

a) 电源正相序　　　b) 电动机正转相序　　　c) 电动机反转相序

图 1-16　各相电流波形

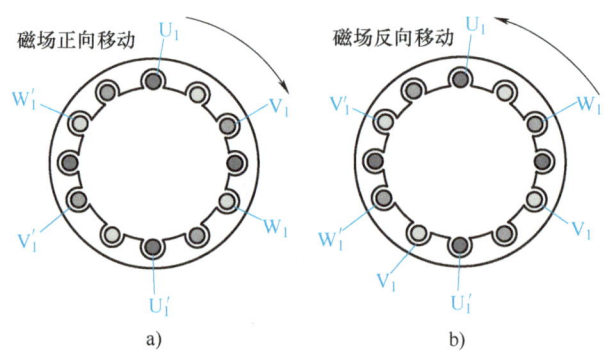

图 1-17 绕组通电相序改变，磁场移动方向随着改变

三、三相双速异步电动机

有些三相异步电动机通过改变绕组端部的接线，可以使电动机改变磁极数，从而具有两种同步转速，这种电动机被称为双速电动机。图 1-18 所示为双速电动机变极调速原理，其中 U 相绕组如果用顺串接法，则形成 4 极磁场；如果采用反并接法，形成 2 极磁场。U 相线圈顺串时对应低速，反并联时对应高速。

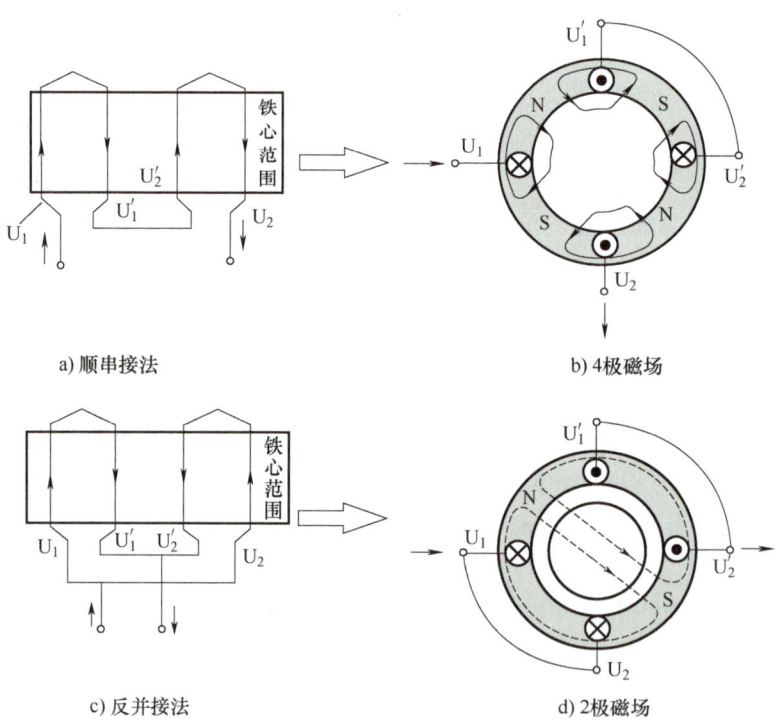

图 1-18 双速电动机变极调速原理

4/2 极双速异步电动机定子绕组接法如图 1-19 所示，线端号码均在电动机外壳上标志清楚，需按图连接，三相绕组为三角形联结时，电动机以 4 极运行，为低速；三相绕组为双星形联结时，电动机以 2 极运行，为高速。

图 1-20 是某 12 槽三相双速 4/2 极异步电动机绕组接线展开图以及外部接线端连接方法，

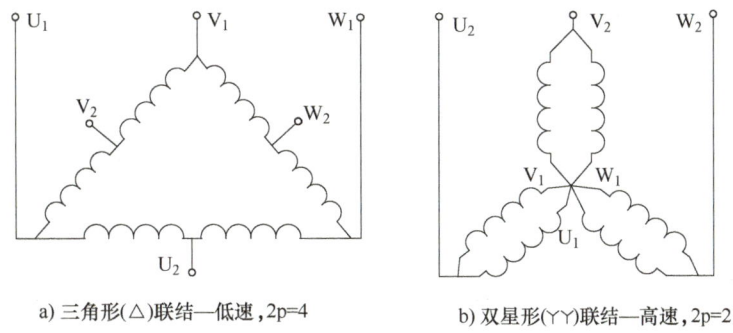

a) 三角形(△)联结—低速,2p=4　　　b) 双星形(丫丫)联结—高速,2p=2

图 1-19　双速异步电动机定子绕组△/丫丫联结

图中箭头是其中一相绕组某一时刻的电流方向，从箭头方向可判定磁极数，图 1-20a 是 4 极，低速运行；图 1-20b 是 2 极，高速运行。

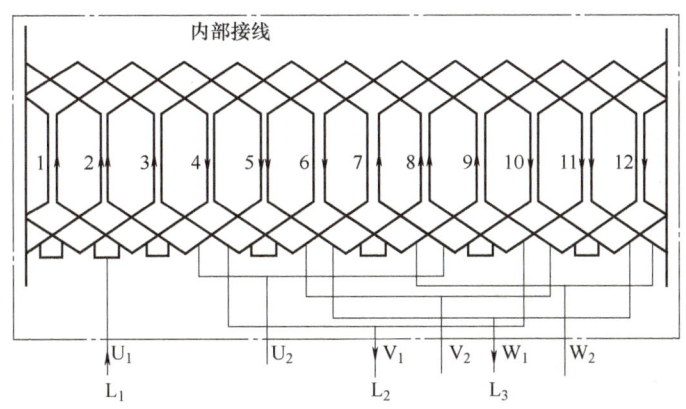

a) 12 槽 4 极(三角形低速)绕组接线展开图

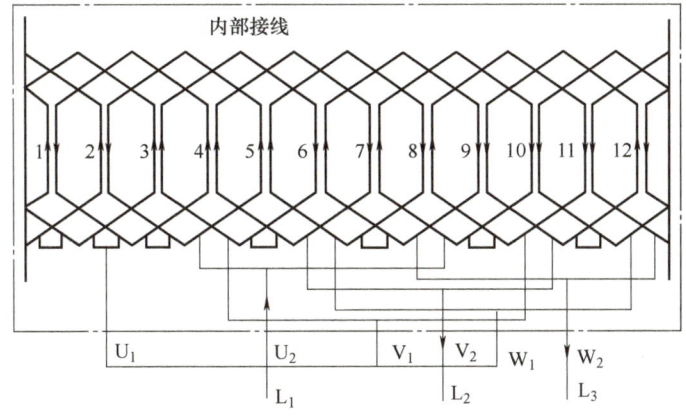

b) 12 槽 2 极(双星形联结)绕组接线展开图

图 1-20　双速异步电动机端部接线的改变

学习过程与检测

一、填空题

1. 转差率公式为_____。

2. 电动机带上重负载后,转速变慢,这时电动机转差率_____(增大或减少)。

3. 电动机刚起动瞬间,转差率最_____(大或小)。

4. 绕组通电相序改变,电动机旋转磁场转动方向_____。

二、判断题

1. 转差率小的电动机,转速高。( )
2. 空载时的电动机,转差率最大。( )
3. 重载时的电动机,转差率最小。( )
4. 改变电动机转向就是改变通入三相绕组的电流相序来实现的。( )
5. 调换接入三相电动机的三相电源线的任意两根,即可改变电动机转向。( )
6. 转差率大的电动机,同步转速也高。( )

三、简述题

1. 简述双速电动机变极调速原理。
2. 双速电动机是怎样通过变极从而实现变速的?

评价与分析

完成表1-6的评价与分析。

表1-6 评价与分析

班级		姓名		日期	
序号	评价要点		配分	得分	总评
1	完成填空题1		6		
2	完成填空题2		6		
3	完成填空题3		6		
4	完成填空题4		6		
5	完成判断题1		6		
6	完成判断题2		5		
7	完成判断题3		5		A≥90
8	完成判断题4		5		80≤B<90
9	完成判断题5		5		60≤C<80
10	完成判断题6		5		D<60
11	完成简述题1		15		
12	完成简述题2		15		
13	与同学团结合作良好		5		
14	遵守课堂纪律		5		
15	没有迟到早退		5		
学习小结与建议					

学习活动五　观察三相异步电动机的构造

学习目标

1. 掌握三相异步电动机构造，能识别各部分名称。
2. 了解三相异步电动机各部分的作用。
3. 认识三相绕线转子电动机转子电路。

建议学时

建议 1 学时。

学习材料

本学习活动主要是通过教师现场拆卸一台三相异步电动机，观察认识三相异步电动机的构造。

前文分析三相异步电动机工作原理时，铜笼形状极似一个鼠笼，它是电动机的转子，工作时，笼型转子旋转，所以人们把这样结构的三相异步电动机称为三相笼型异步电动机。

三相异步电动机种类繁多，一般按转子结构进行分类，主要有笼型和绕线转子两种类型。按电动机工作时动与静区分，笼型异步电动机可分为两部分：转子和定子。图 1-21 是封闭式三相异步电动机的结构。

图 1-21　封闭式三相异步电动机的结构

一、定子

定子是电动机的重要部分，电动机工作时，它是固定不动的，主要包括机座、定子铁心、定子绕组三部分。

1. 机座

机壳外形有开启式、防护式、封闭式等多种形式，用铸铁或铸钢制成，起支撑定子铁心、转子的作用。机座包在定子铁心外面，如图 1-22 所示，机壳两端有端盖，如图 1-23 所示。两个端盖上嵌有轴承，转轴穿在轴承上。对于外壳封闭式电动机，运行时产生的热量通过铁心传给机壳，再从机壳表面的散热片发散到空气中去。为了加强散热能力，机壳表面做成许多均匀分布的翅片，以增大散热面积。另外，为了加快散热速度，转轴上还装有风扇，起轴向通风散热作用。电动机机壳一端端盖装有圆形风罩，起安全防护作用。

2. 定子铁心

定子铁心由内圆周表面均匀冲有槽孔的圆环形硅钢片叠压而成，因而，在铁心内圆周上形成了均匀分布的轴向线槽，用来放置定子绕组，如图 1-24 和图 1-25 所示。图 1-25 定子铁心冲片厚度 0.5mm，层层叠加形成定子铁心。

图 1-22 机座

图 1-23 端盖

a)

b)

图 1-24 定子铁心

3. 定子绕组

图 1-26 所示是定子绕组外形,用带有绝缘包皮的导线(如漆包铜线等)绕成匝数相同的许多线圈,再分三组按一定的规律将线圈对称放置在定子铁心的轴向线槽内,其中每一组称为一相绕组,这就成为三相对称绕组 U_1U_2、V_1V_2、W_1W_2。根据电源的线电压和每相绕组的额定电压,定子绕组可接成Y或△。

定子绕组的作用是产生旋转磁场,并从电网吸收电能。

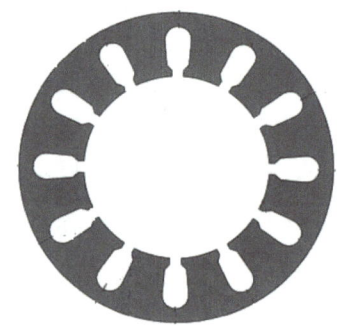
图 1-25 定子铁心冲片

a)

b)

图 1-26 定子绕组

二、转子

转子是电动机中的旋转部分,转子由转轴、转子铁心、转子绕组、风扇等组成,如图 1-27 所示。

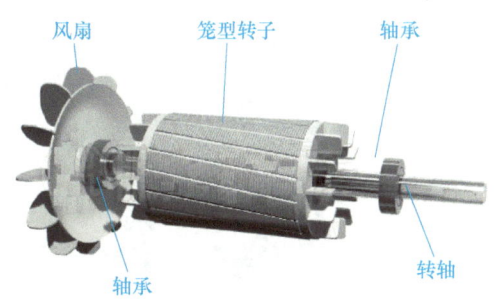

图 1-27 转子

1. 转轴

转轴是传输机械能给外部设备的桥梁,前端对外传输功率,后端装有风扇叶,转轴架在轴承上与端盖接洽。

2. 转子铁心

图 1-28a 所示是转子铁心。转子铁心由外圆周表面冲有槽孔的硅钢片叠成,装在转轴上,是电动机的一部分。转子铁心的外表面有均匀分布的线槽,用以嵌放转子绕组,笼型转子一般都是斜槽,目的是改善起动性能。

a) 转子铁心

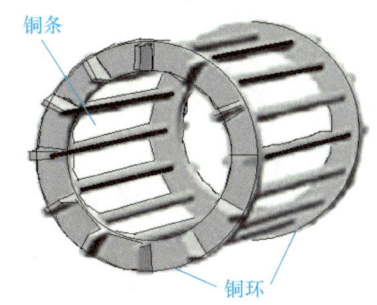

b) 转子绕组

图 1-28 转子

3. 转子绕组

转子绕组放置在转子铁心槽内,有笼型和绕线转子两种形式。

笼型转子绕组如图 1-28b 所示,在转子铁心的每个槽中放一根铜条,在铁心两端槽口处,用两个导电的铜环分别把所有槽里的铜条短接成一个回路,由于形状像"鼠笼",所以称为笼型转子。这种转子绕组回路不能外接电阻,起动及调速性能较差。目前中小型笼型电动机大都是在转子槽中浇铸铝液而铸成铝质鼠笼,它的两端也是用铝做成环,再加上铸出的叶片作为散热风扇,这样使制作转子工艺大大简化。

定子绕组和转子绕组都是绕组,但它们有很大的区别,定子绕组由许多匝线圈组成,转子绕组不是由线圈组成,而是一个"笼子"。

绕线转子

三相异步电动机家族里,有一种电动机为了达到调速、改善起动性能的目的,其定子与前述定子结构相同,但转子上也绕有三相绕组,绕组的端子连接到电动机外面,这类电动机称为三相绕线转子电动机,图 1-29 为绕线转子电动机的转子绕组,转子上的绕组与定子绕组相似，采用对称星形（丫）联结，三根端线接到装在转轴上的三个彼此绝缘的集电环上，通过一组电刷与外电阻相连接，如图1-30所示。这种转子绕组可以外接起动电阻或调速电阻，从而改善起动及调速性能，所以绕线转子异步电动机适用于要求具有较大起动转矩的有一定调速范围的场合。

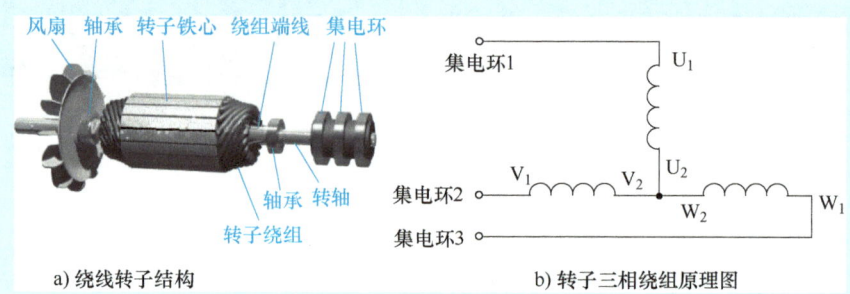

图1-29 绕线转子

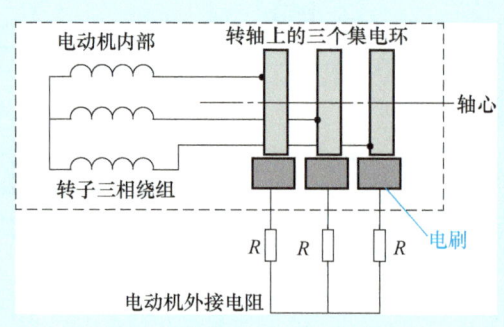

图1-30 绕线转子绕组调速电路

转子的作用：产生电磁转矩，并输出机械能。

学习过程与检测

一、填空题

1. 三相异步电动机的定子由三部分构成，它们是_____。转子由_____等构成。
2. 机壳外形有_____等多种形式。
3. 电动机机壳分布的翅片作用是：_____；风扇的作用是_____。

二、判断题

1. 笼型转子绕组是用铁材料做成的。（   ）
2. 转子铁心是用铁铸成一体的。（   ）
3. 转子上是一块圆柱形铁块，没有绕组。（   ）
4. 绕线转子绕组匝数比笼型转子匝数多许多。（   ）
5. 绕线转子比笼型转子具有更多的优势。（   ）
6. 转子绕组不接电源，所以电动机工作的时候是没有电流的。（   ）
7. 转子铁心和定子铁心都是由硅钢片层层叠压制成的。（   ）

评价与分析

完成表 1-7 的评价与分析。

表 1-7 评价与分析

班级		姓名		日期	
序号	评价要点		配分	得分	总评
1	完成填空题 1		5		
2	完成填空题 2		5		
3	完成填空题 3		5		
4	完成判断题 1		5		
5	完成判断题 2		5		A≥90
6	完成判断题 3		5		80≤B<90
7	完成判断题 4		5		60≤C<80
8	完成判断题 5		5		D<60
9	完成判断题 6		5		
10	完成判断题 7		5		
11	爱护设备		15		
12	与同学团结合作良好		15		
13	遵守课堂纪律		10		
14	没有迟到早退		10		
学习小结与建议					

任务二　认识单相异步电动机和控制电动机原理与结构

学习目标

1. 掌握单相异步电动机（电容运转电动机、电容起动电动机）的内部电路。
2. 掌握脉动磁场与旋转磁场的差别。
3. 掌握单相电动机工作磁场与三相电动机工作磁场的差别。
4. 掌握几种单相异步电动机的起动原理。
5. 掌握步进电动机的基本工作原理。
6. 了解步进电动机转子和定子的结构（按学习材料内容回答）。
7. 掌握提高步进电动机控制精度的常用方法，了解改变步进电动机转速的方法。
8. 能够按技能训练要求完成步进电动机的接线和参数设置。
9. 了解交流伺服电动机的基本结构。
10. 掌握交流伺服电动机的性能特点。

任务情境描述

生产实践中，除了用到三相异步电动机外，还常用到单相异步电动机，维修单相异步电动机需掌握它的内部电路、工作原理及其结构，虽然步进电动机和伺服电动机维修机会不多，但为了更好地应用它们进行调速控制，也需要掌握它们的工作原理、控制性能特点及接线方法。

学习过程与活动

1. 依据学习材料，阅读理解电容分相式电动机的电路及工作原理。
2. 依据学习材料，阅读理解几种电阻分相式电动机的电路结构及工作原理。
3. 依据学习材料，阅读理解罩极式电动机的电路结构及工作原理。
4. 依据学习材料，阅读理解步进电动机的电路结构及工作原理，重点学习三相4极步进电动机的工作原理。
5. 依据学习材料，掌握步进电动机转速及精度的控制方法，学习了解步进电动机的驱动单元。
6. 练习步进电动机接线及参数设置。
7. 依据学习材料，阅读理解伺服电动机的电路结构，了解其工作原理及工作性能。
8. 完成伺服电动机的接线的技能训练，搜集一些交流伺服电动机的参数。

学习活动一　认识单相异步电动机工作原理与结构

学习目标

1. 掌握单相异步电动机的工作原理及电路结构。
2. 能正确连接电容分相式电动机。

建议学时

建议4学时。

学习材料

三相异步电动机用在有三相电源环境、需要功率较大的场合，在不具有三相电源的家庭环境，显然不能使用三相异步电动机，而且家庭一般需要的驱动功率不大，应首选使用单相异步电动机作为驱动机械。单相异步电动机使用单相交流电源，通常应用于电风扇（几十到几百瓦）、洗衣机（几百瓦）、电冰箱（几百瓦）等电器，本学习活动主要介绍单相异步电动工作原理和结构。

一、单相异步电动机的结构

单相异步电动机转子也是笼型结构，定子铁心和三相异步电动机相同，如果将单相绕组

（见图2-1）嵌入定子铁心，接入单相交流电，无论绕组线圈如何摆放，产生的合成磁场都是单相磁场，脉动变化，如图2-2所示，图2-3是定子磁场的强度变化规律。

显然这样的磁场不是旋转磁场。磁场最强或最弱的位置不变，称为脉动磁场。转子铜条因为没有切割磁力线，不会产生电流，没有电流的导体不会受磁场力的作用，所以是不能转动起来的。

图2-1　单相绕组

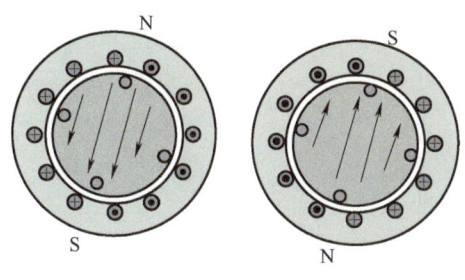

图2-2　定子脉动磁场

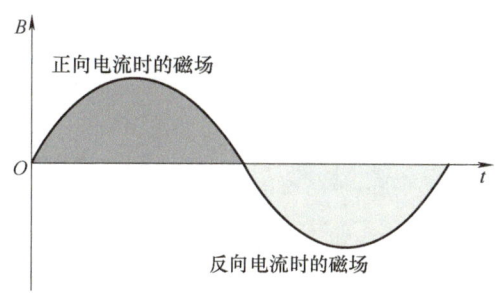

图2-3　磁场强度变化规律

另外，由于转子没有感应电流产生，定子也就不会感应出反电动势（电磁感应知识：当转子发生转动时，转子上的感应电流也会产生感应磁场，定子绕组切割这个磁场，同样也会产生感应电动势，这个电动势的方向与外加电源的电动势方向相反，故称为反电动势，它起到阻碍外电流增大的作用，如图2-4所示），此时定子绕组电流会急剧增大，发热严重，若时间过长，很快会烧毁绕组。所以当电动机通电后若不能起动，会非常危险，应迅速切断定子绕组电源。

设想，如果给单相定子绕组通电后，在转子静止时，朝正向或反向施加一个外力，让它动起来，打破原来的静止状态，使位于磁场最强处的转子铜条切割磁力线，此时转子立即感应出电流，借助定子磁场的作用，此处的安培力最大，使合力矩不为零，继续往前转动，当正向电流未结束时，转子一直受到向前的转矩，当反向电流开始后，由于转子已建立转动惯性，所以再继续切割磁力线，维持转动下去。

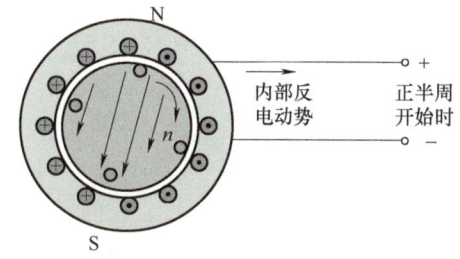

图2-4　转子旋转后，定子产生反电动势，阻碍电流增加

因此，要使转子维持旋转起来，关键是如何起动。可以在电动机接通电源时，使定子绕组产生旋转磁场，为此在定子槽里嵌放两相绕组，如图2-5所示。给两相绕组分别通入相位相差较大的不同的交流电源，则变成两相电动机，由于电流相位不同，也可以得到旋转磁场。

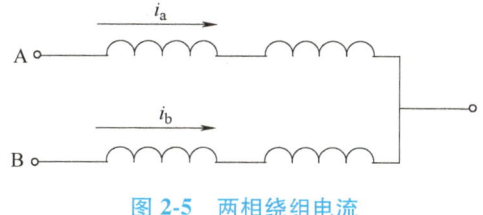

图2-5　两相绕组电流

二、电容分相式电动机

如何从单相交流电源得到两相电源？常用的方法是在其中一相绕组上串联一个电容器，

如图 2-6 所示。

这时两相绕组电流 i_a、i_b 相位不一样，相差约 90°，如果两相定子绕组进行合理的嵌放和连接，就可以产生旋转磁场。图 2-7 是两相绕组。

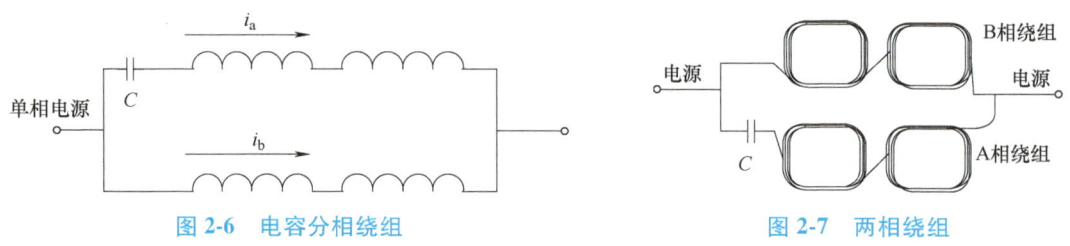

图 2-6　电容分相绕组　　　　　　　　　图 2-7　两相绕组

电容器与电感器

电容器具有通交流阻直流、通高频阻低频的作用。电容器接入交流电时，电流相位超前电压相位 90°。而电感器则具有通低频阻高频、通直流阻交流的作用。将电感器接入交流电时，电流相位滞后电压 90°，将电容器与电感串联后，感性元件与容性元件相互削弱了一部分，接近阻性负载，所以电流相位与电压相位之差发生了变化。

图 2-8 所示的两相绕组交流电经一个周期变化后，定子合成磁场旋转了一周。串联了电容器 C 的绕组电流强度较小，为转子提供的磁场较弱，起到对转子施加外力的作用，这一相绕组称为副绕组，电容器起到了将一相电源分成两相的作用，称为分相电容，它使电流相位与原相位错开一个角度，约 90°。另一相绕组直接接入电源，电流强度较大，为转子提供主要磁场，称为主绕组。用电容分相的电动机称为电容分相式电动机。这种电动机功率一般为几十瓦到几百瓦。

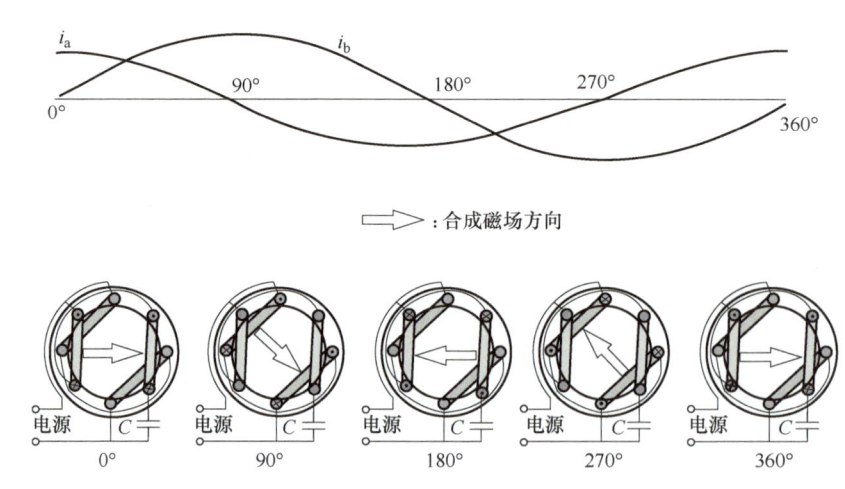

图 2-8　两相绕组电流合成磁场

功率比较大（500~1000W）的电容分相式电动机为了得到较大的起动转矩和运行转矩，增加了一个分相电容，如图 2-9 所示。

工作原理分析：当电动机接通电源起动时，C_1和C_2并联，总电容是C_1+C_2，再与副绕组串联，总阻抗较小，通过副绕组的电流比较大，从而增大起动转矩，适合带负载起动，但这时电流较大，已超过额定电流，时间长的话，副绕组会严重发热。当电动机转速提高到额定转速的70%左右时，起动离心开关自动断开，只有C_1接入副绕组，所以副绕组电流减小，避免副绕组发热过度，实际应用时，C_2比C_1大得多。

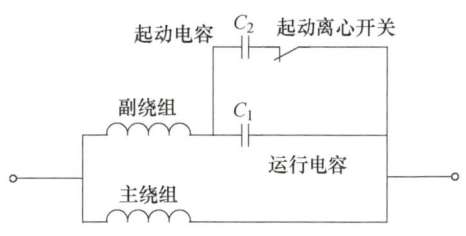

图2-9 电容分相起动与运行电动机

图2-10是带有离心开关的单相电动机，离心开关安装在电动机端盖内部或外部的转子上，当电动机静止或低速时，重块受复位弹簧拉力，离心开关闭合，当电动机高速时，重块受离心力作用，被甩开，离心开关断开，如图2-10所示。

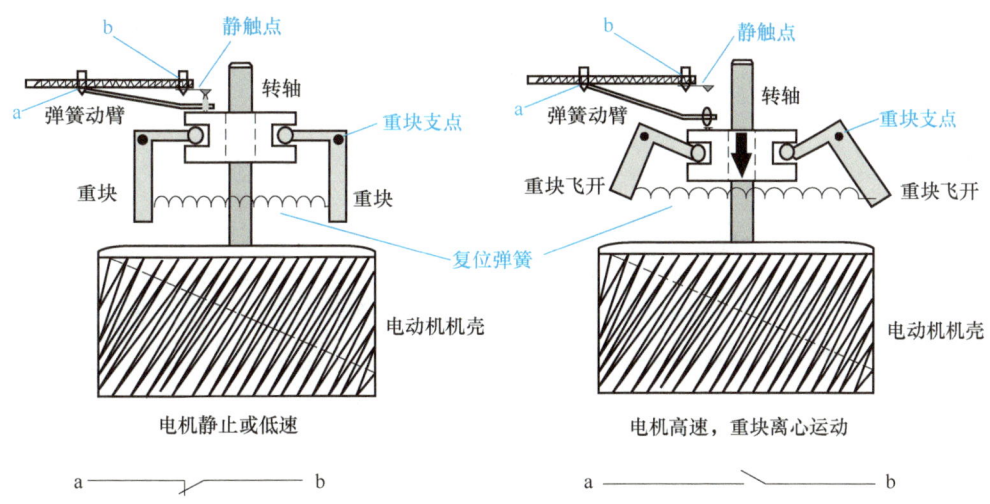

图2-10 离心开关的作用

三、电阻分相式电动机

实际上，不只是串联电容器可以起到分相作用，将电阻器串入副绕组，也可起到分相作用，如图2-11所示，这种电动机称为电阻分相式电动机。

在实际应用中，为了省掉接入的电阻，副绕组一般选用线径比主绕组细的导线，从而使副绕组电阻大于主绕组，在同一电源下，主绕组电流滞后副绕组电流一定的相位角（约30°~40°），如图2-12所示。电动机起动后需断开起动绕组的电流，副绕组只起到起动作用，不参与运行。按断开起动绕组方式，电阻分相式电动机可分为下面几种。

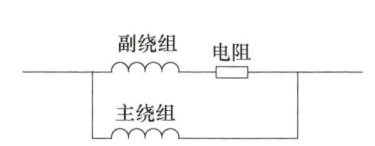

图2-11 电阻分相式电动机电路原理

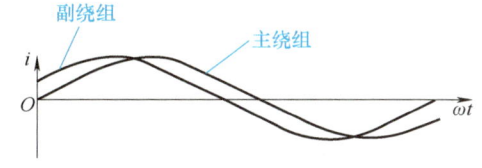

图2-12 主绕组电流相位滞后于副绕组电流约40°

1. 离心开关控制式

有的电阻分相式电动机在副绕组上串联一个离心开关起动器,如图2-13所示,在电动机起动时,接通开关,当电动机转速提高之后,开关断开,副绕组只起到起动作用,不参与运行过程。若不断开副绕组,副绕组会发热而烧毁。这种电动机起动转矩比电容分相式电动机稍弱,常见产品的功率为60~370W。

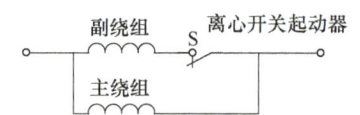

图2-13 带开关的电阻分相式电动机

2. 继电器控制式

(1)电流继电器控制副绕组 如图2-14所示,将电流继电器的线圈串联到主绕组上,电流继电器线圈电阻极小,不影响主绕组正常工作,继电器的常开触点串联到副绕组上,另一端接电源端。合闸时刻,主绕组起动电流很大,常常是额定工作电流的3~5倍,使得电流继电器产生吸合动作,副绕组得电(220V),电动机产生旋转磁场,转子起动;随着转速的提升,主绕组电流很快下降,电流继电器的线圈吸力不足,常开触点断开,副绕组断开电源,主绕组单独工作。整过起动过程约1~2s。

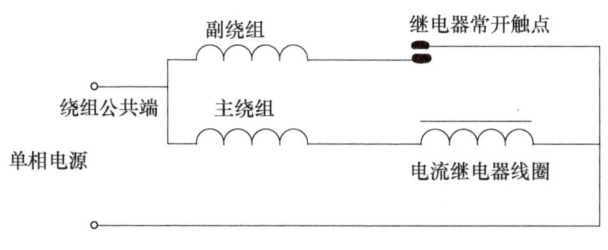

图2-14 电流继电器起动接线

(2)电压继电器控制副绕组 在定子绕组中,再嵌放一附加绕组,并与继电器的线圈相连接,如图2-15所示。在电动机合闸前,触点在弹簧作用下接通,电动机起动。随着转速上升,附加绕组上便有与转速有关的电动势增加,当达到一定数值后,便可吸开触点,使副绕组从电网上断开($n=78\% \, n_1$左右时继电器动作)。

(3)PTC元件控制副绕组 PTC是一种半导体材料,用它做成的PTC热敏电阻温度特性如图2-16所示,常温下电阻几十欧,当温度达到居里点T_C时,电阻急剧增大上千倍,达到几十千欧。居里点的高低可以在制造PTC时调整材料的配比来调节。

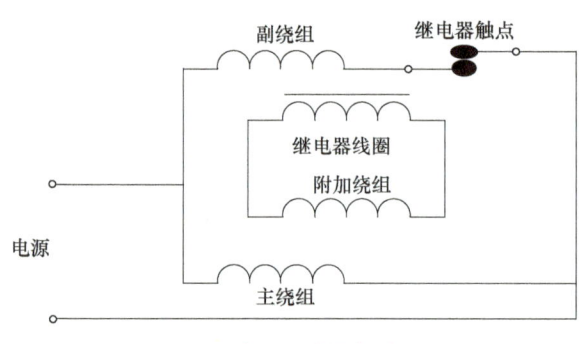

图2-15 电压继电器起动接线

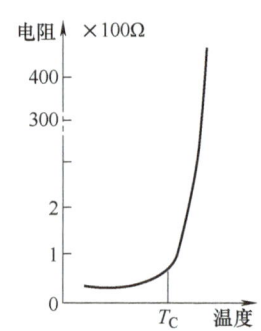

图2-16 PTC热敏电阻温度特性

图 2-17 是 PTC 热敏电阻分相式电动机接线图，应用时，将 PTC 热敏电阻串联到副绕组上，在起动初期，因 PTC 热敏电阻极低，副绕组处于通路状态，定子能产生旋转磁场。随着转速上升，PTC 热敏电阻的温度超过 T_C，电阻剧增，副绕组相当于断开，但还有很少的维持电流，并有 2~3W 的功耗，使 PTC 热敏电阻的温度保持在 T_C 以上。当电动机停转 2~3min 后，温度降到 T_C 以下，又可重新起动。

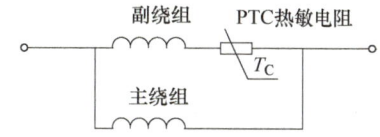

图 2-17　PTC 热敏电阻分相式电动机接线图

四、罩极式电动机

1. 工作原理要点

罩极式电动机要形成旋转磁场须满足以下条件：主绕组和副绕组（实质是短路环）在空间相差一定角度，并且电流也相差一定角度。由于这个角度小于 90°，该磁场椭圆度很大。主绕组通电后，其中一部分磁场穿过短路环，而在短路环上感应电流，短路环上的罩极产生的磁场 Φ_B 与主绕组产生的磁场 Φ_A 具有不同的相位，两者共同作用产生椭圆度很大的旋转磁场。电动机的旋转方向是由超前绕组（主绕组）移向滞后绕组（短路环），即由磁极的末罩部分向被罩部分旋转，如图 2-18 所示。

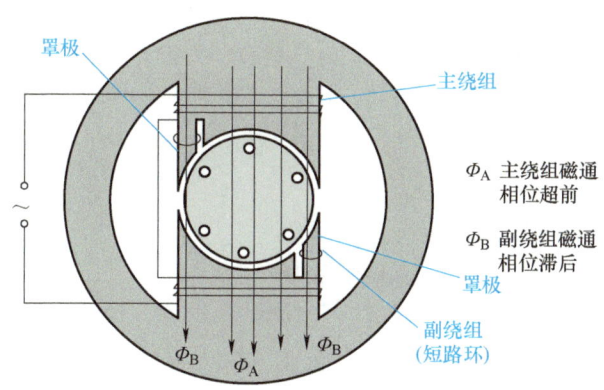

图 2-18　凸极式 2 极电动机原理图

2. 结构要点

罩极式电动机的定子铁心用硅钢片叠成，按磁极形式不同，分为凸极式和隐极式两种。凸极式定子铁心上有突出形状的凸极，在上面嵌入主绕组；在凸极的一侧开有小槽，用以嵌放短路环。主绕组一般将绕好的线圈直接套在铁心凸极上，短路环由匝数极少的圆或扁电磁线直接短接而成。转子也是笼型的，轴承多采用含油轴承。

3. 罩极式电动机的特点

罩极式电动机的功率比较小、结构简单、成本低。它的功率因数 $\cos\varphi$ 在 0.2 左右，效率 η 为 5%~30%，起动转矩和最大转矩小，优点是堵转能力强，适用于小型风扇、电吹风、打字机等。

学习过程与检测

一、填空题

1. 单相凸极式罩极电动机的主绕组电阻较副绕组电阻_____（大或小）。

2. 单相凸极式罩极电动机的副绕组匝数很_____（多或少）。

3. 若采用 PTC 分相的单相交流异步电动机，则将 PTC 与_____（主或副）绕组_____（串或并）联。起动时的 PTC 电阻_____（较大或较小），起动之后，电阻变得_____（较大或较小）。

4. 如图 2-19 所示的电容分相起动与运行电动机，C_1、C_2 是电容器，电容量较大的是_____，起动过程中，离心开关是_____（接通或断开）的，起动完毕后，离心开关须_____（接通或断开）。

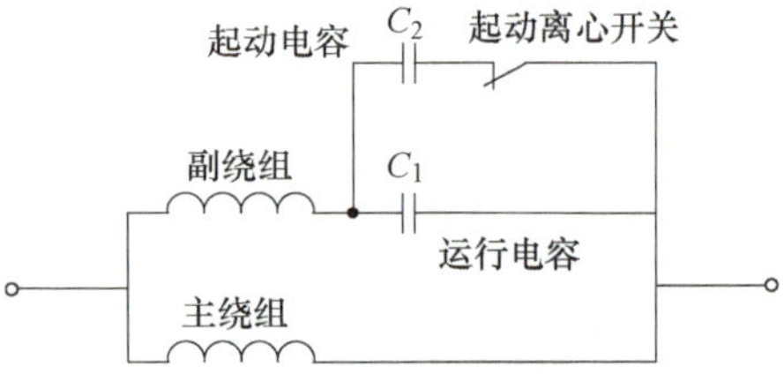

图 2-19　填空题 4 题图

二、选择题

1. 将一单相绕组接入工频交流电，可得到（　　）。
   A. 旋转磁场　　B. 稳定磁场　　C. 脉动磁场　　D. 正弦磁场

2. 单相交流异步电动机运行时，绕组产生的磁场（　　）。
   A. 可能是旋转磁场　　　　　　B. 可能是稳定磁场
   C. 可能是脉动磁场　　　　　　D. 可能是正弦磁场

3. 电容分相式单相异步电动机绕组产生的磁场是（　　）。
   A. 旋转磁场　　B. 稳定磁场　　C. 脉动磁场　　D. 正弦磁场

4. 单相交流异步电动机定子绕组（　　）。
   A. 一定有三相绕组　　　　　　B. 一定有两相绕组
   C. 只有一相绕组　　　　　　　D. 有四相绕组

三、判断题

1. 单相异步电动机定子绕组一定有两个绕组。（　　）
2. 单相交流异步电动机起动时，有旋转磁场。（　　）
3. 单相交流异步电动机运行时，只有一相绕组通电。（　　）
4. 单相交流异步电动机起动时，一定有两相绕组通电。（　　）
5. 装在电动机轴上的离心开关的工作原理是当电动机转速达到一定程度后，开关上的重块因离心力发生变化而产生离心运动，控制相应的开关动作。（　　）

技能训练

完成表 2-1 的技能训练。

表 2-1　技能训练——单相电动机测量与试运行

技能训练时间	_____年___月___日　星期___第___节　地点_____		
技能训练指导教师			
技能训练项目小组名单		人数	
技能训练内容	1. 测量单相电容分相式电动机的主绕组和副绕组电阻 2. 正确连接电容器并通电试转		
技能训练设备及型号	电容分相式单相交流电动机		
技能训练工具	万用表、绝缘胶布、带插头电源线		

技能训练步骤	1. 按电动机机壳的标签，区分主绕组和副绕组 2. 测量并记录主绕组电阻和副绕组电阻，即 $R_{主} = \qquad R_{副} =$ 3. 识别电容器容量和耐压等参数并记录 电容容量 $C =$ \qquad 耐压 $U_{耐压} =$ 4. 如图 2-20a 所示，找到主绕组和副绕组后，标记线端 a、b、c、d 然后按正转连接，连接电容器并通电（正转连接），观察其转向 5. 同上，按图 2-20b 进行连接，改变接线（反转连接），观察其转向 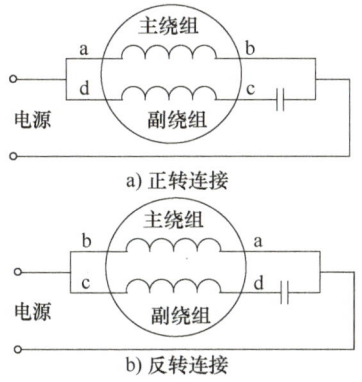 图 2-20 连接图
技能训练评价	执行力（技能训练效率）100% \qquad 团结协作力 100% \qquad 遵守现场秩序 100% \qquad 综合成绩（平均）

 评价与分析

完成表 2-2 的评价与分析。

表 2-2 评价与分析

班级		姓名		日期	
序号	评 价 要 点		配分	得分	总评
1	完成填空题		20		
2	完成选择题		25		
3	完成判断题		10		A≥90 80≤B<90 60≤C<80 D<60
4	完成技能训练项目		25		
5	与同学团结合作良好		5		
6	爱护设备，无破坏设备		5		
7	遵守课堂纪律		5		
8	没有迟到早退		5		
学习小结与建议					

学习活动二　认识步进电动机工作原理与结构

学习目标

1. 掌握步进电动机的工作信号形式。
2. 掌握反应式步进电动机结构及工作原理。
3. 理解三相2极4齿步进电动机三相单三拍运行过程。

建议学时

建议3学时。

学习材料

步进电动机是一种将电脉冲信号转换为相应的角位移或线位移的电动机。每输入一个脉冲信号，它就前进一步，如图2-21所示，输出角位移或线位移量与输入脉冲数成正比，转速与脉冲频率成正比。

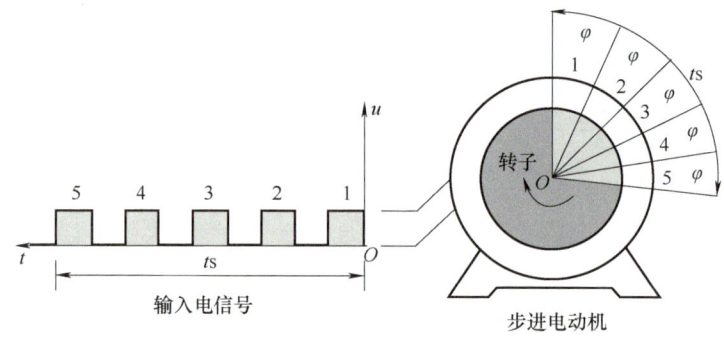

图2-21　步进电动机工作信号

每输入一个脉冲信号，如何使电动机前进一步呢？下面说明它的工作原理。

一、反应式步进电动机

步进电动机的结构形式和分类方法很多，一般按励磁方式分为反应式和永磁式两种，由于反应式步进电动机应用较多，故后面重点介绍。

反应式步进电动机种类也很多，具有不同的相数、不同的磁路结构和不同的绕组连接等，但它们的基本工作原理相同。反应式步进电动机主要由定子和转子构成，如图2-22所示，定子上有向里凸出的磁极，上面包有绕组，转子由硅钢片叠加而成，转子上没有绕组，只有凸出的齿，对称分布。

二、磁力线力图磁阻最小原理

如图2-22所示，定子上有6个铁心凸极，上面绕有绕圈，对称的线圈相互串联，即U-U串联，V-V串联，W-W串联，形成三相绕组，单独接通相应的电源开关S_U或S_V或S_W，各相绕组产生的磁场如图 2-22 所示方向。

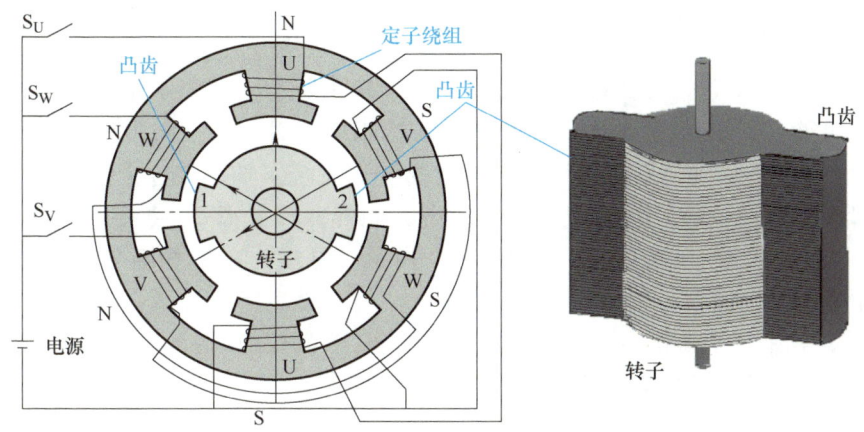

图 2-22　磁力线力图磁阻最小原理

转子有两个对称的凸齿，假设开始时，凸齿正好处于图中两个定子磁极的中间位置，即 V 相和 W 相磁极之间的中点，转子处于平衡状态。按下面两种情况来说明。

1）如果单独接通 S_V，V 相绕组得电，如图 2-23a 所示，这时会看到转子从图 2-22 位置逆时针移动到图 2-23a 所示位置后停止，这是因为转子的齿 1 和齿 2 受到了磁场力的作用而移动；齿 1 和齿 2 距离 V 相磁极最近，受到的磁力最大。

2）如果单独接通 S_W，W 相绕组得电，如图 2-23b 所示，这时会看到转子顺时针移动到图 2-23b 所示位置后停止，这是因为转子的齿 1 和齿 2 受到了磁场力的作用而移动；齿 1 和齿 2 距离 W 相磁极最近，受到的磁力最大。

转子达到上述两位置后停下，两种情况说明，磁力线具有力图通过磁阻最小的途径的特性。

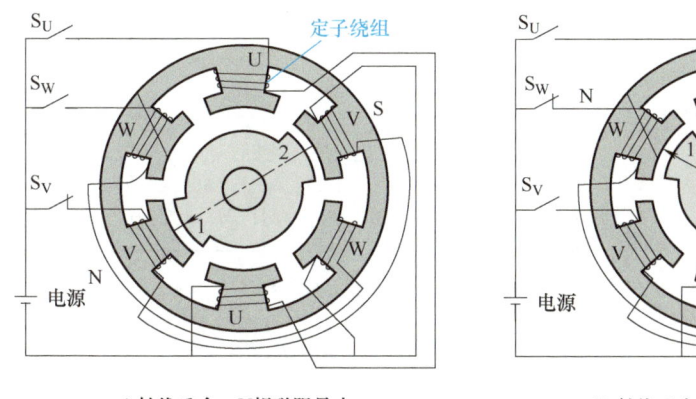

a）轴线重合，V 相磁阻最小　　　　b）轴线重合，W 相磁阻最小

图 2-23　步进电动机基本原理

V 相和 W 相的两个磁极之间通过空气层和转子构成磁通路，根据磁阻特性，空气的磁阻大小与其厚度成正比，转子是铁磁质材料，磁阻较空气小得多，当磁阻最小时，转子达到平衡状态，否则转子处于不平衡状态。

实际上，所谓的磁力线力图通过磁阻最小原理是磁吸铁的道理，近的吸引力强，远的吸引力弱。转子沿着吸引力强的方向转动。转子的转向前方不断地出现强磁场，转子转向的后面,磁场不断变弱,使得转子不断向前方转动。

三、三相 2 极 4 齿步进电动机工作原理

下面进一步说明步进电动机的工作原理,如图 2-24 所示。图中定子有 6 个极,磁极表面平坦,转子为 4 个齿,其齿宽与磁极宽相等。当 U 相通电时,由于磁力线力图通过磁阻最小途径,转子齿 1、3 将受到转矩作用,转到其轴线与 U 相绕组轴线重合,使磁力线通过的磁阻最小,如图 2-24a 所示。当 U 相断电,V 相通电,同样,转子齿 2、4 将逆时针转过 30°机械角,使其轴线与 V 相绕组轴线重合,如图 2-24b 所示。显然,在 V 相断电而 W 相通电时,转子再逆时针转过 30°机械角,如图 2-24c 所示。

由此可见,如果定子若按 U-V-W-U 顺序通电,转子就按逆时针方向一步一步地前进,如按 U-W-V-U 通电,转子则就按顺时针方向一步一步地前进。

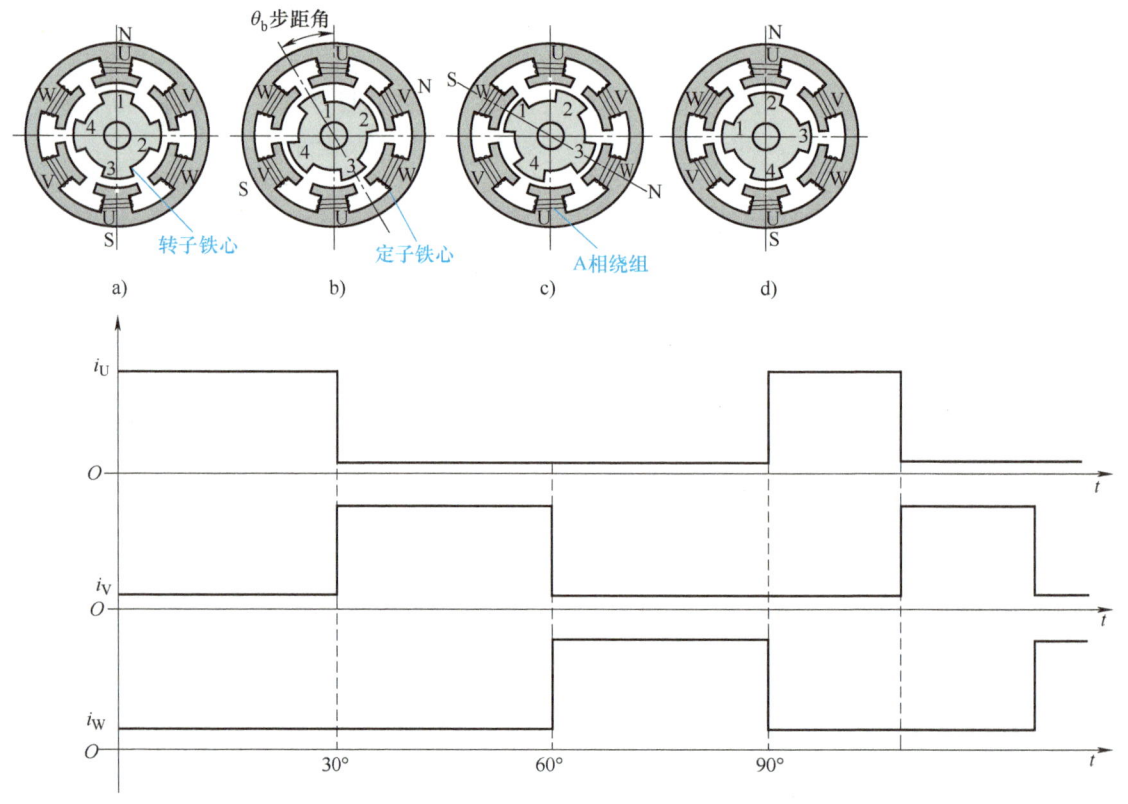

图 2-24 三相 2 极 4 齿反应式步进电动机原理示意图(单三拍)

在步进电动机中,由一种通电状态换到另一种通电状态,叫作一拍。每经过一拍,转子就转过一个角度,称这个角度为步距角,用符号 θ_b 表示,步距角越小,表明电动机控制的精度越高。可以推算上面步进电动机步距角是 30°,每一相绕组经历一个周期脉冲后,转子转过了 90°。显然变换通电状态的频率(即脉冲的频率)越高,转子就转得越快。

上述每相依次通电的方式,称为"三相单三拍运行","三相"是指定子三相绕组,"单"是指每次通电仅有一相,"三拍"是指三次通电为一循环,第四次通电便重复第一次情况,这种通电方式简称为单三拍。其他的通电方式还有三相双三拍、三相六拍等。它们的通电顺序见表 2-3。

表 2-3　通电顺序

三相步进电动机运行方式	通电顺序	说　　明
三相单三拍	U-V-W-U	各相绕组交替通电，如图 2-24 所示
三相双三拍	UV-VW-WU-UV	两相绕组同时通电
三相六拍	U-UV-V-VW-W-WU-U	单相和双相绕组交替通电

反应式步进电动机除了上述的三相运行外，还可以做成不同相数，如两相、四相、五相、六相、八相、十二相等，但基本工作原理与三相时相同。

学习过程与检测

一、填空题

1. 步进电动机按励磁方式进行分类，可分为_____和_____两类。

2. 三相 2 极 4 齿反应式步进电动机绕组数为_____，转子齿数为_____，通电工作时，形成定子磁极数为_____。

3. 图 2-25 是步进电动机的工作信号，由图分析可知，图 2-25a 是_____相_____拍步进电动机驱动信号，图 2-25b 是_____相_____拍步进电动机驱动信号，图 2-25c 是_____相_____拍步进电动机驱动信号。（填写形式：五相单五拍、四相双四拍等）

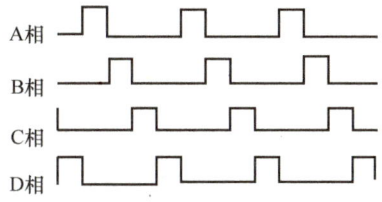

a) 步进电动机电流波形（一）

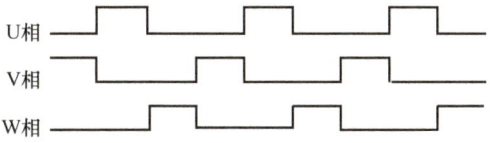

b) 步进电动机电流波形（二）

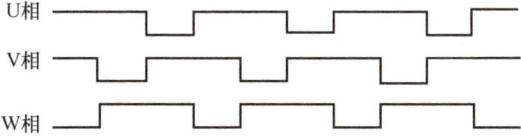

c) 步进电动机电流波形（三）

图 2-25　步进电动机工作信号

4. 图 2-24 三相 2 齿单三拍的步进电动机，其步距角是_____°。

二、选择题

1. 步进电动机的工作信号是（　　）。

A. 矩形脉冲信号　　　　　　　　　　B. 正弦波信号

C. 稳恒直流电信号　　　　　　　　D. 锯齿波信号。

2. 关于步进电动机，说法正确的是（　　）。

A. 每输入一个矩形脉冲信号，转子转过一个步距角

B. 两相步进电动机是指电动机内有两相独立绕组

C. 三相单三拍是指电动机内有三相绕组，各相绕组按顺序单独通入矩形驱动信号，三拍一个循环

D. 步进电动机的转子不是由硅钢片叠加形成的

3. 图 2-22 电路的三相绕组接法是（　　）。

A. 三角形联结　　　　　　　　　　B. 星形联结

C. 串联连接　　　　　　　　　　　D. 双星形联结

完成表 2-4 的评价与分析。

表 2-4　评价与分析

班级		姓名		日期	
序号	评价要点		配分	得分	总评
1	完成填空题 1		10		
2	完成填空题 2		10		A≥90 80≤B<90 60≤C<80 D<60
3	完成填空题 3		10		
4	完成填空题 4		10		
5	完成选择题 1		10		
6	完成选择题 2		10		
7	完成选择题 3		10		
8	学习态度端正		10		
9	遵守课堂纪律		10		
10	没有迟到早退		10		
学习小结与建议					

学习活动三　学习步进电动机转速知识，了解步进电动机驱动器

 学习目标

1. 掌握步进电动机步距角与控制精度的关系。
2. 了解步进电动机的控制特性。
3. 了解步进电动机的驱动单元。
4. 掌握技能训练步进电动机的接线方法及参数设置。
5. 利用网络查询步进电动机参数。

建议学时

建议 4 学时。

学习材料

一、步进电动机的步距角和转速

为了提高步进电动机控制精度，需要减少步距角。从上面分析可知，拍数越多，步距角越小，六拍的步距角是三拍的一半。

另外为了减少步距角，对实际应用的步进电动机的转子和定子进行了改进，图 2-26 所示是三相反应式步进电动机转子和定子结构，每个定子磁极开有 4 条槽，形成 5 个小凸极；转子上开有 40 个齿。当 U 相通电时，如图 2-27 所示，5 齿对齐，V 相错位 3°，接着若给 V 相通电，转子则向左移动；若 U 相通电后接着给 W 相通电，转子则向右移动。

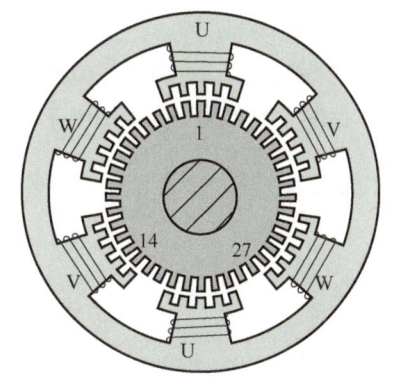

图 2-26 为减小步距角而增加转子齿数

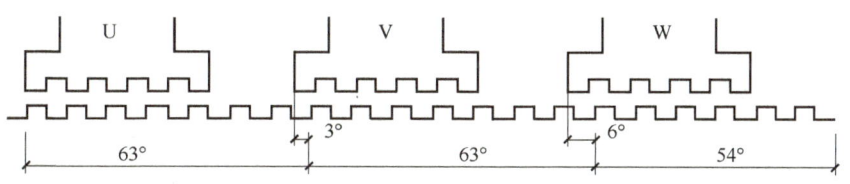

图 2-27 U 相对齐时，V 相转子齿错位 3°

步距角计算公式为

$$\theta_b = \frac{360°}{NZ_r}$$

式中，N 是步进电动机运行拍数；Z_r 是转子齿数。

如果是三拍，则该电动机步距角是

$$\theta_b = \frac{360°}{NZ_r} = \frac{360°}{3 \times 40} = 3°$$

如果是六拍，则该电动机步距角是

$$\theta_b = \frac{360°}{NZ_r} = \frac{360°}{6 \times 40} = 1.5°$$

外加一个控制脉冲，每改变一次通电方式，转子转过的机械角度是整个圆周角度的 $1/(NZ_r)$，则转子的转速为

$$n = \frac{60f}{NZ_r}$$

例如前面三相 4 齿单三拍步进电动机，$N = 3$，$Z_r = 4$，当外加信号频率 $f = 300$Hz（单相绕组电流频率 $f_1 = 100$Hz）时，转速为

$$n = \frac{60 \times 300}{3 \times 4} \text{r/min} = 1500 \text{r/min}$$

上述三相 40 齿单三拍步进电动机，$N = 3$，$Z_r = 40$，当信号频率 $f = 300\text{Hz}$（单相绕组电流频率 $f_1 = 100\text{Hz}$）时，转速为

$$n = \frac{60 \times 300}{3 \times 40} \text{r/min} = 150 \text{r/min}$$

从理论上讲，步进电动机的步距角误差不会累积，因此步进电动机主要用于开环控制系统的进给驱动。步进电动机的主要缺点是在大负载和高转速情况下会失步，同时输出功率也不够大。

综上所述，可以对步进电动机总结如下。

1）控制输入给步进电动机的脉冲数目可以控制步进电动机的角位移，即

$$\Phi = N\theta_b$$

2）控制输入给步进电动机的脉冲的频率可以控制步进电动机的转速，即

$$n = \frac{60f\theta_b}{360°} = \frac{60f \frac{360°}{NZ_r}}{360°} = \frac{60f}{NZ_r}$$

3）控制步进电动机定子绕组的通电顺序可以控制步进电动机的转动方向。

步进电动机具有如下特性。

a. 控制精度：步进电动机的相数和拍数越多，它的精度就越高。

b. 低频特性：步进电动机在低速时易出现低频振动现象，当它工作在低速时，一般采用阻尼技术或细分技术来克服低频振动现象。

c. 矩频特性：步进电动机输出力矩随转速的升高而下降，高速时会急剧下降。

d. 过载能力：步进电动机不具备过载能力。

e. 运行性能：步进电动机的控制为开环控制，起动频率过高或负载过大易产生丢步或堵转的现象，停止时转速过高易出现过冲现象。

f. 速度响应性能：步进电动机从静止加速到工作转速需要上百毫秒。

二、步进电动机的驱动单元

步进电动机使用的电源是脉冲信号，步进电动机需要使用专用的步进电动机驱动器驱动，不能将步进电动机直接接入市电使用，图 2-28 是步进电动机驱动系统的组成。驱动器（脉冲信号驱动及控制器简称驱动器）的作用是对控制脉冲进行环形分配、功率放大，使步进电动机绕组按一定顺序通电。

图 2-29 是步进电动机的驱动器组成示意图，驱动器由脉冲发生控制单元、功率驱动单元、反馈与保护单元等组成。功率驱动单元将脉冲发生控制单元生成的脉冲放大，与步进电动机直接耦合，是步进电动机与驱动器的功率接口。

控制指令单元接收脉冲与方向信号，对应的脉冲发生控制单元生成一组相应相数的脉冲，经过功率驱动单元后送到步进电动机，步进电动机在对应方向上

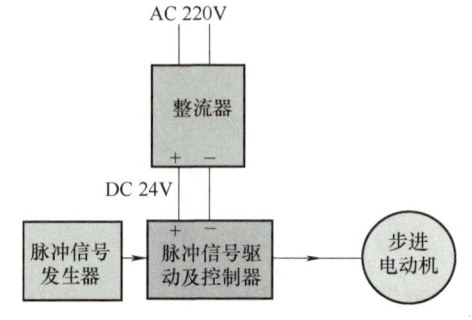

图 2-28 步进电动机驱动系统

转过一个步距角。驱动器的脉冲给定方式决定了步进电动机运行方式，脉冲方式如下。

1) m 相单 m 拍运行。
2) m 相双 m 拍运行。
3) m 相单、双 m 拍运行。
4) 细分驱动，需要驱动器给出不同幅值的驱动信号。

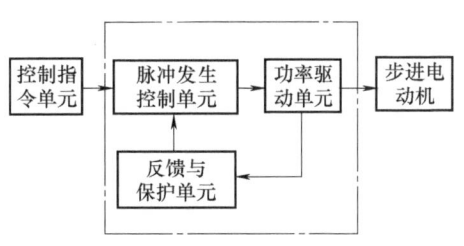

图 2-29　步进电动机驱动器组成示意图

步进电动机有一些重要的技术数据，如最大静转矩、起动频率、运行频率等。一般来说步距角越小，电动机最大静转矩越大，则起动频率和运行频率越高，所以运行方式中强调了细分驱动技术，该方式提高了步进电动机的转动力矩和分辨率，完全消除了电动机的低频振荡。所以细分驱动器驱动性能优于其他类型驱动器。

步进电动机细分驱动技术

步进电动机细分驱动技术是 20 世纪 70 年代中期发展起来的一种可以显著改善步进电动机综合使用性能的驱动控制技术。

最初，对步进电动机相绕组电流的控制是由硬件来实现的，每相绕组的相电流用 n 个晶体管构成 n 个并联回路来控制，靠晶体管导通数的组合来控制相电流。随着计算机技术的发展，特别是单片机的出现，通过单片机控制的步进电动机细分驱动电路不仅减小了控制系统的体积、简化了电路，同时进一步提高了细分精度和控制系统的智能化，从而使细分驱动技术得到了推广。

使用细分驱动技术时，通过控制各相绕组中的电流，使它们按一定的规律上升或下降，即在零电流到最大电流之间形成多个稳定的中间电流状态，相应的合成磁场矢量的方向也将存在多个稳定的中间状态，且按细分步距旋转。其中合成磁场矢量的幅值决定了步进电动机旋转力矩的大小，合成磁场矢量的方向决定了细分后步距角的大小。细分驱动技术进一步提高了步进电动机转角精度和运行平稳性。

常用的有三种细分方法如下。

1) 2 的 N 次方，如 2、4、8、16、32、64、128、256 细分。
2) 5 的整数倍，如 5、10、20、25、40、50、100、200 细分。
3) 3 的整数倍，如 3、6、9、12、24、48 细分。

步进电动机通过细分驱动器的驱动，其步距角变小。如驱动器工作在 10 细分状态时，其步距角只为"固定步距角"的 1/10。假如某两相步进电动机，当驱动器工作在不细分的整步状态时，控制系统每发一个步进脉冲，该步进电动机转动 1.8°；而用细分驱动器工作在 10 细分状态时，电动机只转动 0.18°。细分功能完全是由驱动器靠精度控制电动机的相电流所产生的，与电动机无关。

图 2-30 所示为电动机 4 细分时，A、B 相电流的比例。A、B 相电流与转角关系如图 2-31 所示。

从图 2-31 中可以看出，步进电动机的相电流是按正弦函数（如虚线所示）分布的，细分数越大，相电流越接近正弦曲线。

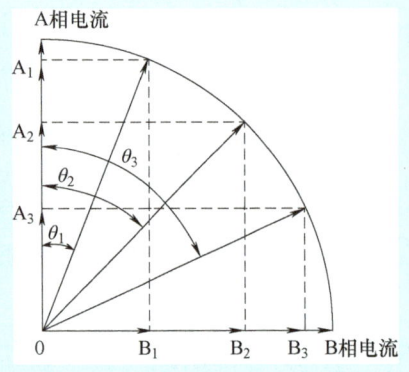

图 2-30　两相 4 细分时 A、B 相电流在不同的电角度的分配

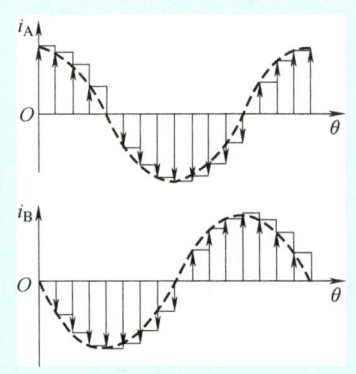

图 2-31　两相 4 细分 A、B 相电流与转角关系曲线

由电磁感应定理知，步进电动机输出力矩和电动机绕组的电流成正比，即

$$T=K_T i$$

式中，T 为输出力矩；K_T 为电动机力矩常数，与电动机结构、材料、线圈长度等因素有关。

由此公式就很容易理解：步进电动机细分数越高，电动机运转越平稳；步进电动机细分数越低，电动机运转时振动越大。因为细分数高时，电流曲线光滑，所以电动机输出力矩也就波动小且连续、电动机运行就平稳。电动机细分数低，电动机电流脉动就大，其输出力矩脉动就大，造成电动机较大的振动，该振动产生噪声乃至其他部件的谐振噪声。

步进电动机的细分控制是由驱动器精确控制步进电动机的相电流来实现的。以两相电动机为例，假如电动机的额定相电流为 3A，如果使用常规驱动器（如常用的恒流斩波方式）驱动该电动机，电动机每运行一步，其绕组内的电流将从 0 突变为 3A 或从 3A 突变到 0，相电流的巨大变化必然会引起电动机运行的振动和噪声。如果使用细分驱动器，在 10 细分的状态下驱动该电动机，电动机每运行一微步，其绕组内的电流变化只有 0.3A 而不是 3A，且电流是以正弦曲线规律变化，这样就大大地改善了电动机的振动和噪声。

学习过程与检测

一、填空题

1. 四相 40 齿步进电动机，驱动信号是单四拍，其步距角是＿＿＿＿°；三相 60 齿步进电动机驱动信号是双三拍，其步距角是＿＿＿＿°；三相 40 齿六拍步进电动机的步距角是＿＿＿＿°。

2. 如果步进电动机的步距角是 1.5°，则该电动机转 10 周时，输入的脉冲信号数量为＿＿＿＿个。

3. 步进电动机的相数和拍数越少，其控制精度就越＿＿＿＿。

4. 步进电动机的细分控制是由驱动器精确控制步进电动机的＿＿＿＿电流来实现的。

5. 如果驱动器工作在 10 细分状态，其步距角只为"固定步距角"的＿＿＿＿。

6. 如果两相步进电动机的步距角是 1.8°，当驱动器采用 4 细分控制运行模式时，一个脉冲使电动机运行的角度为_____°。

二、判断题

1. 步距角越大，控制精度越高。（   ）
2. 驱动信号频率越高，转速越快。（   ）
3. 转子齿数越多，步距角越小。（   ）
4. 转子齿数越多，控制精度越高。（   ）
5. 三相步进电动机比两相步进电动机的步距角较小。（   ）
6. 步进电动机与驱动器可以任意配合使用。（   ）
7. 步进电动机的细分控制是由驱动器精确控制步进电动机的相电流来实现的。（   ）
8. 步进电动机细分数越高，电动机运转越平稳。（   ）
9. 步进电动机采用开环控制方式。（   ）
10. 步进电动机过载能力差。（   ）

技能训练

完成表 2-5 的技能训练。

表 2-5　技能训练——两相步进电动机与驱动器的接线与调试

技能训练时间	_____年___月___日　星期___第___节　地点_____			
技能训练指导教师				
技能训练项目小组名单			人数	
技能训练内容	观察、认识步进电动机和驱动器并完成接线			
技能训练设备及型号	1. 步进电动机型号：42BYGH5403 2. 步进电动机驱动器：SH-20403 3. 24V 2A 开关电源			
技能训练工具	1. 0.75mm² 软铜线若干 2. 数字万用表 3. 十字螺钉旋具和剥线钳 4. 手机连接互联网			
技能训练步骤	1. 查阅资料，查找步进电动机的步距角，查看技能训练设备的型号 2. 测量绕组电阻，区分绕组端子，绕组电阻 $R=$ _____ Ω 3. 查阅驱动器的资料：工作电压 $U=$ _____V、细分数_____、接线方法_____ 4. 将步进电动机和驱动器按照图 2-32 进行连接，将电源和驱动器进行连接 5. 观察细分拨码开关，并设置 4 细分和 6 细分 6. 设置电流值 1.8A 7. 操作结束后收拾器材，打扫现场			
技能训练评价	执行力（技能训练效率）100%	团结协作力 100%	遵守现场秩序 100%	完成效果 100%

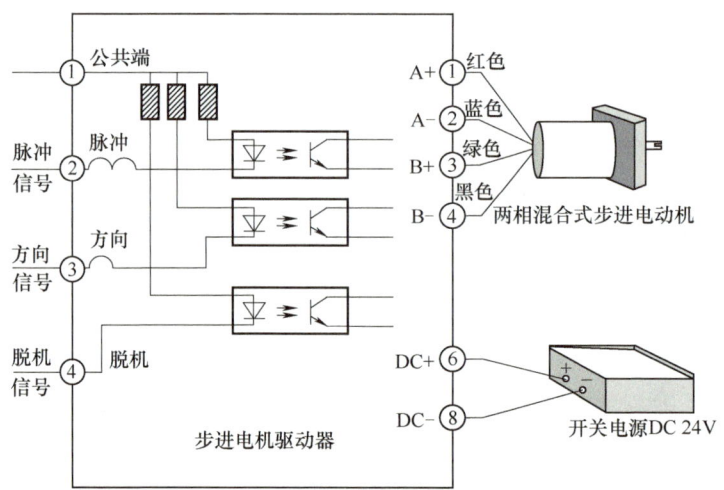

图 2-32 两相步进电动机与驱动器的接线图

评价与分析

完成表 2-6 的评价与分析。

表 2-6 评价与分析

班级		姓名		日期	
序号	评 价 要 点	配分		得分	总评
1	完成填空题	10			A≥90 80≤B<90 60≤C<80 D<60
2	完成判断题	20			
3	完成技能训练项目	30（实训评价的 30%）			
4	与同学团结合作良好	10			
5	学习态度端正	10			
6	爱护设备	10			
7	具备职业安全意识及职业素养	10			
学习小结与建议					

学习活动四　认识交流伺服电动机结构与工作原理

学习目标

1. 掌握交流伺服电动机的电路结构。
2. 掌握两种交流伺服电动机的转子结构特点。
3. 掌握交流伺服电动机的工作原理。
4. 了解交流伺服电动机的工作性能。
5. 根据伺服电动机接线图进行接线训练。
6. 利用互联网查询伺服电动机的型号参数。

建议学时

建议3学时。

学习材料

一、伺服电动机的基本结构

交流伺服电动机结构与普通笼型异步电动机基本一样，图2-33是交流伺服电动机原理图，它的定子装有空间相隔90°的两个绕组：一个是励磁绕组；另一个是控制绕组。这两套绕组分别由两个电源供电。

交流伺服电动机的转子有两种。

1) 笼型转子。
2) 杯形转子。

图2-34是交流伺服电动机的转子示意图。

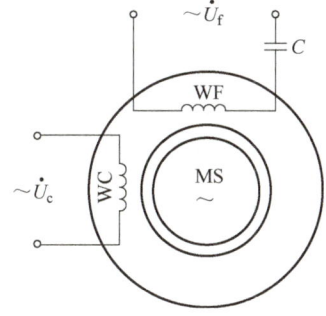

图2-33 交流伺服电动机原理图

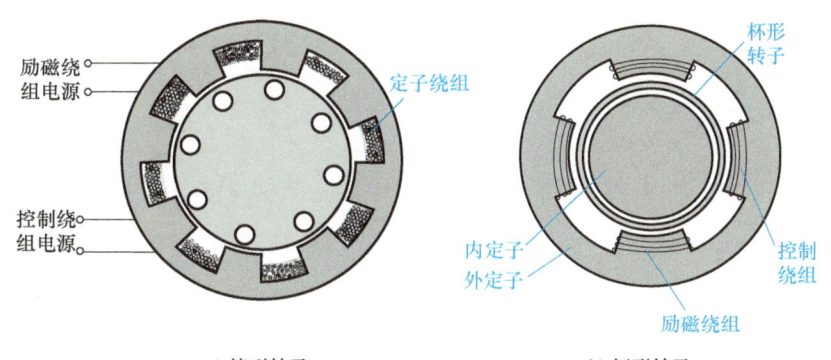

a) 笼型转子　　　　b) 杯形转子

图2-34 交流伺服电动机转子

笼型转子和三相笼型异步电动机转子结构相似，只是形状细长以减小转动惯量，转子导体采用高电阻率的材料，用于小功率的自动控制系统，产品型号SL系列。图2-35是杯形转子侧面图，用铝合金或黄铜等非磁性材料制成空心杯以减小转动惯量，转子放在内外定子之间，常用于要求运行平滑的系统，产品型号SK系列。其定子铁心分为外铁心和内铁心定子两部分，由硅钢片叠成。

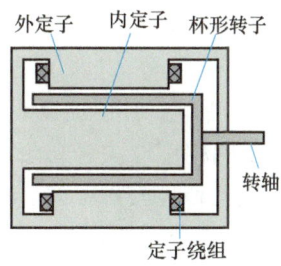

图2-35 杯形转子侧面图

二、伺服电动机工作原理

交流伺服电动机的工作原理和单相异步电动机无本质上的差异。但是，交流伺服电动机必须具备一个性能，就是能克服交流伺服电动机的所谓"自转"现象，即无控制信号时，它不应转动，特别是当它已在转动时，如果控制信号消失，它应能立即停止转动。而普通的异步电动机转动起来以后，如控制信号消失，往往仍在继续转动。

工作时,励磁绕组和控制绕组分别通入频率相同的交流电,产生旋转磁场,杯形转子产生感应电流,感应电流又受到旋转磁场作用,产生转矩,使伺服电动机起动,当需要停止时,断开控制绕组电源,由于伺服电动机转子与普通异步电动机转子结构组成有很大的区别,伺服电动机的转子转动惯量很小(杯形转子半径小或空心转子),所以转子停止。

为使交流伺服电动机具有控制信号消失、立即停止转动的功能,其转子电阻做得特别大,使临界转差率 S_k 大于1。笼型转子的转子电阻较大,采用铁磁性材料做成空心,方便让转子伺服停止。不同的控制电压,伺服电动机的机械特性不一样,图2-36是机械特性与控制电压的关系。伺服电动机控制电压的相位不同,它表现的机械特性也不同,图2-37是它的机械特性与移相角的关系。

杯形转子交流伺服电动机的优点是转子惯量小,摩擦转矩小,速应性强,运行平滑无抖动现象;缺点是由于内定子存在,气隙大,励磁电流大,体积也大,带负载能力不强。

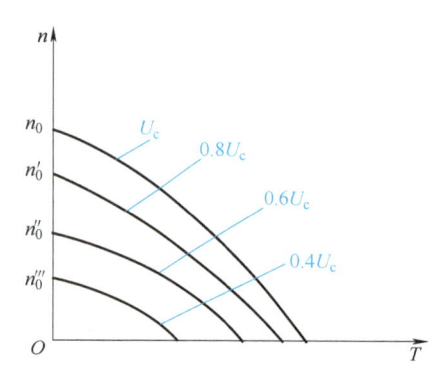

图2-36 不同控制电压(U_c)下的机械特性
(n为转速,T为转矩)

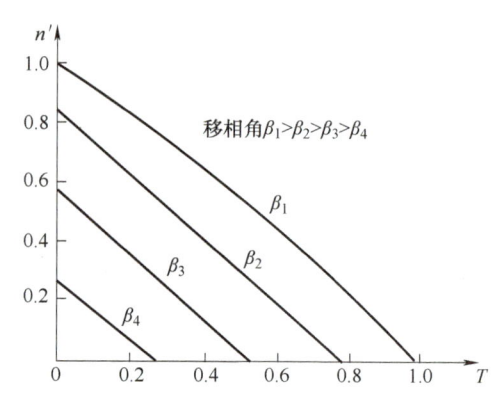

图2-37 不同移相角的机械特性

当需要改变伺服电动机转速及转向时,可通过改变控制绕组的电源电压和相位,而励磁绕组的电源不变。所以交流伺服电动机的控制方式有三种:幅值控制、相位控制和幅-相控制,三种控制方式都是利用不对称两相电压中正序和负序分量的比例来改变电动机正转和反转的旋转磁场的相对大小,从而改变它们产生的合成电磁转矩,以达到改变转速的目的。

交流伺服电动机具有如下性能特点。

a. 控制精度取决于自带的编码器,编码器的刻度越多,精度就越高。

b. 低频特性较好,运转平稳,即使在低速时也不会出现振动现象。

c. 矩频特性方面,交流伺服电动机在额定转速内为恒力矩输出,在额定转速上为恒功率输出。

d. 过载能力方面,伺服电动机有较强的过载能力。

e. 运行性能方面,交流伺服驱动系统为闭环控制,驱动器可直接对电动机编码器反馈信号进行采样,内部构成位置环和速度环,一般不会出现丢步或过冲的现象,控制性能更可靠。

f. 速度响应性能方面,交流伺服系统的加速性能较好,一般只需几毫秒,可用于要求快速起停的控制场合。

学习过程与检测

一、填空题

1. 交流伺服电动机的转子有两种：_____和_____。
2. 交流伺服电动机过载能力较_____（弱或强）。

二、选择题

1. 交流伺服电动机绕组数量为（   ）。
   A. 1　　　　　　B. 2　　　　　　C. 3　　　　　　D. 4
2. 交流伺服驱动系统为（   ）控制。
   A. 开环控制　　　B. 闭环控制　　　C. 既可开环又可闭环
3. 为了克服交流伺服电动机"自转"，电动机结构常有如下特点（   ）。
   A. 转子直径较小　　　　　　　B. 转子较轻
   C. 转子为空心　　　　　　　　D. 转子电阻率较大
4. 交流伺服电动机的励磁绕组和控制绕组使用的电源（   ）。
   A. 是交流电，但频率不同
   B. 是交流电，频率相同
   C. 是直流电
   D. 是交流电，频率相同，电压也相同

技能训练

完成表2-7的技能训练。

表2-7　技能训练——台达伺服电动机安装与调试

技能训练时间	_____年____月____日　　星期____第____节　　地点_____	
技能训练指导教师		
技能训练项目小组名单		人数
技能训练内容	观察、认识伺服电动机和驱动器，并进行接线	
技能训练设备及型号	1. 台达交流伺服电动机：ECMAC30604PS 2. 台达伺服驱动器：ASD-A0421-AB 3. 24V 开关电源	
技能训练工具	1. 0.75mm² 软铜线若干 2. 数字万用表 3. 十字螺钉旋具（5mm）和剥线钳 4. 手机连接互联网	
技能训练步骤	1. 查看技能训练设备型号，网络查询了解该型号的参数 2. 测量电动机的绕组电阻并区分励磁组和控制组 3. 根据资料进行电动机与驱动器的连接，接线图如图2-38所示 4. 操作结束后收拾器材，打扫现场	

（续）

技能训练步骤	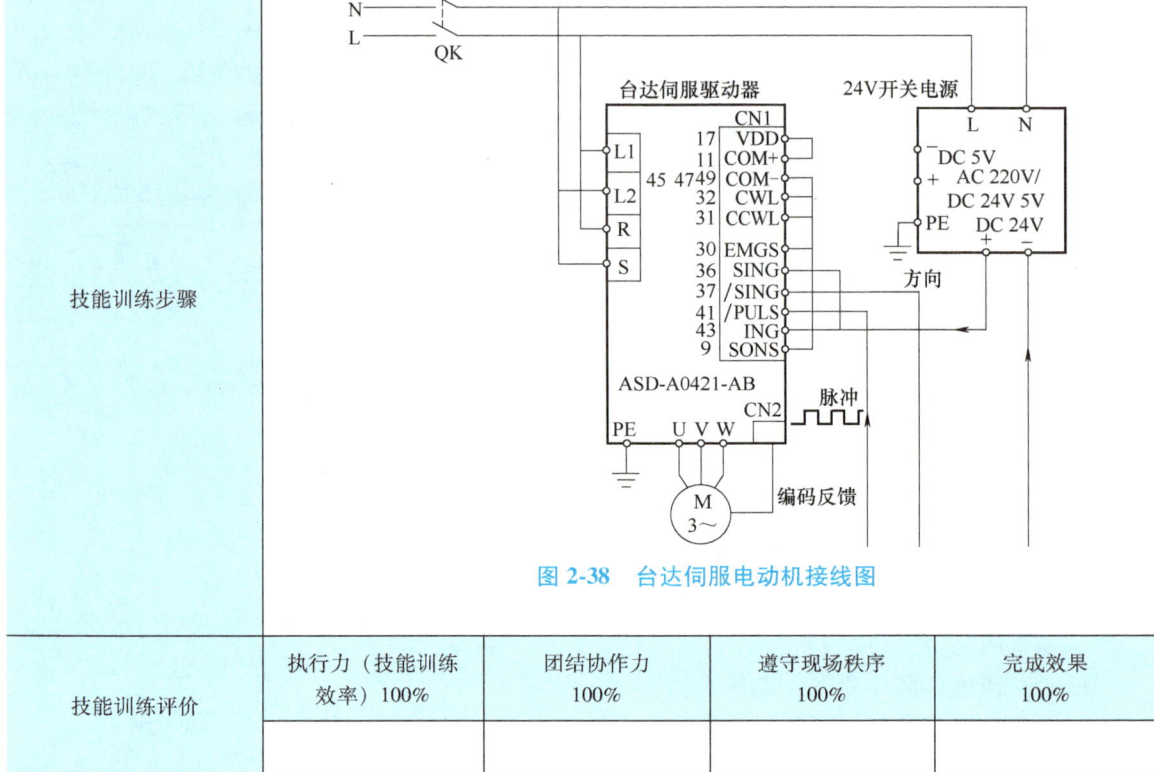 图 2-38 台达伺服电动机接线图				
技能训练评价	执行力（技能训练效率）100%	团结协作力 100%	遵守现场秩序 100%	完成效果 100%	

评价与分析

完成表 2-8 的评价与分析。

表 2-8 评价与分析

班级		姓名		日期	
序号	评价要点		配分	得分	总评
1	完成填空题 1		5		A≥90 80≤B<90 60≤C<80 D<60
2	完成填空题 2		5		^
3	完成选择题 1~4		20		^
4	完成技能训练项目		30		^
5	与同学团结合作良好		5		^
6	学习态度端正		10		^
7	爱护设备		10		^
8	具备职业安全意识及职业素养		10		^
9	没有迟到早退		5		^
学习小结与建议					

任务三　电动机维修基础

学习目标

1. 掌握电动机的检测方法。
2. 初步掌握三相电动机的故障分析。
3. 掌握绕组的基本概念和结构形式。
4. 掌握绕组的构成原则。

任务情境描述

电动机用久了或者使用不当，会出现故障，必要的时候需要维修，这就需要掌握电动机的维修技能。正确判断电动机故障原因，能够事半功倍，既提高维修效率，又减少损失。维修电动机应掌握电动机内部结构及电路连接，特别是电动机绕组结构。

学习过程与活动

1. 理实一体化教学，检测电动机电阻、首尾端。
2. 理实一体化教学，检测三相电动机转速及电流。
3. 分析三相电动机故障。
4. 总结绕组的构成原则。

学习活动一　学习电动机基本检测方法

温馨提示

本学习活动配有微视频《电动机测量技术》，读者可观看学习。

学习目标

1. 掌握电动机绕组直流电阻的测量方法。
2. 掌握三相电动机首尾端判断方法。
3. 掌握三相电动机转速的测量方法和工作电流的测量方法。
4. 掌握单相电动机起动电容的测量方法。

建议学时

建议 4 学时。

学习材料

电动机能否正常运行,可以根据其基本特征进行检测,电动机检测可分为静态检测和动态检测。静态检测是指电动机不工作时,对电动机的绕组电路、绝缘能力等进行测量,以测量电阻为主,如果是电路出现问题,大都可以通过测量电阻后发现问题;动态检测是指当电动机工作或空载运行时,对电动机的相电流、转速等进行测试,从而判断电动机是否存在故障。

一、静态检测

1. 绕组电阻的测量

使用万用表检测电动机的绕组电阻是一种比较常用、简单易操作的测试方法。该方法可粗略检测出电动机内各绕组的阻值,根据检测结果可大致判断出电动机绕组有无开路或短路故障。

检测原理:电动机内绕组是由线圈组成的。绕圈故障一般有断路、短路、碰壳。线圈电阻规律:线径粗的,电阻较小,线径细的,电阻稍大;匝数多的,电阻大,匝数少的,电阻小。建议选用精度较高的数字万用表测量,可以达到较好的测量效果。对于 10Ω 以上绕组电阻,可采用数字万用表测量;对于小于 10Ω 的绕组电阻,建议采用电桥进行测量,小于 1Ω 的绕组,应用双臂电桥,大于 1Ω 的用单臂电桥。

1)用万用表检测直流电动机绕组阻值,方法如图 3-1 所示。

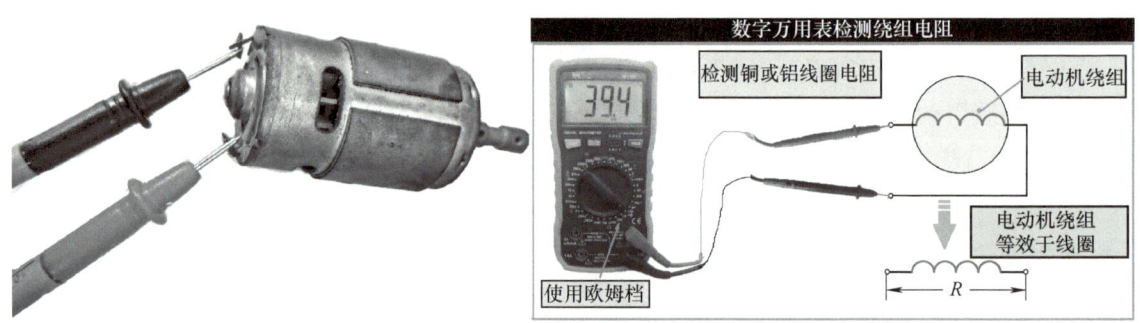

图 3-1 测量直流电动机绕组阻值

2)用万用表检测单相异步电动机的绕组阻值,方法如图 3-2 所示。

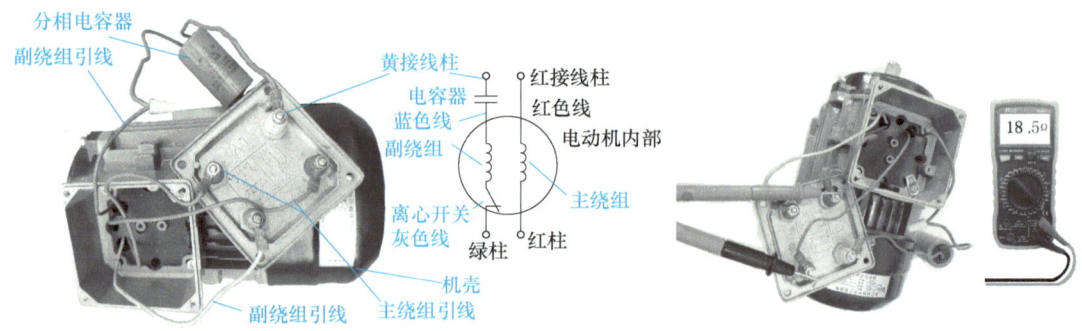

图 3-2 测量单相异步电动机绕组阻值

3）用万用表检测三相电动机的绕组阻值，方法如图3-3所示。

2. 绝缘电阻的检测

对于新安装或停运三个月以上的异步电动机，投运行前都要用绝缘电阻表测定绝缘电阻。测定内容应包括三相相间绝缘电阻和三相绕组对地绝缘电阻。冷态下，测得绝缘电阻大于1MΩ为合格，最低不能低于0.5MΩ。

1）电动机绕组与外壳之间绝缘电阻的检测。测量接线如图3-4所示。

2）电动机定子绕组之间绝缘电阻的检测，测量接线如图3-5所示。

图3-3　测量三相电动机绕组阻值

三相异步电动机绝缘电阻的测量

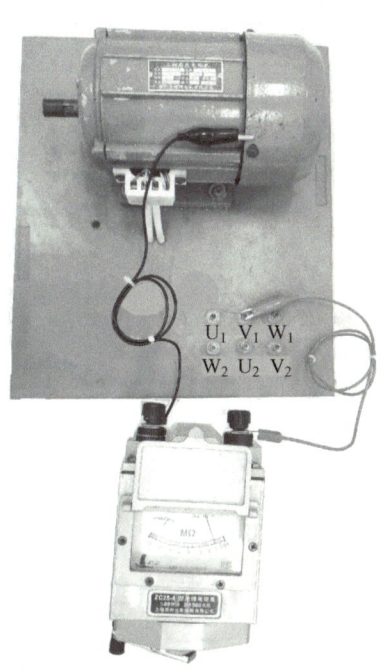

图3-4　测量绕组对地绝缘电阻

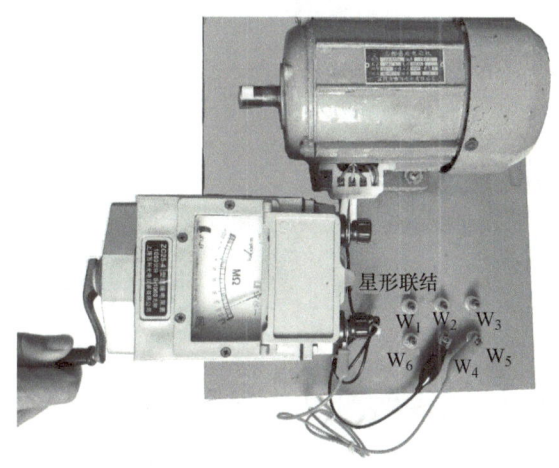

图3-5　测量相间绝缘电阻

3. 三相电动机首尾端判别

试想，如果维修时，将接线盒上的6根线头从接线柱上拆下，但没有做好标记，重新装配时，已不记得该接哪根接线柱；或者新大修后的绕组线头也没有标记，线头引出机外时，需重新确定6根线的首尾端（同名端）；再或者进行电动机技能考试时，也常考核电动机绕组首尾端的判别等，以上情况都需要对首尾端进行判别。我们该怎么操作判别电动机的首尾端？

（1）交流法

判断方法如图3-6所示。

1）用万用表欧姆档找出各相绕组的线端，如图中的U相、V相、W相。

2）将任意两相绕组相串联后，接入电压表。

3）将第三相绕组接入 36V 左右的交流电源，根据有无读数（读数大小与所测的电动机功率有关系），对照图 3-6 进行判别。其中图 3-6a 与图 3-6c 相对应，图 3-6b 和图 3-6d 相对应。电压表有明显读数的，两绕组为首尾端连接；电压表无明显读数的，两绕组之间相连接的端为同一端（同为首端或同为尾端）。

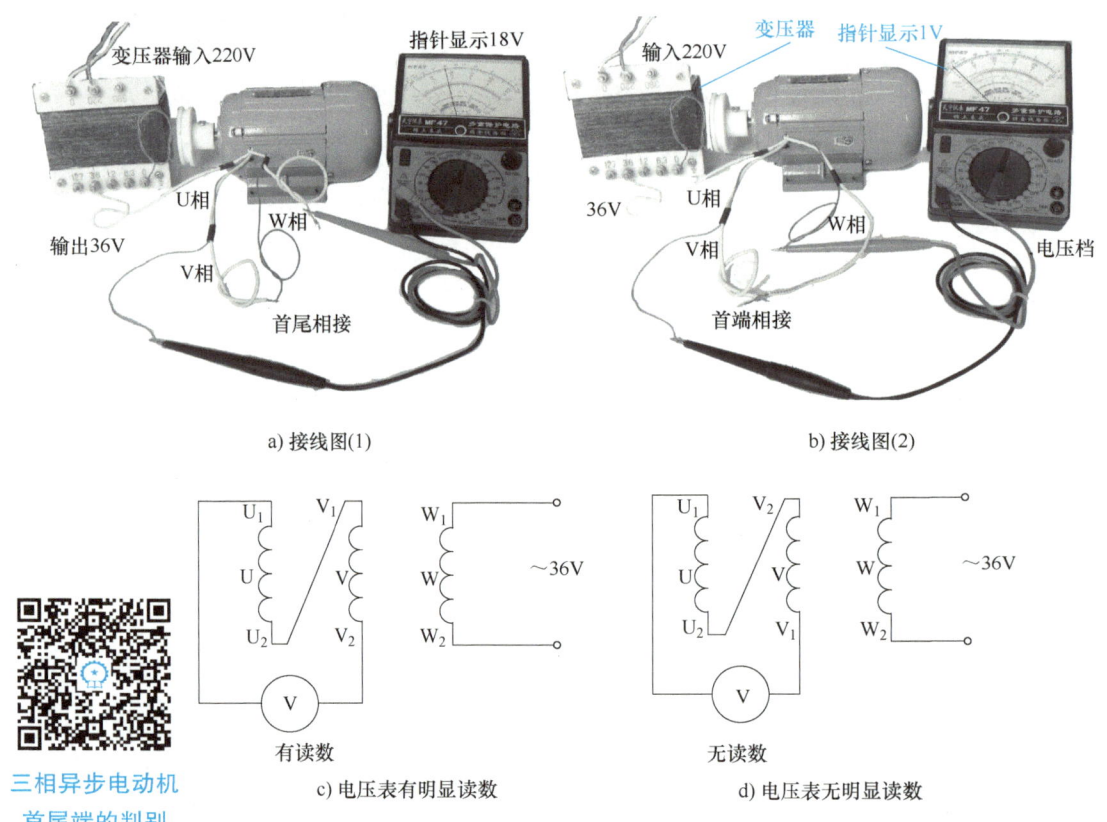

图 3-6 交流法判别电动机绕组首尾端

（2）直流法

判断方法如图 3-7 所示。

1）用万用表欧姆档找出各相绕组的线端，如图 3-7 中的 U 相、V 相、W 相。

2）将任意一相绕组接入微安表（不论正负随意接，例如图中的 W 相）。

3）将另一相通过开关接入电池（例如图 3-7 中的 U 相）。观察：当接通开关瞬间（注意：一定是接通瞬间），微安表指针偏转方向，有两种可能，一种是正偏，另一种可能是反偏。如果是正偏，则电池正极端跟电流表负极端同为首端或尾端。如果是反偏，则电池正极端跟电流表正极端各为首尾端。对照图 3-7b、c，根据方向判别 U、W 两相的首尾端，并做好标记。同样办法，将电源更换到 V 相，重复上述操作，可判别 V、W 两相首尾端。

（3）剩磁法

判断方法如图 3-8 所示。

1）用万用表欧姆档找出各相绕组的线端，如图 3-8 中的 U 相、V 相、W 相。

2）将三个绕组并联后接入直流微安表或者较小量程的直流毫安表。

3）摇动转子旋转，如果电流表指针不动或只有极小的偏转，则说明三相绕组都是首尾端相并联。否则需调换其中的一相绕组重新并联，再摇转子再试，直到指针不动为止。

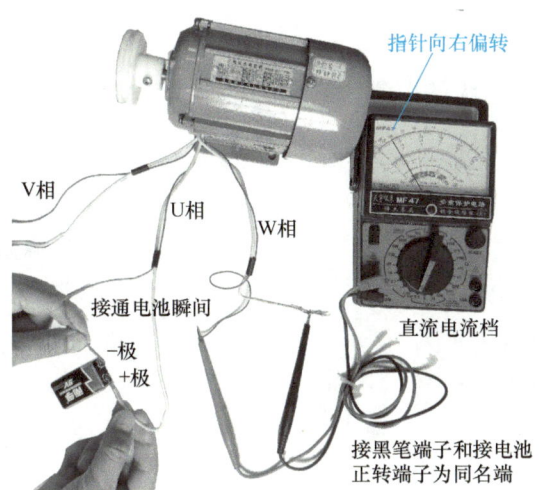

a) 接线图

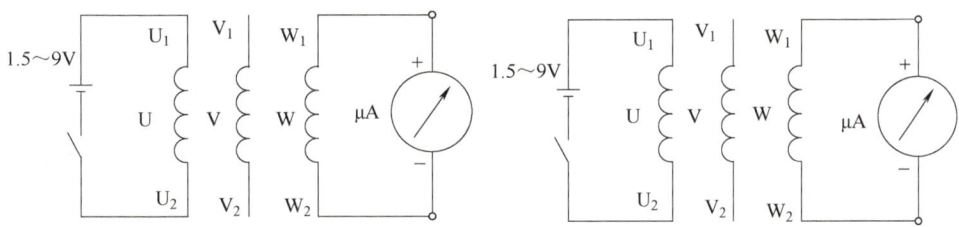

b) 通电瞬间，指针向右偏转　　　c) 通电瞬间，指针向左偏转

图 3-7　直流法判别电动机首尾端

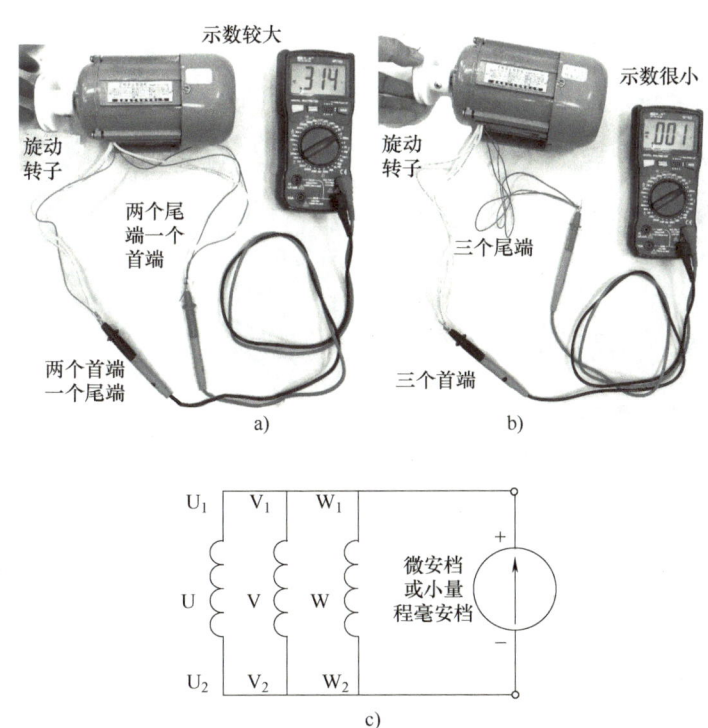

图 3-8　剩磁法判别电动机首尾端

二、动态检测

1）电动机工作电压和空载电流的检测，如图 3-9 所示。

三相异步电动机
电流的测量

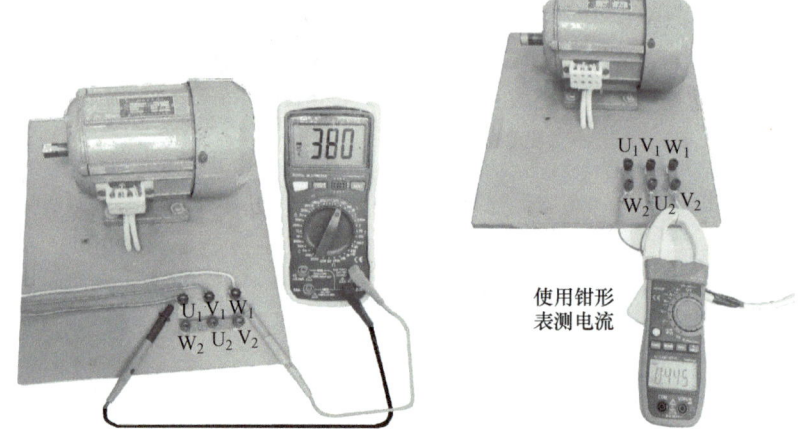

图 3-9 电动机工作电压和空载电流的检测

2）电动机转速的检测，图 3-10 所示是用激光法测转速，检测结果为 1494r/min。

3）单相电动机起动电容的检测，图 3-11 是用具有测量电容量功能的数字万用表测量单相电动机的电容。

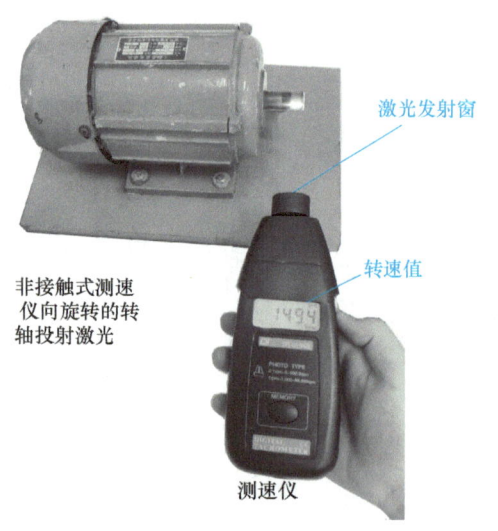

图 3-10 电动机转速的检测

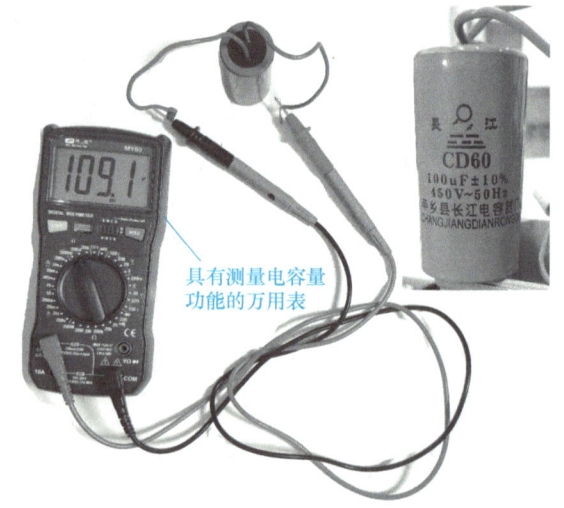

图 3-11 单相电动机起动电容的检测

学习过程与检测

一、填空题

检测三相电动机的首尾端的方法有：_____、_____、_____。

二、简答题

三相电动机冷态绝缘电阻多少为正常？

技能训练 1

完成表 3-1 的技能训练 1。

表 3-1 技能训练 1——检测绕组电阻、电容器

技能训练时间	_____年____月____日　星期____第____节　地点_____					
技能训练指导教师						
技能训练项目小组名单					人数	
技能训练内容	1. 检测三相电动机绕组电阻 2. 测量三相电动机绝缘电阻 3. 检测单相电动机的电容					
技能训练设备及型号	YS5024 三相交流电动机 1.5μF/400V、30μF/450V 电动机起动电容					
技能训练工具	ZC25 绝缘电阻表、具有测量电容量功能的数字万用表					
技能训练步骤	1. 拆除电动机接线端子连片 2. 检查试测绝缘电阻表的性能 3. 测量相间绝缘电阻（UV、UW、VW），并记录于表 1 4. 测量各相绕组对地绝缘电阻（UP、VP、WP），并记录数据于表 1 5. 判断电动机的绝缘性能是否合格 6. 用万用表测量各绕组的电阻，并记录于表 2 7. 测量电容器容量，并记录于表 3 8. 操作结束后收拾器材，打扫现场					
	表 1					
		相间绝缘电阻			相地绝缘电阻（P 为地端）	
		UV	UW	VW	UP	VP	WP
	测量结果						
	结果鉴定						
	表 2					
	三相绕组电阻					
	U		V		W	
	测量结论：有无开路、短路、断路等。					
	表 3					
	电容 1 容量标称			电容 2 容量标称		
	测量值					
	误差量					
技能训练评价	执行力（技能训练效率）100%	团结协作力 100%		遵守现场秩序 100%		完成效果 100%

技能训练 2

完成表 3-2 的技能训练 2。

表 3-2　技能训练 2——判断电动机绕组首尾端

技能训练时间	＿＿＿年＿＿月＿＿日　星期＿＿第＿＿节　地点＿＿＿＿＿＿＿＿			
技能训练指导教师				
技能训练项目小组名单			人数	
技能训练内容	直流法和剩磁法判断三相电动机绕组首尾端			
技能训练设备及型号	YS5024 三相电动机			
技能训练工具	9V 电池、47 型指针万用表			
技能训练步骤	1. 拆除电动机接头连片 2. 将约 200cm 的软铜导线剪成 6 截，将电动机接线端子引出来，并将接绕盒重新盖好（目的是避免测试训练者可视接线端子） 3. 用直流法判断绕组首尾端 4. 用剩磁法判断绕组首尾端 5. 每次检测，可打开接线盒盖子核对是否正确 6. 操作结束收拾器材，打扫现场			
技能训练评价	执行力（技能训练效率）100%	团结协作力 100%	遵守现场秩序 100%	完成效果 100%

技能训练 3

完成表 3-3 的技能训练 3。

表 3-3　技能训练 3——测量电动机空载电流及转速

技能训练时间	＿＿＿年＿＿月＿＿日　星期＿＿第＿＿节　地点＿＿＿＿＿＿＿＿	
技能训练指导教师		
技能训练项目小组名单		人数
技能训练内容	1. 检测电动机空载电流 2. 检测电动机空载转速	
技能训练设备及型号	YS5024 三相电动机	
技能训练工具	钳表、转速表、万用表	
技能训练步骤	1. 将电动机接上电源，直接起动 2. 分别测三相电流并记录于表 1 3. 用转速表测转速并记录于表 1	

（续）

技能训练步骤	表1					
	铭牌标称电流/A	实测 U 相电流/A	实测 V 相电流/A	实测 W 相电流/A	铭牌标称转速/(r/min)	实测转速/(r/min)
	4. 收拾器材，打扫现场					
技能训练评价	执行力（技能训练效率）100%	团结协作力 100%		遵守现场秩序 100%		完成效果 100%

评价与分析

完成表 3-4 的评价与分析。

表 3-4 评价与分析

班级		姓名		日期	
序号	评价要点			配分	得分	总评
1	完成填空题			5		
2	完成简答题			5		
3	完成技能训练1			20		A≥90
4	完成技能训练2			20		80≤B<90
5	完成技能训练3			20		60≤C<80
6	与同学团结合作良好			5		D<60
7	学习态度端正			5		
8	爱护设备			5		
9	具备职业安全意识及职业素养			5		
10	没有迟到早退			10		
学习小结与建议						

学习活动二 学习三相电动机故障分析

学习目标

1. 掌握三相电动机正常工作的条件。
2. 初步掌握三相电动机常见故障分析方法。

建议学时

建议 1 学时。

学习材料

正常运行的三相电动机应该具备如下条件，否则电动机一般不能正常工作。

1）电源电压符合电动机铭牌要求，波动在±5%范围内属正常值。三相绕组电压平衡。

2）三相电流平衡。

3）接线符合铭牌要求。

4）电动机各相绕组电阻阻值相等，绝缘电阻阻值正常。

5）电动机控制电路工作正常。

6）电动机机械润滑正常。

7）其他：如转子绕组无开路、转子轴承无故障、环境因素正常（如温度、湿度、空气污染）等。

电动机出现故障可以从上述几方面进行排查处理。

电动机故障主要分为机械故障和电气故障两方面。电气故障大多发生在绕组，电动机主要修理工作是维修电动机绕组。电动机常见故障分析列于表3-5中。

表3-5 电动机常见故障分析

故障一：异步电动机不能起动
原因分析
1. 电源电压过低、电源断相
2. 电源线径太细或太长，电阻大，电压降大
3. 绕组三角形联结错接成星形联结
4. 机械卡住
5. 电动机内部故障，需开机检修

故障二：笼型电动机起动后转速低于额定值
原因分析
1. 电源电压过低
2. 电动机接线错误
3. 负载过重
4. 用测速表实测转速重新鉴定
5. 电动机内部故障，需开机检查转子或绕组

故障三：电动机三相电流不平衡
原因分析
1. 电源电压不平衡
2. 电动机绕组不平衡，匝间短路
3. 大功率电动机起动设备有故障，输出电压不平衡
4. 新修理的电动机维修工艺不良，需开机检测

故障四：电动机温升过高	
原因分析	
1. 电源电压太低或太高
2. 工作环境恶劣引起温升过高
3. 通风散热不良
4. 电动机绕组有匝间短路及接地存在
5. 过载运行引起温升过高
6. 三相电源不平衡	7. 轴承运行中损坏或无润滑油
8. 笼型转子导条断裂
9. 起停频繁
10. 大修后的电动机不符合要求（技术参数），重新投入相同的负载，功率不匹配
11. 转子扫膛

电动机故障诊断是通过看、摸、闻、测和问等手段检查，有时电动机的故障不止一种原因，可能多种故障综合并存。修理人员需仔细检查。应对故障早发现、早报告、早维修，以免故障扩大，损失更大。

学习过程与检测

简答题

1. 列举三相异步电动机正常工作的 5 个条件。
2. 试分析三相电动机过热原因。

评价与分析

完成表 3-6 的评价与分析。

表 3-6　评价与分析

班级			姓名		日期	
序号	评 价 要 点			配分	得分	总评
1	完成简答题 1			35		A≥90 80≤B<90 60≤C<80 D<60
2	完成简答题 2			35		
3	不迟到早退			10		
4	与同学团结合作良好			10		
5	遵守课堂纪律			10		
学习小结与建议						

学习活动三　学习绕组基本知识

学习目标

1. 理解绕组的有关概念。
2. 掌握单层链式绕组的结构特点，会画电流方向，会计算槽距角。
3. 掌握单层同心绕组的结构特点，会画电流方向，会计算槽距角。
4. 绘制 4 极 24 槽单层链式绕组展开图。
5. 绘制 2 极 24 槽单层同心绕组展开图。
6. 掌握 2 极 18 槽交叉链式绕组结构特点。
7. 绘制 4 极 36 槽单层交叉链式绕组展开图。
8. 了解双层绕组与单层绕组特点与区别。
9. 绘制 4 极 18 槽双层绕组展开图。

建议学时

建议 14 学时。

学习材料

电动机绕组用电磁线（常见的是漆包铜线或漆包铝线或者是其他绝缘材料包的铜线）按照电动机定子大小，在模板上绕制出来，嵌放到电动机铁心，并按一定规律连接。

一、绕组的有关概念

下面通过图 3-12 来理解关于绕组的几个概念。

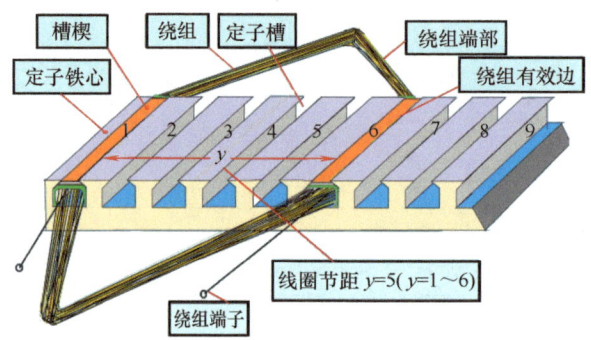

图 3-12　定子铁心展开图

1）单层绕组：电动机定子铁心的每个槽内都仅嵌入一个线圈的一条边。
2）槽楔：使用绝缘材料做成，将绕组压实在槽内，防止松动飞出。
3）绕组的有效边：周边有铁心包围的部分绕组，此处电流磁场较大，对转子旋转起主要作用。
4）绕组端部：只起到将两槽电流连接起来的作用，对转子旋转作用不大。
5）线圈节距：线圈的两条有效边之间的跨距，用槽数作单位，用字母 y 表示。图 3-12 中，线圈的一条边放在第 1 个槽，另一条边放在第 6 个槽，表示为 $y=5$ 或 $y=1\sim 6$。
6）机械角与电角度：图 3-13 是机械角与电角度的关系，分析如下。

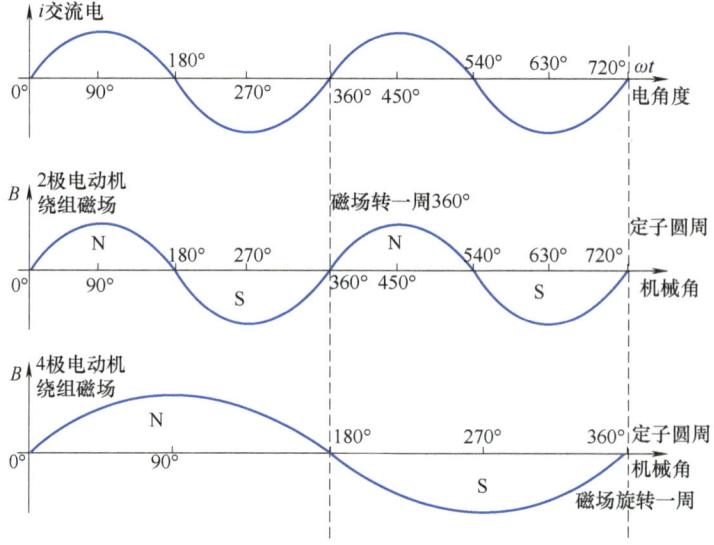

图 3-13　机械角与电角度关系

机械角：几何角，有形有状，比如电动机一个圆周角360°。

电角度：旋转磁场旋转一周的时间对应于交流电的变化角度（定义交流电变化一周为360°）。

槽电角度（也称为槽距角）：电角度均分到定子总槽数的角度（即每槽平均电角度）。

规律：2极电动机一个圆周的电角度是360°；4极电动机一个圆周的电角度是720°；2p极电动机一个圆周的电角度是360°p。

由此可计算每槽的电角度，即槽距角。

槽距角： $$\alpha = \frac{360°p}{Z_1}$$

因为三相交流电相位差为120°，对应的电角度就是120°，所以三相绕组在电动机定子铁心里也须相差120°电角度顺序排列，即 U-V-W-U 或者 U-W-V-U，否则就不能产生旋转磁场。知道槽距角，就可知道各相绕组摆放位置。

二、绕组的结构形式

1. 单层绕组

（1）单层链式绕组　单层链式绕组是指由相同节距的线圈，一环套一环构成的类似长链的绕组形式。图3-14是单层链式绕组端部展开图，在该类绕组方式中，由于线圈节距相同，即绕组各线圈的宽度相同，所跨定子铁心槽数相同，线圈规格统一，因此，绕组的绕制比较方便。

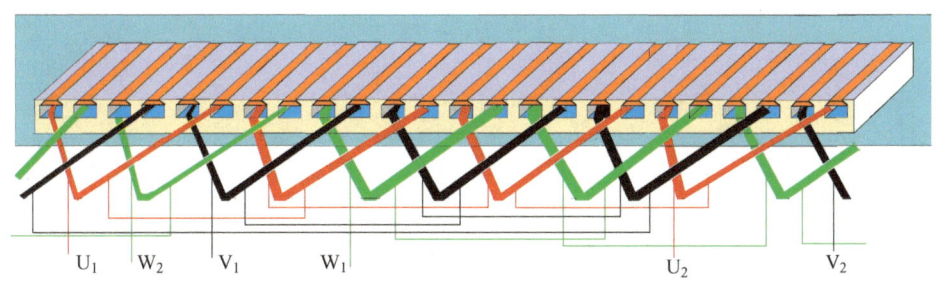

图3-14　单层链式绕组端部展开图

电动机绕组由线圈组成，线圈为闭合结构，有两部分嵌入线槽中，电动机工作时，线槽中的导体产生的磁场能通过定子铁心传输到转子铁心上，对电磁转换起到关键作用，所以嵌入线槽的这一部分导体称为有效边，其他没有嵌入槽中的导体位于定子铁心端部（电动机前后端），称为线圈端部，它们只起到连接有效边的作用，为方便读者阅读，在绘制线圈时，可用一匝线圈简易画法代替线圈，如图3-15所示。图3-16则是4极24槽单层链式绕组端部布线图，图中槽1与槽6之间的线表示一个线圈的两条有效边分别嵌入第1个槽和第6个槽，连线表示端部导体，其他的同理看待。

4极24槽是指电动机定子槽数为24槽，通电时，产生4个磁极，磁极对数$p=2$，故磁极数$2p=4$，如图3-17所示，三相绕组电流在某一时刻的方向为图中箭头方向（电流为正，表示由首端注入，尾端流出；电流为负表示由首端流出，尾端流入）。

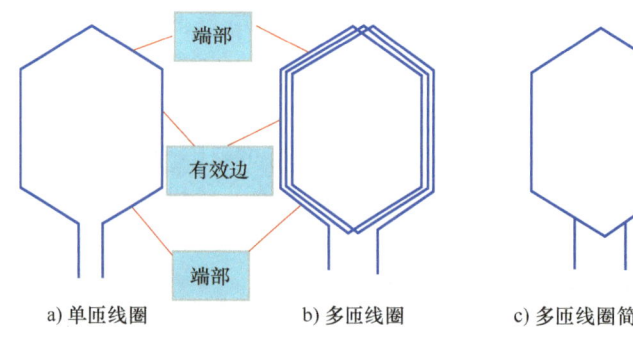
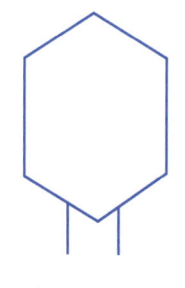

a) 单匝线圈　　　b) 多匝线圈　　　c) 多匝线圈简易画法

图 3-15　线圈画法

问题思考
1. 线圈总数：_____。
2. 线圈规格：_____ 种。
3. 一个圆周的电角度：_____。
4. 槽距角：_____。
5. U_1-V_1 端相隔 _____ 电角度。
   V_1-W_1 端相隔 _____ 电角度。
6. U_2-V_2 端相隔 _____ 电角度。
   V_2-W_2 端相隔 _____ 电角度。

图 3-16　4 极 24 槽单层链式绕组端部布线图

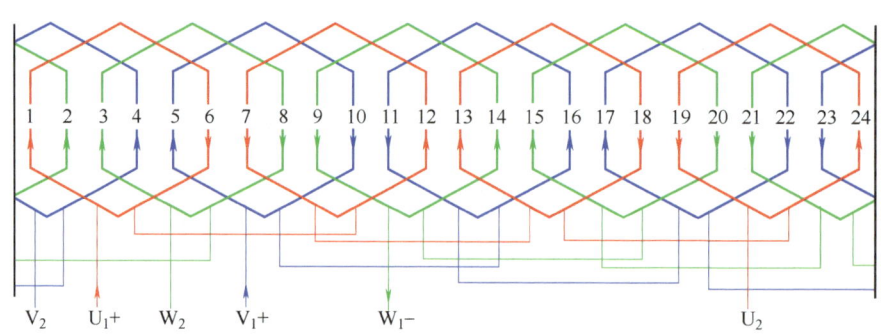

图 3-17　4 极 24 槽单层链式绕组展开图

三相异步电动机磁极数判断

磁极数一般可从电动机铭牌读出，比如电动机型号 90L4，后面的"4"表示 4 极；再如型号 Y100L-2，后面的"2"表示 2 极。如果无法从型号了解磁极数，则可根据转速计算磁极数，计算公式为

$$p = \frac{60f_1}{n_1}$$

式中，p 为磁极对数，f_1 为电源频率；n_1 为同步转速，若用转速代替同步转速，结果取整数。

1)极距指电动机定子绕组每磁极所占槽数。总槽数为 Z_1,磁极数为 $2p$,则有

极距:
$$\tau = \frac{Z_1}{2p}$$

对于 4 极 24 槽绕组来说
$$\tau = \frac{Z_1}{2p} = \frac{24\text{槽}}{4\text{极}} = 6\text{槽/极}$$

在三相电动机中,每个磁极所占槽数需均等地分配给三相绕组,每个磁极下,每相绕组所占的槽数称为每极每相槽数,简称为极相槽数,用 q 表示。

极相槽数:
$$q = \frac{Z_1}{2pm} = \tau/m$$

m 为定子绕组相数,一个线圈组中的线圈可以是一个线圈,也可以是多个线圈串联构成。对于 4 极 24 槽绕组,$q=24/(2\times2\times3)=2$ 槽。即每一磁极,有 U、V、W 相绕组,各占 2 槽,为一个线圈。单层链式绕组极相槽数 q 为偶数,每相总线圈数为偶数。

一般情况下,电动机正常工作时,三相绕组电流均对称,如图 3-18 所示,图中 i_U、i_V、i_W 对应于三相绕组电流。任取 T_1 时刻来分析三相电流方向,如图 3-19 所示,T_1 时刻,i_U 电流为正值,i_V 和 i_W 为负值,表示 U 相电流从 U_1 端流入,U_2 端流出;从 V_1、W_1 端流出电动机(设为星形联结),从 V_2、W_2 端流入。如果绕组是三角形联结,则从 L_1 相线流入电动机绕组,从 L_2、L_3 相线流出电动机绕组。按此方向标记到绕组展开图中,如图 3-19 所示。通过观察电流方向,可知道电动机磁极数。

图 3-18 所示中,任一时刻,三相电流代数和均为零,所以展开图的电流方向均显示相同的磁极数。

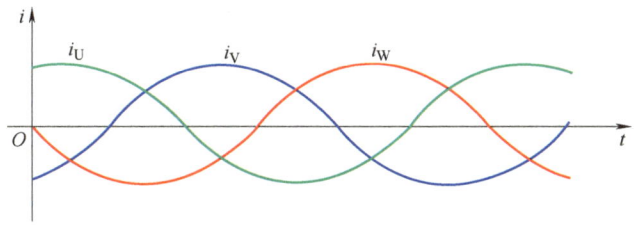

图 3-18 三相绕组对称电流

关于节距 y 和极距 τ,若 $y=\tau$,称为整距绕组;$y>\tau$,称为长距绕组;$y<\tau$,称为短距绕组。

2)极相组指同一磁极下同一相绕组的 q 个线圈按照一定的方式串联而成的线圈组。例如图 3-19 中的 U 相第 6~7 槽就是一个极相组。第 12~13 又是另一极相组。

(2)单层同心绕组 同心绕组是指同一相绕组的几个线圈大小不同,它们的对称中心重合,小线圈套入大线圈里面,相互串联。图 3-20 所示为 2 极 24 槽单层同心绕组展开图。图 3-21 为端部布线图。

同心绕组线圈跨距大,电动机端部较长,材料较浪费,同心绕组主要应用于 2 极小电动机中。在大电机中,少用或不用同心式绕组。

图 3-20 中,每相有两个极相组,这两个极相组相互并联,例如 U 相的 1、2、11、12 槽极相组与 13、14、23、24 槽的极相组并联,所以并联支路数为 2。极相组并联可以增大电流强度,提高功率。

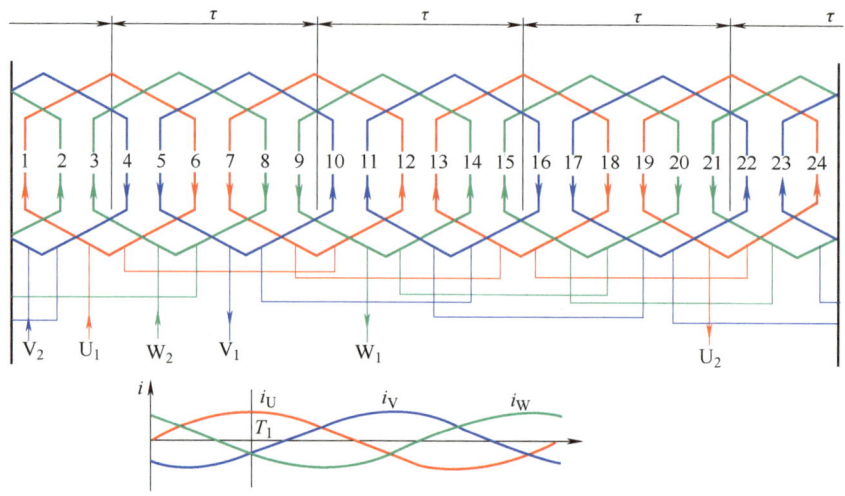

图 3-19 T_1 时刻的电流方向

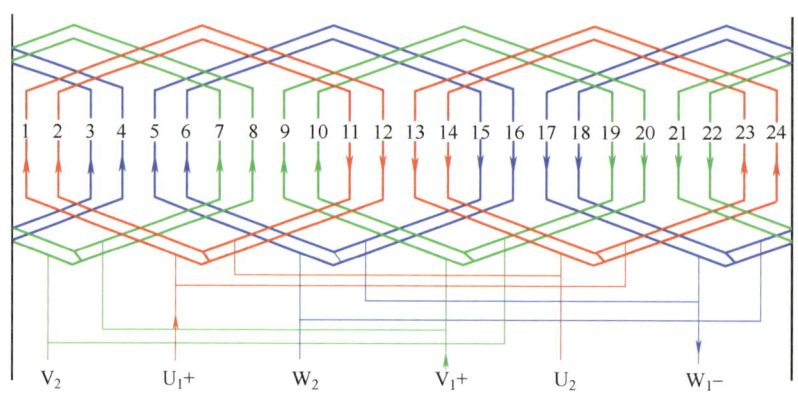

图 3-20 2 极 24 槽单层同心绕组展开图

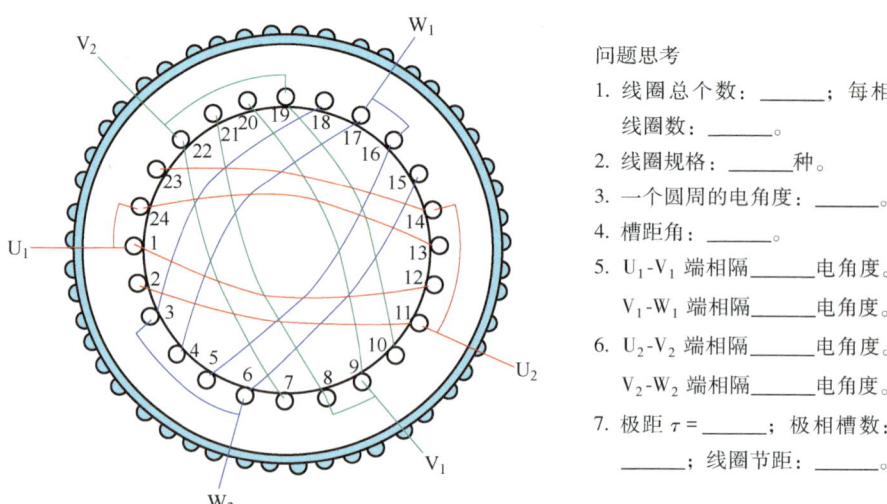

问题思考

1. 线圈总个数：_____；每相线圈数：_____。
2. 线圈规格：_____种。
3. 一个圆周的电角度：_____。
4. 槽距角：_____。
5. U_1-V_1 端相隔_____电角度。
   V_1-W_1 端相隔_____电角度。
6. U_2-V_2 端相隔_____电角度。
   V_2-W_2 端相隔_____电角度。
7. 极距 τ = _____；极相槽数：_____；线圈节距：_____。

图 3-21 2 极 24 槽单层同心绕组端部布线图

当每极每相槽数为奇数时，同心绕组结构将不对称分布，例如 2 极 30 槽单层同心绕组展开图如图 3-22 所示，端部布线图如图 3-23 所示。

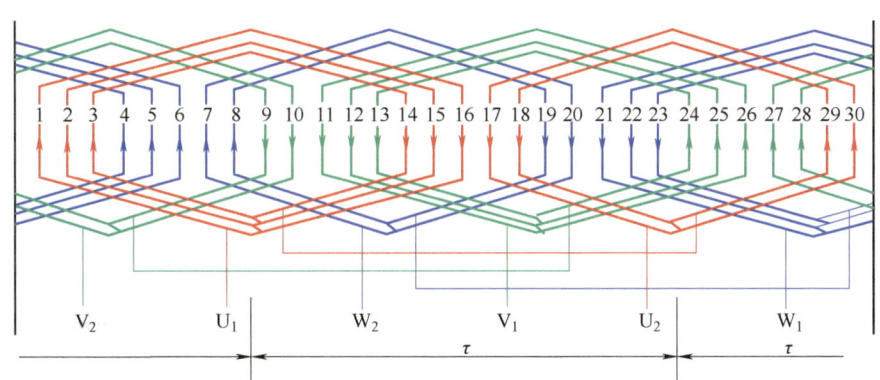

图 3-22　2 极 30 槽单层同心绕组展开图

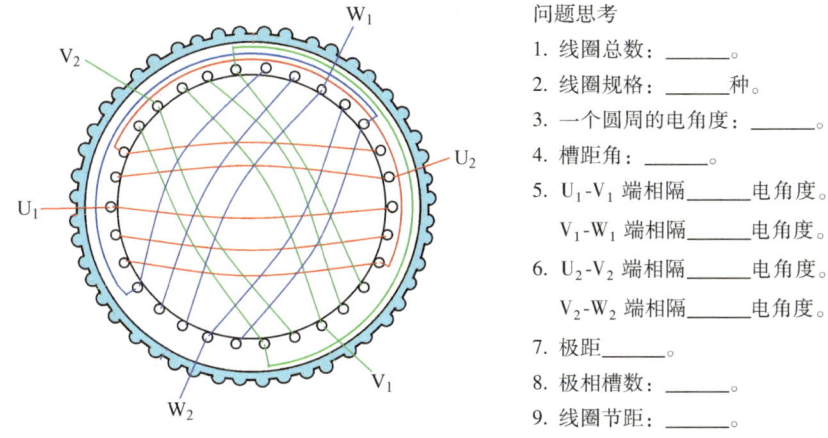

图 3-23　2 极 30 槽单层同心绕组端部布线图

问题思考

1. 线圈总数：_____。
2. 线圈规格：_____种。
3. 一个圆周的电角度：_____。
4. 槽距角：_____。
5. U_1-V_1 端相隔_____电角度。
   V_1-W_1 端相隔_____电角度。
6. U_2-V_2 端相隔_____电角度。
   V_2-W_2 端相隔_____电角度。
7. 极距_____。
8. 极相槽数：_____。
9. 线圈节距：_____。

（3）单层交叉链式绕组　极相槽数 q 为奇数的链式绕组，可采用交叉链式结构。2 极电动机每相绕组为奇数，2 极以上电动机每相绕组为偶数。图 3-24 为 2 极 18 槽单层交叉链式绕组展开图，极相槽数为 3，是奇数，为节约线材，减少跨度，采用了两种规格的线圈，$y_1=7$，$y_2=8$，即两个线圈一个线圈节距为 7，一个线圈节距为 8。图 3-25 为端部布线图。

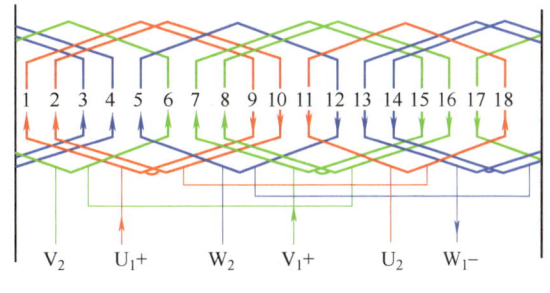

图 3-24　2 极 18 槽单层交叉链式绕组展开图

4 极 36 槽单层绕组的电动机，极相槽数也是 3 槽，所以也可采用交叉链式结构，如图 3-26 和图 3-27 所示。

单层交叉链式绕组特点如下。

1）具有两种不同规格的线圈。
2）每相绕组线圈分布呈单、双交替顺序出现，即单线圈和双线圈交替排列。
3）线圈总数等于槽数的一半。

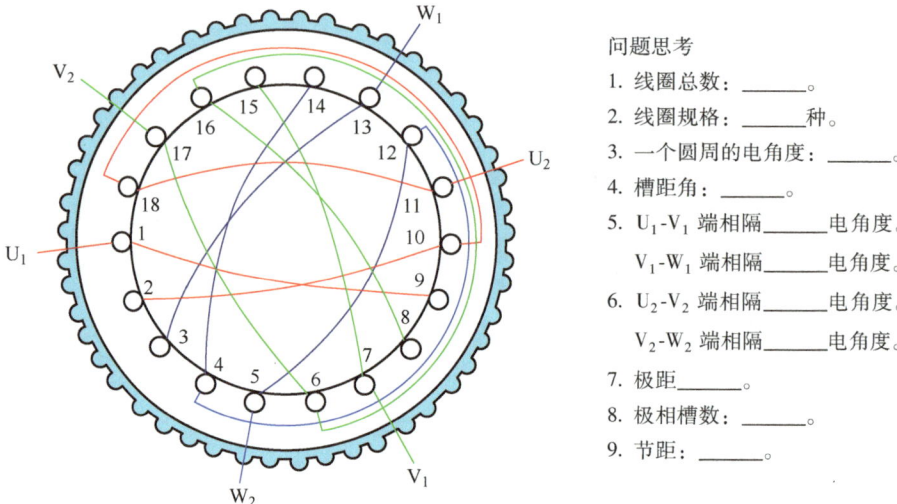

问题思考
1. 线圈总数：_____。
2. 线圈规格：_____种。
3. 一个圆周的电角度：_____。
4. 槽距角：_____。
5. U_1-V_1 端相隔_____电角度。
   V_1-W_1 端相隔_____电角度。
6. U_2-V_2 端相隔_____电角度。
   V_2-W_2 端相隔_____电角度。
7. 极距_____。
8. 极相槽数：_____。
9. 节距：_____。

图 3-25　2 极 18 槽单层交叉链式绕组端部布线图

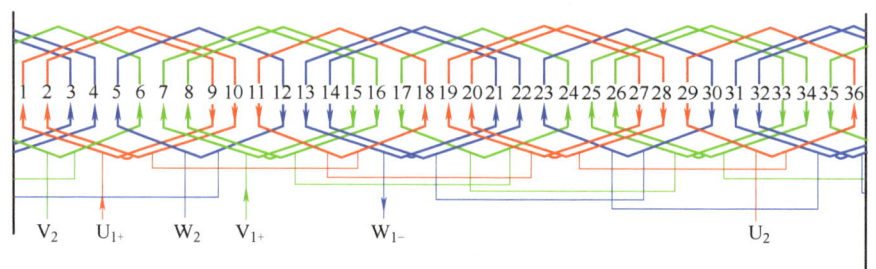

图 3-26　4 极 36 槽单层交叉链式绕组展开图

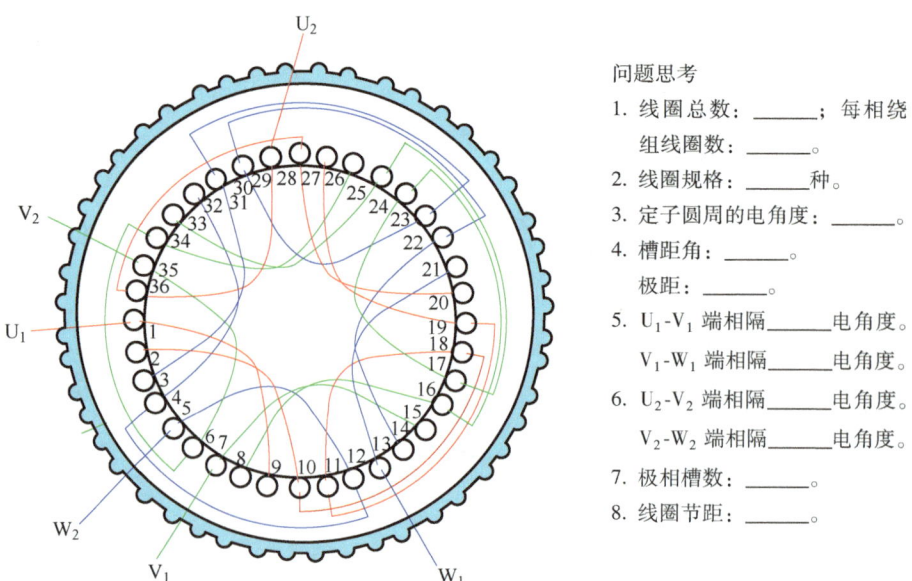

问题思考
1. 线圈总数：_____；每相绕组线圈数：_____。
2. 线圈规格：_____种。
3. 定子圆周的电角度：_____。
4. 槽距角：_____。
   极距：_____。
5. U_1-V_1 端相隔_____电角度。
   V_1-W_1 端相隔_____电角度。
6. U_2-V_2 端相隔_____电角度。
   V_2-W_2 端相隔_____电角度。
7. 极相槽数：_____。
8. 线圈节距：_____。

图 3-27　4 极 36 槽单层交叉链式绕组端部布线图

2. 双层绕组

定子槽内分上、下两层安放两个线圈的各一条边，如图 3-28 所示，这就是双层绕组，它和单层绕组相比较，有如下特点，见表 3-7。

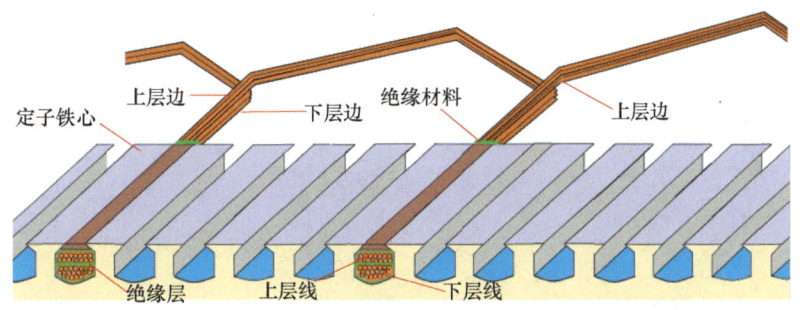

图 3-28 双层绕组结构

表 3-7 单层绕组与双层绕组比较

单层绕组特点	双层绕组特点
1. 槽内只有一个线圈边，不存在相间、层间绝缘，槽内不存在相间短路危险。槽满率不算高 2. 一般用于 10kW 以下的电动机，因为 10kW 以下电动机电流不很大，可用线径小的电磁线，并联支路不多，多为一路 3. 线圈规格常有几种，制作线圈时，较烦琐 4. 嵌线相对于双层绕组较容易 5. 线圈节距相对于双层绕组较大，端部整理有点难 6. 线圈总数较双层绕组少 7. 单层绕组产生的电磁波形不够理想，电动机铁损、噪声大，起动性能稍差	1. 槽内有两个不同的线圈边，分上、下两层嵌放，必须添加层间绝缘，导致槽满率较高，增加嵌线难度 2. 主要应用于 10kW 以上电动机，因为功率大，电流大，线径粗，为减小线径，可增加并联支路数 3. 有层间短路风险 4. 线圈规格一般只有一种，方便制作线圈 5. 定子槽数等于线圈数，相对于单层绕组，线圈总数较多 6. 线圈节距小，端部整理较容易 7. 通过短距可得到较好的电磁波形，起动性能较单层绕组好

4 极 18 槽双层绕组展开图画法如图 3-29 所示，下层边画在槽的左边，上层边画在槽的右边。图 3-30 是 4 极 18 槽双层绕组端部布线图。

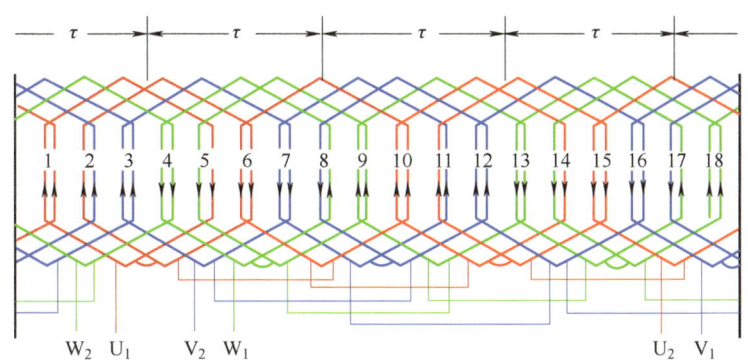

图 3-29 4 极 18 槽双层绕组展开图

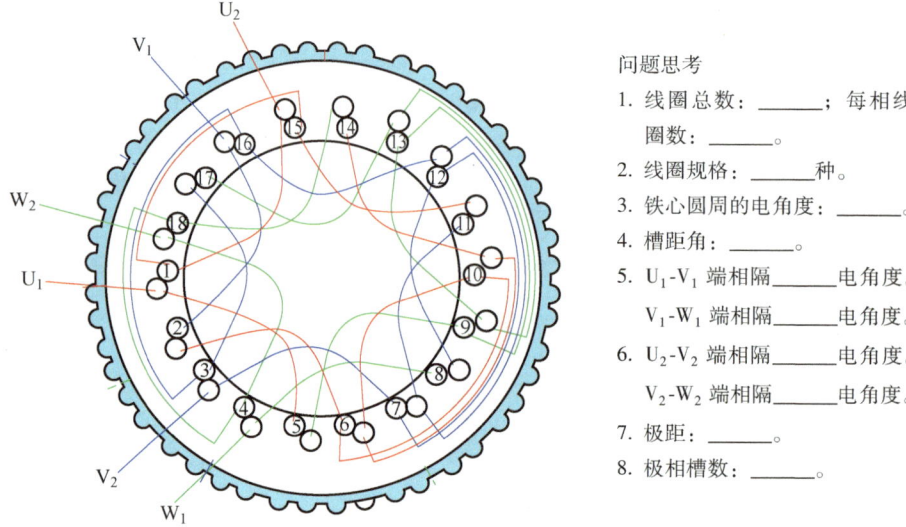

问题思考
1. 线圈总数：_____；每相线圈数：_____。
2. 线圈规格：_____种。
3. 铁心圆周的电角度：_____。
4. 槽距角：_____。
5. U_1-V_1 端相隔_____电角度。
   V_1-W_1 端相隔_____电角度。
6. U_2-V_2 端相隔_____电角度。
   V_2-W_2 端相隔_____电角度。
7. 极距：_____。
8. 极相槽数：_____。

图 3-30　4 极 18 槽双层绕组端部布线图

学习过程与检测

一、填空题

1. 某电动机为单层链式绕组，其中一个线圈的下边位于第 3 个槽，上边位于第 9 个槽，则该线圈节距为_____。

2. 4 极 36 槽三相电动机，槽距角为_____，如果 U 相绕组首端位于第 10 个槽，则 V、W 相绕组的首端分别位于第_____个槽。

3. 某三相交流电动机为 4 极 60 槽双层绕组，线圈总数为_____，极相槽数为_____，极距为_____，槽距角为_____。

二、作图题

1. 请在图 3-31 中绘制 6 极 36 槽单层链式绕组展开图，已知并联支路数：$a=1$，并填空。

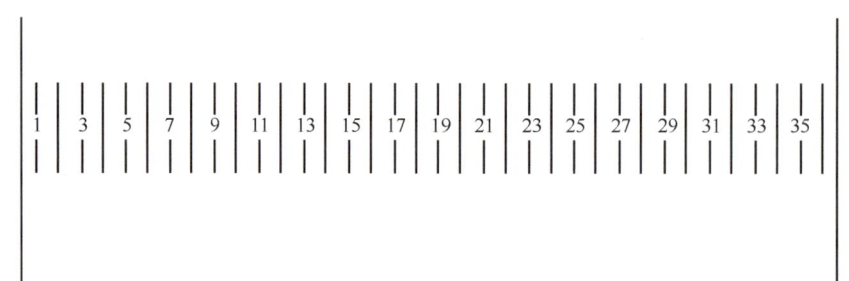

图 3-31　作图题 1 图

线圈总数为_____，每相绕组绕圈数为_____，极相槽数为_____，极距为_____，槽距角为_____。

2. 请在图 3-32 中绘制 4 极 60 槽双层绕组展开图。线圈节距 $y=13$（$y=1\sim14$），并联支路数 $a=2$。

3. 请在图 3-33 中绘制 4 极 36 槽单层链式绕组展开图，并联支路数 $a=1$，并填空。

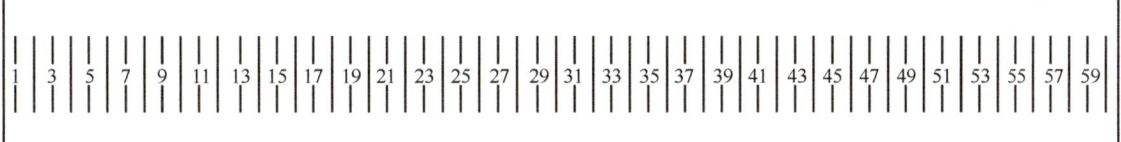

图 3-32 作图题 2 图

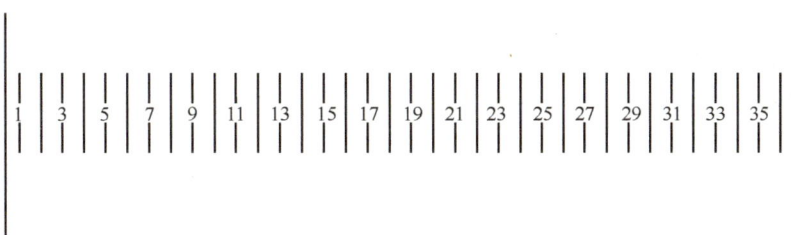

图 3-33 作图题 3 图

线圈总数为_____，每相绕组绕圈数为_____，极相槽数为_____，极距为_____，槽距角为_____。

 评价与分析

完成表 3-8 的评价与分析。

表 3-8 评价与分析

班级		姓名		日期	
序号	评价要点		配分	得分	总评
1	完成填空题		10		
2	完成作图题 1		20		A≥90
3	完成作图题 2		20		80≤B<90
4	完成作图题 3		20		60≤C<80
5	不迟到早退		10		D<60
6	与同学团结合作良好		10		
7	遵守课堂纪律		10		
学习小结与建议					

学习活动四　学习三相绕组的构成原则

学习目标

掌握三相异步电动机绕组的构成原则。

建议学时

建议 2 学时。

学习材料

不同的三相电动机虽有功率、转速、定子绕组结构的区别，但是它们也有共同的特点。拆开任一台三相电动机，观察绕组分布，再结合前一学习活动的各绕组展开图，会发现三相绕组排列有规律可循。在进行电动机绕组更换时，必须遵循三相绕组的构成原则。为了说明三相电动机的绕组构成规则，下面以 4 极 24 槽单层链式绕组为例，总结三相绕组的构成原则。

将三相电动机的 4 极 24 槽单层绕组的各相分别抽出进行单独观察，设某一时刻电流方向如图 3-34 所示，对称三相绕组构成条件及规则如下。

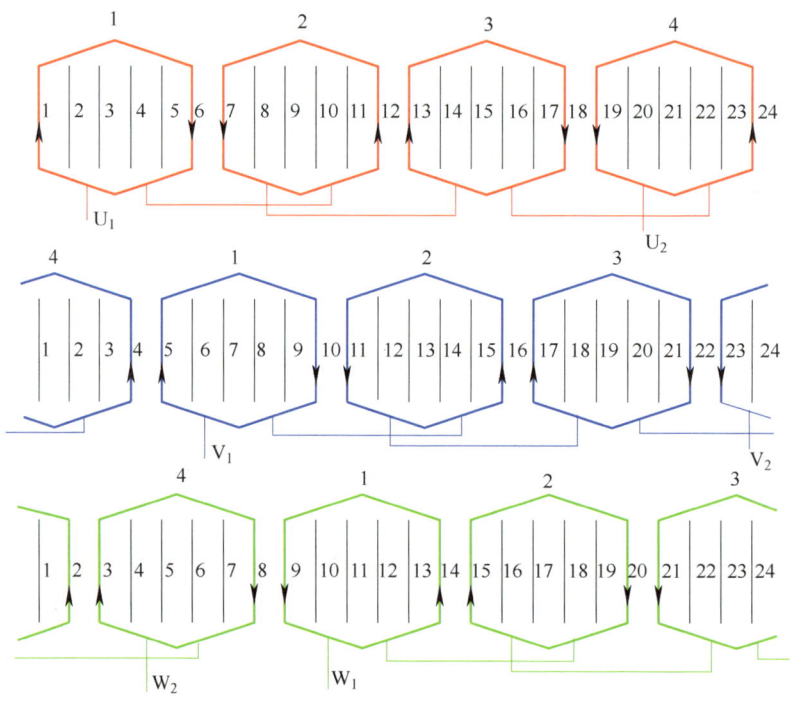

图 3-34 三相绕组构成

一、对称三相绕组构成的条件

1）三相绕组线圈数、导体数、并联支路数等均相等，线圈规格相同。
2）每相绕组在定子空间的分布规律相同（跨距相等，呈对称轴分布）。
3）三相绕组在定子空间上各相差一个相同的角度，使三相电动势的相位分别相差 120°。例如图 3-34 中 V 相比 U 相向右落后 4 个槽、120° 电角度，W 相比 V 相也是向右落后 4 个槽、120° 电角度。因此，只需了解其中一相绕组的情况，就可知道其他两相的情况。

二、绕组构成的规则

1）各相绕组通电时，能生成相等的磁极数。

例如图 3-34 中的各相绕组通电后，都生成 4 极磁场，所以该电动机就是 4 极电动机。

2）同一磁极下的各相绕组槽数相同，均匀分布，三相相带按顺序排列。

例如：图中第 6~11 槽的电流方向向下，构成一个磁极，第 6~7 个槽是 U 相、第 8~9 个槽是 W 相、第 10~11 个槽是 V 相，三个相带按顺序排列。

3）同相绕组的各有效边在同性磁极下的电流方向相同，在异性磁极下的电流方向相反。

4）同相绕组有效边之间的连接原则是使有效边的电流在连接支路中的方向相同。

例如 U 相绕组第 1 和第 2 个线圈的连接，是保证第 6、第 7 个槽电流方向相同。同向电流，磁场增强。

5）三相绕组的 6 个接线端子中，首端 U_1、V_1、W_1 的位置互差 120° 电角度，末端 U_2、V_2、W_2 的位置也互差 120° 电角度。

学习过程与检测

作图题

1. 根据绕组构成规则，在图 3-35 中补画全三相绕组展开图，并填空。

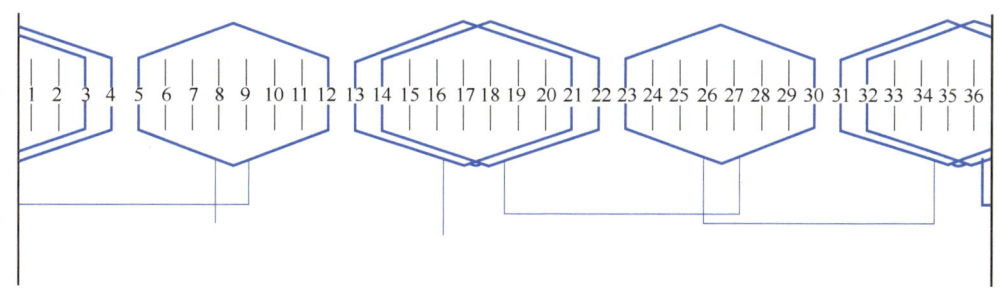

图 3-35　作图题 1 图

此电动机磁极数为_____，极距为_____，绕组结构形式称为_____，槽距角为_____，并联支路数为_____。

2. 根据绕组构成规则，在图 3-36 中补画全三相绕组展开图，并填空。

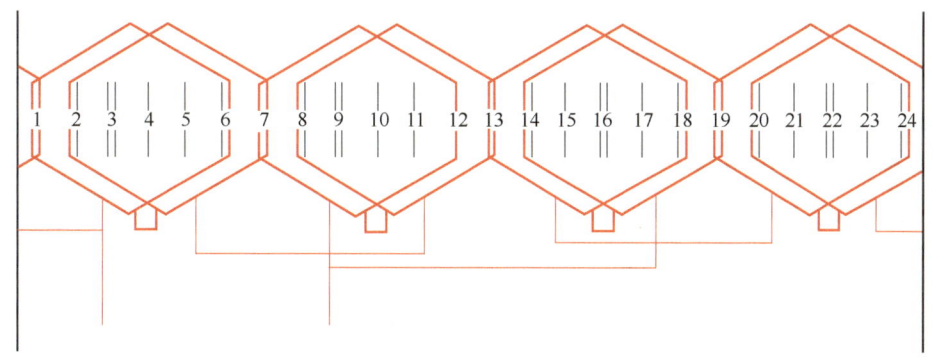

图 3-36　作图题 2 图

此电动机磁极数为_____，极距为_____，绕组结构形式称为_____，槽距角为_____，并联支路数为_____。

评价与分析

完成表 3-9 的评价与分析。

表 3-9 评价与分析

班级		姓名		日期	
序号	评价要点		配分	得分	总评
1	完成作图题 1		35		A≥90 80≤B<90 60≤C<80 D<60
2	完成作图题 2		35		
3	不迟到早退		10		
4	与同学团结合作良好		10		
5	遵守课堂纪律		10		
学习小结与建议					

任务四　电动机拆卸

 学习目标

1. 了解拆卸三相异步电动机的注意事项。
2. 掌握拆卸三相异步电动机的步骤。
3. 了解常用的拆卸旧绕组的方法要点。

 任务情境描述

电动机损坏一般是内部出现问题，需要拆卸机壳，拆卸机壳需讲究方法，方法不正确，容易损坏机器。拆卸前需做好准备工作，当电动机绕组烧毁时，需拆卸绕组，需注意必要事项，为后续维修做好准备。那么该怎样拆卸电动机呢？

 学习过程与活动

1. 拆卸电动机机壳。
2. 拆卸旧绕组。

学习活动一　做好拆卸电动机的准备工作

 学习目标

掌握电动机拆卸的正确方法，不损坏机器其他部分，为后续维修做好准备。

建议学时

建议 3 学时。

学习材料

电动机的故障 90% 出现在绕组上，电动机绕组出现故障后，一般都是进行绕组更换，原因是电动机出厂前，已对绝缘进行强处理，绝缘油漆已硬化，绕组有效边位于定子槽内，不易检查，当绕组绝缘下降、短路或线圈开路后，不容易维修，如果不进行绕组更换，只进行局部处理，反而会造成更大的故障，所以电动机维修人员大部分工作都是更换绕组。

更换绕组主要工艺流程有旧绕组拆卸、制作新绕组线圈、嵌线、绝缘处理、装配调试等。

一、拆卸工具的准备

拆卸电动机应准备一些通用或专用工具，见表 4-1。

表 4-1 拆卸工具

序号	工具名称	序号	工具名称
1	锤子	7	钢丝钳
2	拉马器	8	扳手
3	冲子、冲头	9	千分尺、钢尺
4	绕组拆卸机	10	数字万用表
5	扁铲、扁錾、木工錾	11	套筒
6	螺钉旋具		

表 4-2 可以帮助大家认识这些工具。

表 4-2 认识工具

锤子

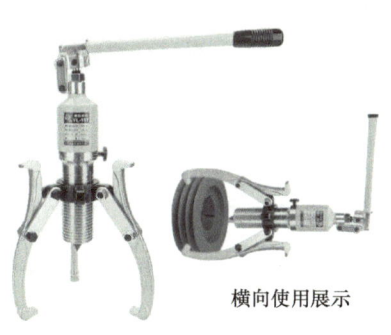

横向使用展示

竖向使用展示

拉马器

（续）

 冲子、冲头	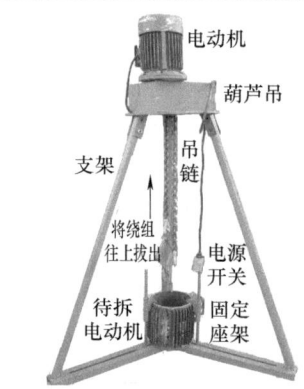 绕组拆卸机
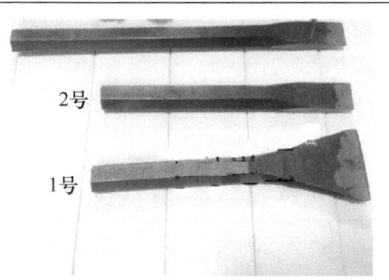 扁铲、扁錾、木工錾	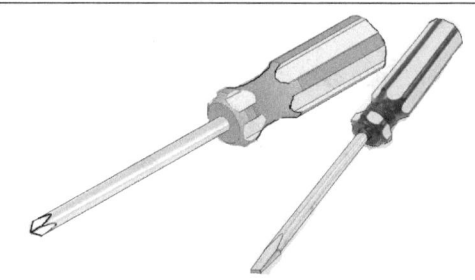 螺钉旋具
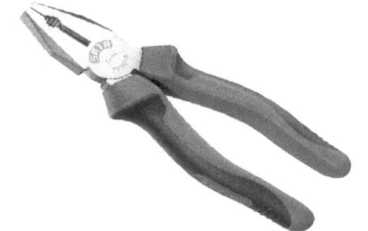 钢丝钳	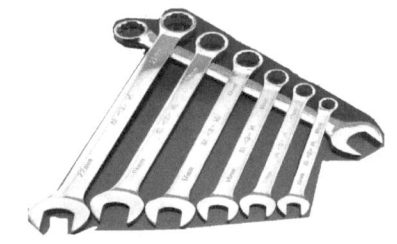 扳手
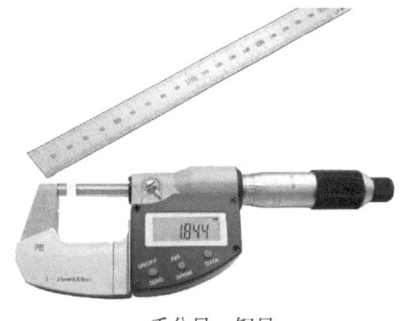 千分尺、钢尺	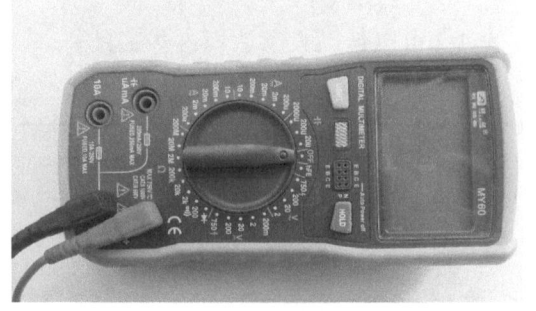 数字万用表
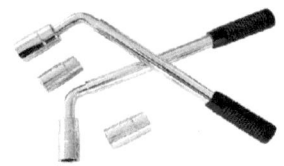 套筒	

除上述列举工具外，根据需要还可准备其他辅助工具，如钢锯条、长铁棍、毛刷、记号笔等。

二、拆前数据记录

如果确定电动机绕组已损坏，不能原机恢复，则需要拆除旧绕组，重新更换新绕组。拆卸旧绕组前需做记录，备后续查询，以使得维修后的电动机达到原来的性能。有些内容是拆前记录，有些内容是拆后记录，参看表 4-3 记录有关内容。

表 4-3　待修电动机数据记录表

端盖位置标记	是□　否□			电动机型号				
电动机功率	kW			电动机额定电流/电压				A/　　V
磁极数				转速				r/min
绝缘等级				绕组接法				
修前三相绕组电阻	$R_U =$	$R_V =$	$R_W =$	导体线径				mm
节距	$y_1 =$	$y_2 =$		绕组伸出铁心长度				mm
引出线槽号	$U_1 =$	$V_1 =$	$W_1 =$	$U_2 =$	$V_2 =$	$W_2 =$		（顺时针方向）
每个线圈匝数			槽楔长度		mm	槽楔材料		
铁心外径		mm	铁心内径		mm	铁心长度		mm
绝缘套管外径			槽数			槽深		
导体并联支路数			维修前绕组对地绝缘电阻			实测值=		

表中部分数据可从铭牌上查到，部分数据需拆机盖后观察和实测。

三、选择和清理拆卸现场

现场环境足够大，干燥，拆出的零部件有地方整齐存放，不易与其他相近、相似的零部件混淆。

四、熟悉待拆电动机结构及故障情况

仔细观察电动机结构，咨询使用情况及故障情况，对待修电动机有较熟悉的了解，确定拆卸方法。

五、拆前标记

1）标出电源线在接线盒中的相序，这个标记是为了在修理好之后能恢复原来的接线，通正序电源后，能保持原来的转向。

2）标出轴联器或传动带轮在轴上的位置，便于修理结束装配时按标记装配，恢复至原来位置，方便客户使用。

3）标出机座在基础上的位置，整理并记录好机座垫片。

4）记录端盖、轴承、轴承盖哪些在负荷端，哪些在非负荷端。

5）测定电动机绕组对地绝缘电阻。

6）用记号笔标记端盖在机座上的位置，方便以后按原位置、原角度装配。

学习过程与检测

简答题

1. 说说千分尺在维修电动机工作中的作用。
2. 说说扁凿和冲头在拆卸电动机旧绕组中的用途。
3. 为了使制作的新线圈与旧线圈电阻相同，电磁效果相同，需要对旧绕圈记录哪些数据？
4. 拆卸前标记有哪些意义？

评价与分析

完成表 4-4 的评价与分析。

表 4-4　评价与分析

班级			姓名		日期	
序号	评 价 要 点			配分	得分	总评
1	完成简答题1			15		
2	完成简答题2			15		
3	完成简答题3			15		A≥90
4	完成简答题4			15		80≤B<90
5	与同学团结协作良好			10		60≤C<80
6	学习态度端正			15		D<60
7	没有迟到早退			15		
学习小结与建议						

学习活动二　拆卸机壳

掌握机壳的拆卸方法。

建议 2 学时。

待修电动机从机械工作台上拆下时，有可能带有传动轮或轴联器，不同容量大小的电动机结构不一样，应采取不同的拆卸方法。拆卸机壳时，严禁盲目大敲大撬，方法不当，会严重损坏机器，增加故障。下面介绍普通的拆卸步骤，供参考。

一、中小型异步电动机的拆卸

1）从电动机轴上拆下传动带轮或联轴器。
2）拆下风罩。
3）拆下风扇。
4）卸掉前轴承（负荷侧）外盖（装有传动带轮的那端为负荷端）。
5）拆下前端盖。
6）拆下后轴承外盖（非负荷端）。
7）抽出（或吊运）转子。

二、小容量电动机或电动机端盖与机座配合很紧不易拆下时的拆卸

1）拆下风扇罩。
2）拆下风扇。
3）拆下前轴承盖上的螺钉，取下前轴承外盖，并拆下后端盖紧固螺栓。
4）用木槌（或在轴的前端垫上硬木、软金属块）敲打，使后端盖与机座脱离。
5）把后端盖连同转子一同抽出机座。
6）拆下前端盖紧固螺钉，用长木方或软金属条穿过定子铁心，顶住前端盖外沿，把前端盖敲出。

三、主要部件的拆卸

1. 传动带轮、联轴器的拆卸

传动带轮、联轴器套在转轴上很紧，普通工具不易拆卸，常采用专业工具——拉马器（拔马器）。拆卸前，标出传动带轮正、反面，记下传动带轮（联轴器）在轴上的位置，作为安装时的依据。拆掉传动带轮上的固定螺钉和销子后，用拉马器钩住传动带轮边缘，扳动丝械，把它慢慢拉下。操作时，拉马器拉钩要钩得对称，两钩受力一致，使主螺杆与转轴中心重合，有时还用金属丝把两拉杆捆在一起，以防滑脱。旋动螺杆时，注意保持三臂平衡，均匀用力。图4-1是用拉马器拆卸联轴器示意图。

如果传动带轮（联轴器）与轴配合很紧，可将煤油或柴油滴入传动带轮孔与轴的配合处，而使其浸润。特别紧的，可用加热法拆卸。加热时，用湿棉纱或石棉包住电动机轴，防止热量传入，损坏电动机。用氧炔焰或喷灯快速而均匀地加热传动带轮（联轴器）外部，待温度升到250℃左右，用拉马器迅速把传动带轮拉下。

2. 端盖的拆卸

端盖支撑着转子，又是转动负荷的支撑部件，安装时自然很紧密，拆卸时也会有一定困难。拆卸前，在端盖与机座接合处做好对正记号，便于装配时按原位置装回，以

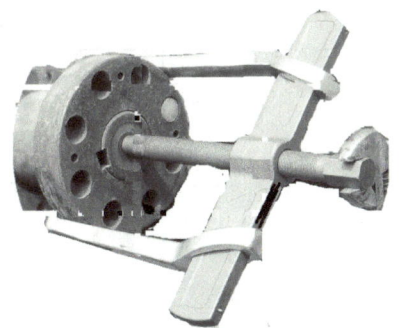

图4-1 拉马器拆卸联轴器

达到较好的效果，接着拧下前后轴承盖螺钉，取下前后轴承盖。再卸下前后端盖紧固螺钉。对大、中型电动机，可用端盖上的顶丝均匀加力，将端盖撬出接口。没有顶丝孔的端盖，可用撬棍或螺钉旋具在周围接缝中均匀加力，将端盖撬出接口。

拆卸端盖时注意，禁止猛烈敲打端盖的固定处，这很容易敲断螺钉耳。另外还要避免端盖从桌上或工作台等高处跌落。端盖一般都是铸铁做成，容易摔断、摔裂。

四、完善数据记录表，在电动机上标槽号

拆除外盖后，标上槽号，仔细观察电动机绕组和铁心，进一步完善数据记录表。

五、绘制电动机绕组展开图

1）检查线圈节距是否与绘制的展开图相符。
2）按数据表添加绕组出线端，连接线圈。
3）检查导体并联支路数是否与原机相符。
4）通过绘制电流方向，检查磁极数与原机是否相同。
5）按照三相绕组构成原则，检查展开图是否合理。
反复核实以上内容后，下一步全面拆除旧绕组。

学习过程与检测

根据学习参考资料，完成技能训练。

技能训练

完成表 4-5 的技能训练。

表 4-5 技能训练——拆卸电动机壳

技能训练时间	_____年____月____日　星期____第____节　地点_____				
技能训练指导教师					
技能训练项目小组名单				人数	
技能训练内容	拆卸电动机外壳				
技能训练设备及型号	YS5024 三相异步电动机				
技能训练工具	万用表、螺钉旋具、锤子、记号笔、零件箱（收纳电动机拆卸的零件）、钢丝钳、扳手、千分尺、钢尺				
技能训练步骤	1. 观察电动机铭牌，记录相关数据，同时在拆卸过程中，进行相应参数内容的记录，填写到技能训练记录表中				
^	技能训练记录表				
^	端盖位置标记	是□　否□		电动机型号	
^	电机功率		kW	额定电流/电压	A/ V
^	磁极数			转速	r/min
^	绝缘等级			绕组接法	
^	修前三相绕组电阻	$R_U=$　$R_V=$　$R_W=$		导体线径	mm
^	节距	$y_1=$　$y_2=$		绕组伸出铁心长度	mm
^	引出线槽号	$U_1=$　$V_1=$　$W_1=$　$U_2=$　$V_2=$　$W_2=$		（顺时针方向）	
^	每个线圈匝数		槽楔长度	m　槽楔材料	
^	铁心外径	mm	铁心内径	mm　铁心长度	mm
^	绝缘套管外径		槽数	槽深	
^	导体并联支路数		维修前绕组对地绝缘电阻	实测值=	

(续)

技能训练步骤	2. 观察电动机，确定拆卸方案 3. 拆卸机壳，整理好每个部件，存放在专用容器里 4. 测量相关数据，完善技能训练记录表中数据，规范绘制绕组展开图，再次核对展开图确认与实物一致，确定本次拆卸的电动机绕组结构形式（单层链式、单层交叉链式、同心绕组、双层绕组等） 5. 标记绕组出线端，可用相机拍照辅助记录 6. 操作结束后收拾工具，不重新装配电动机，留下次继续拆卸绕组，打扫现场，结束课程			
技能训练评价	执行力（技能训练效率）100%	团结协作力 100%	遵守现场秩序 100%	完成效果 100%

 评价与分析

完成表4-6的评价与分析。

表4-6 评价与分析

班级		姓名		日期	
序号	评价要点		配分	得分	总评
1	完成技能训练项目		60		A≥90 80≤B<90 60≤C<80 D<60
2	没有迟到早退		5		
3	与同学团结合作良好		5		
4	遵守纪律及课堂秩序		10		
5	具备职业素养及安全意识		10		
6	爱护设备		10		
学习小结与建议					

学习活动三　拆卸旧绕组

 学习目标

通过技能训练掌握绕组的拆卸方法。

 建议学时

建议3学时。

 学习材料

经浸漆、烘烤后的定子绕组是一个质地坚硬的整体，固化后的绝缘漆是拆卸绕组的最大障碍。通常，拆卸旧绕组可用冷拆法或热拆法。冷拆法是不经加热，用机械加工的手段破坏或清除绝缘漆，冲出或拉出旧绕组导体。热拆法是加热旧绕组后使绝缘漆软化，再拆卸。比较两种拆法,冷拆法虽然不能保持拆下的导线的完整性,不能方便地测量原线圈规格,但能避免定子铁心经高温而影响其电磁性能,故使用较多。小型电动机一般用冷拆法。

用冷拆法拆卸旧绕组时,可根据实际情况采用如下方法。

一、完整拆法

用钳拔出槽楔,用竹签挑起绝缘纸,然后将绕组取出。这种方法可以使绕组保留完好,便于测量旧绕组规格。如果钳子不易拔出槽楔,也可以用平头冲子(如一字螺钉旋具或加工过的平头螺钉旋具)顶住槽楔,用锤子轻轻敲打,待松动之后再用钳拔出。表4-7和表4-8是拆卸旧绕组的步骤。

表4-7 拆卸旧绕组的步骤

拆卸旧绕组步骤	拆 卸 部 位
1	用冲子打松槽楔
2	用钳拔出槽楔
3	用扁铲、扁錾等沿铁心槽口錾断绕组端部
4	除去端部
5	用冲子冲出绕组
6	从另一端用拉马器等拔出绕组

表4-8 图示拆卸旧绕组的步骤

1. 冲出槽楔	2. 用钳拔出槽楔
3. 沿铁心槽口錾断端部	4. 除去端部

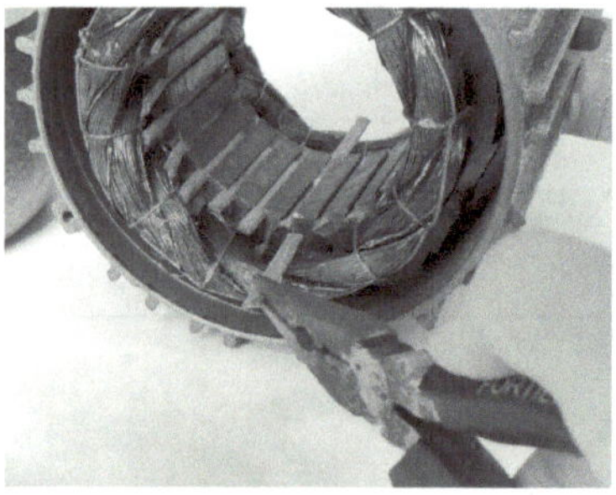

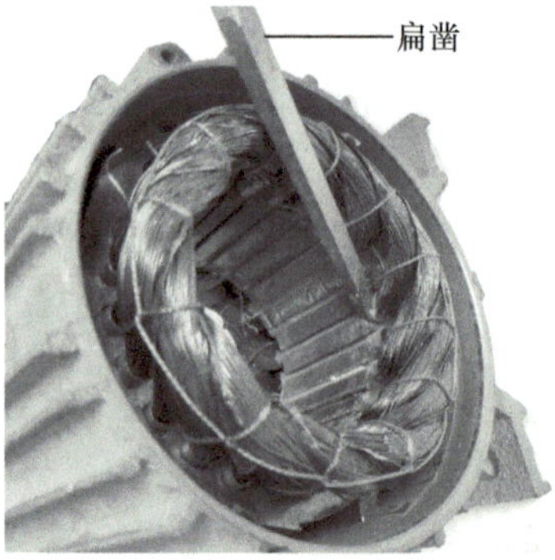

(续)

5. 冲出绕组	6. 拔出绕组

二、破除拆法

如果绕组线径较小或者槽楔不容易拔出，油漆粘得很牢，无法从槽里取出绕组，可以用扁凿在平齐槽口处斩平，再从另一端拔出，拔出时，可以借助钢丝钳、铁棍等工具，如果不方便拔出，还可以用线槽冲子，从斩口处往另一端冲出。注意选择大小合适的冲子。

三、专用机械拆法

为了提高工作效率，可使用更省力的办法，图4-2是一种拆卸旧绕组的专用工具，使用时，首先在电动机的一端用扁凿沿槽口平切掉所有端部绕组，再将电动机放到葫芦吊架下面固定，用葫芦吊的拉力将绕组拉出来。这样做比较轻松。切除端部绕组时，还可以用电动工具，例如用手电锯、电镐等代替手工凿，省时省力。

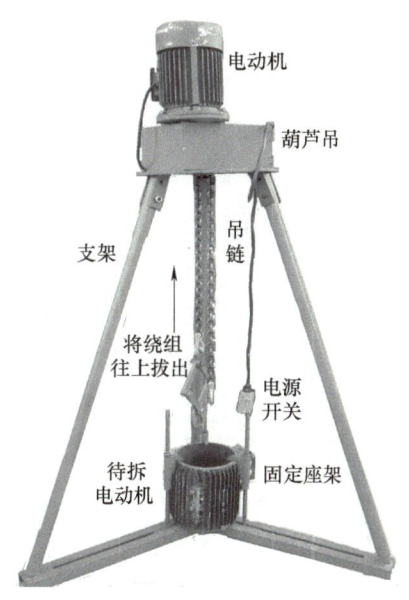

图4-2 拆卸旧绕组专用工具

四、定子槽的清理

电动机定子绕组拆除完成后，定子槽内会残留许多灰尘、杂物等，如果不清理掉，会影响嵌线，甚至不能嵌线，因此在拆除绕组后需要对定子槽进行清理。

清理方法如下。

1）用毛刷清理槽内灰尘、杂物。

2）将钢丝刷插入槽内来回刷，将油漆等绝缘材料刷干净。

拆机需注意在拆除绕组过程中，不要损坏定子铁心，否则会影响电动机电气性能。

学习过程与检测

参考学习资料，完成技能训练内容。

技能训练

完成表 4-9 的技能训练。

表 4-9　技能训练——拆卸旧绕组

技能训练时间	＿＿＿＿年＿＿月＿＿日　星期＿＿第＿＿节　地点＿＿＿＿＿＿＿＿＿＿			
技能训练指导教师				
技能训练项目小组名单			人数	
技能训练内容	拆除旧绕组			
技能训练设备及型号	YS5024 三相电动机			
技能训练工具	扁錾、锤子、小型号冲子、大号螺钉旋具（7mm×150mm）、钢丝钳、钢丝刷			
技能训练步骤	1. 采用冷拆法拆除旧绕组，用扁錾沿定子铁心端面平切端部绕组 2. 用冲子将切平的绕组从另一头冲出；尽量保留一个比较完整的线圈，待以后绕线备用参考 3. 从另一端用辅助工具（如螺钉旋具、钳等）抽拔出绕组 4. 清理槽内杂物 5. 取其中两个匝数没弄丢的线圈，组员分工仔细数出其匝数，记录到学习活动二技能训练的表格中 6. 继续完善表格中的相关数据 7. 操作结束后收拾器材，打扫现场			
技能训练评价	执行力（技能训练效率）100%	团结协作力 100%	遵守现场秩序 100%	完成效果 100%

评价与分析

完成表 4-10 的评价与分析。

表 4-10　评价与分析

班级		姓名		日期	
序号	评　价　要　点		配分	得分	总评
1	完成技能训练项目		60		A≥90 80≤B<90 60≤C<80 D<60
2	没有迟到早退		5		
3	与同学团结合作良好		5		
4	遵守纪律及课堂秩序		10		
5	具备职业素养及安全意识		10		
6	爱护设备		10		
学习小结与建议					

任务五　三相绕组嵌线

　学习目标

1. 掌握绕组的绕制技术。
2. 掌握绕组的嵌线技术。
3. 掌握绕组的电气检测技术。
4. 掌握绕组浸渍漆与烘干工艺。

　任务情境描述

电动机绕组损坏之后都需更换掉，更换绕组步骤为：确定绕线模板的大小之后，制作新绕组，按嵌线工艺技术要求将新线圈嵌入线槽，测试合格后，为提高绕组的电气绝缘性能和散热能力，须经过浸渍漆及烘干处理，最后装配机器。本任务目标是学习掌握相关技术。

　学习过程与活动

1. 学习绕组的绕制技术。
2. 学习绕组的嵌线技术。
3. 学习绕组的电气检测技术。
4. 学习绕组浸渍漆与烘干工艺。

学习活动一　选择绕线模板

　学习目标

1. 掌握不同的绕组结构，选择模板形状。
2. 通过技能训练掌握绕组的制作方法。

　建议学时

建议 6 学时。

　学习材料

绕组损坏后，需更换掉旧绕组，更换后的新绕组需达到如下几个要求。

1）绕组大小需接近原绕组，即端部不能影响端盖安装，和端盖、机座、转子之间均留有一定间隙，能使转子轻松装入定子中，也不能过小，以免造成端部整形困难和影响电动机的某些性能。

2）绕组导体与原绕组线径、匝数、并联支路数相同。

3）绕组结构与原绕组相同。

一、绕组制作前的准备工作

除准备外径千分尺测量绕组导体直径之外，还需准备以下工具材料。

1. 绕线机

绕线机有手摇式和电动式，基本要求是计数准确、方便操作。采用电动式绕线机较省时省力，若匝数较少、线圈较小，可选用手摇式。图 5-1a 是手摇式绕线机，可用来绕制小型电机绕组，图 5-1b 是电动式绕线机，可提高工作效率。

a) 手摇式绕线机　　　　　　b) 电动式绕线机

图 5-1　绕线机

2. 绕线模

绕线模是绕制电动机绕组的必要工具，有木板制成的，也有工程塑料制成的，需根据电动机铁心尺寸选用绕线模的大小。图 5-2 是常用的长圆形绕线模。

 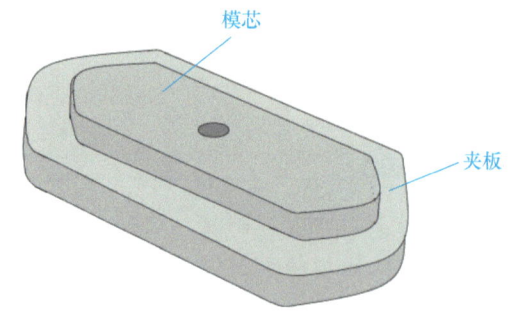

a) 8个相同的长圆形绕线模　　　　　　b) 1片长圆形模板

图 5-2　长圆形绕线模

二、绕制线圈

选择好绕组所用的漆包线材料，准备好绕制工具，根据之前记录的数据确定好绕组线圈每匝的股数、每股的线径后，就可以进行绕组的制作了。下面以手摇式绕线机绕制为例进行介绍。

使用绕线机绕制三相交流电动机绕组的方法可按表 5-1 操作步骤进行。

表 5-1　用绕线机绕制三相交流电动机绕组

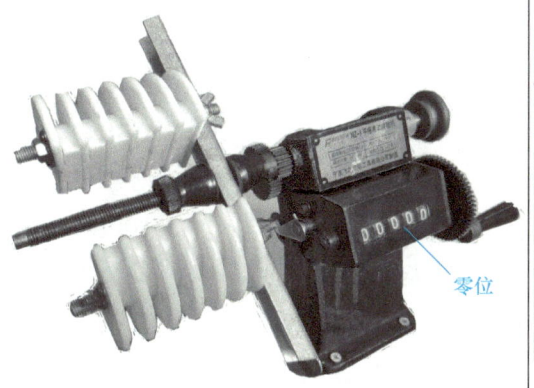	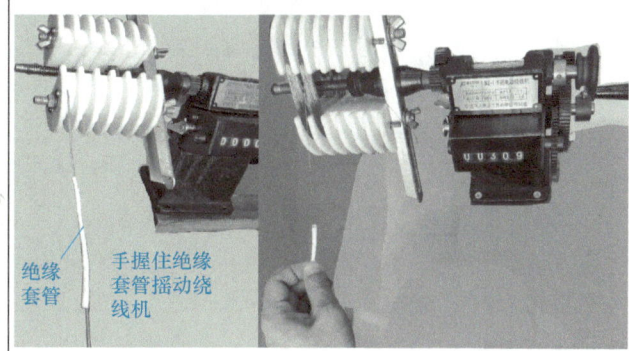
1. 将绕线模放到绕线机转轴上，调整绕线机的计数器，使其指示在零的位置	2. 将导线的端头套入一段绝缘套管，并将导线端头固定在绕线机转轴上
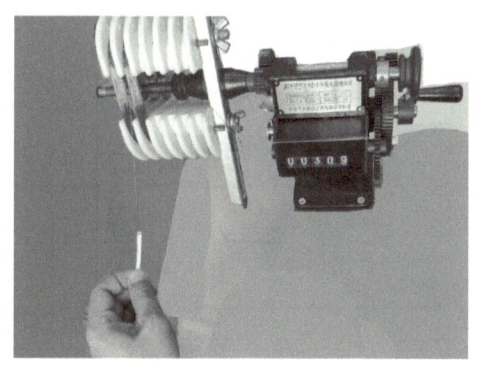	
3. 左手握套管拉直，右手旋转手柄	4. 待绕制匝数与要求的匝数相符后，将线圈捆好，两条有效边均捆绑一次
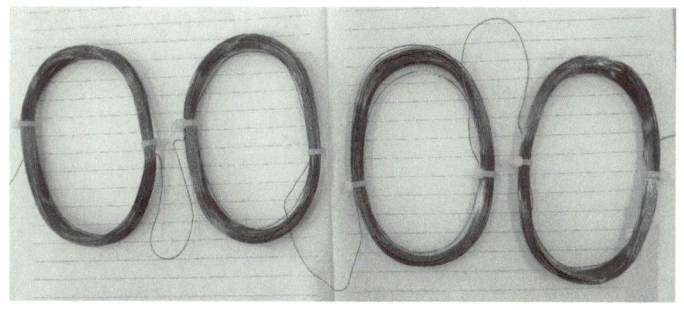	
5. 将线圈退出绕线模	

> **温馨提示**
>
> 1) 绕制前，应检查选用导线的线径是否符合要求，检查绕线模有无裂缝、破损，严重时，应更换，否则可能影响绕线效果。
> 2) 绕线前，最主要的是检查绕线模模芯周长是否合适，在自制绕线模时，数据有误差，绕线模模芯周长宁稍大不能小，否则嵌线无法进行。
> 3) 为了三相绕组具有良好对称性，绕制时，三相绕组匝数必须相等。
> 4) 在绕制过程中若有断线或两线盘之间交接时，应先去掉待连接引线端头表面的绝缘漆，用细砂纸或刀轻轻刮去或用火烧掉漆层，擦干净后将两个线头连接在一起，再用电烙铁焊接，最后包一层油性漆绸布，再绕制剩余的匝数。每支线圈只允许有一处接头，并处于端部。
> 5) 同相绕组的线圈之间的连线可以剪断，待嵌线完成后再焊接，也可以绕制线圈时不剪断，嵌线时，注意连接的方向。

学习过程与检测

1. 阅读学习资料，了解几种绕线模的选择。
2. 完成制作线圈技能训练。

技能训练

完成表 5-2 的技能训练。

表 5-2 技能训练——制作线圈

技能训练时间	_____年____月____日　星期____第____节　地点_____		
技能训练指导教师			
技能训练项目小组名单		人数	
技能训练内容	绕制线圈		
技能训练设备及型号	YS5024 三相异步电动机定子铁心、φ0.2mm 漆包铜线、φ2mm 聚氯乙烯玻璃纤维软管、绑扎带（线）		
技能训练工具及资料	手摇式绕线机、椭圆形绕线模、数据记录表（拆机数据表）、钢尺、A4 白纸及笔等		
技能训练步骤	1. 根据绕组形式确定选择绕线模形状，本技能训练采用市场出售的小型绕线模 2. 计算绕线模周长 $$A_1 = \frac{\pi(D+h_s)(y-k)}{Z}$$ $$L = L_1 + 2d$$ $$R_1 = \frac{A_1}{T}$$ h_s 为实测槽深度；D 为定子铁心内径；Z 为定子槽数；L_1 为定子铁心长度；d 为定子线圈伸出铁心的单边长度，也等于槽绝缘伸出槽口的长度，$d = 12$mm；k 为单层绕组的经验系数（2 极电机取 1.85~2.1，4 极电机取 0.85~1.1，6 极电机取 0.55，节距大的取大值），此处 $k = 0.85$；T 也是单层绕组的经验系数（取 1.6~2，节距大的取大值），此处 $T = 1.6$。		

模块一 电动机原理与维修

（续）

技能训练步骤	结合记录表有关数据，计算 A_1、L、R_1，然后按 1:1 将模芯形状画到一张 A4 白纸上，如图 5-3 所示。量取图形周长，并参考拆下的完整旧线圈，进行比对，看计算结果与实物相差多少，只要不小于旧线圈即可，适量的误差不影响电动机的运行 3. 根据计算图形周长结果和比对旧线圈误差，安装绕线模，调整模芯周长至计算结果一致 4. 开始绕制线圈时，计数便开始。当匝数达到规定数量后，停止绕制，绑扎好。根据绕线模数量，可以一次绕制多个线圈，先绑扎再拆模板，待嵌线使用。操作结束后收拾器材，打扫现场	![图5-3 绕线模模芯] 图 5-3　绕线模模芯
技能训练评价	执行力（技能训练效率）100%　　团结协作力 100%　　遵守现场秩序 100%　　完成效果 100%	

评价与分析

完成表 5-3 的评价与分析。

表 5-3　评价与分析

班级		姓名		日期	
序号	评价要点		配分	得分	总评
1	完成技能训练项目		72		A≥90 80≤B<90 60≤C<80 D<60
2	没有迟到早退		5		
3	与同学团结合作良好		5		
4	遵守纪律及课堂秩序		5		
5	爱护设备		5		
6	具备职业素养及安全意识		8		
学习小结与建议					

学习活动二　三相绕组嵌线练习

学习目标

1. 了解嵌线材料的基本知识及选取，做好嵌线前准备工作。
2. 通过进行单层链式绕组的嵌线训练，掌握嵌线工艺。
3. 通过学习参考资料，根据展开图能正确叙述几种绕组形式的嵌线顺序。
4. 通过技能训练，掌握端部整形绑扎工艺。

建议学时

建议 12 学时。

 学习材料

制作好线圈后,下一步就是将线圈嵌入槽内。嵌线是一门技术活,嵌线工艺优劣直接影响到电动机使用质量,嵌线前应做好准备工作。

一、嵌线工具及材料的准备

1. 绝缘材料的准备

(1) 绝缘材料耐热等级的选择 绝缘材料耐热等级见表5-4,在选用绝缘材料时,要求不能低于待修电动机的绝缘级别,绝缘纸的级别不低于电磁线的级别。

表5-4 几种常用绝缘材料的耐热等级

耐热等级	最高允许工作温度/℃	绝缘材料简述
90(Y)	90	用未浸渍过的棉纱、丝及纸等材料或其组合物所组成的绝缘结构
105(A)	105	用浸渍过的棉纱、丝及纸等或其组合物所组成的绝缘材料
120(E)	120	用合成有机薄膜、合成有机瓷漆等材料或其组合物所组成的绝缘结构
130(B)	130	用合适的树脂黏合或浸渍、涂覆后的云母、玻璃纤维、石棉等,以及其他无机材料、合适的有机材料或其组合物所组成的绝缘结构
155(F)	155	用合适的树脂黏合或浸渍、涂覆后的云母、玻璃纤维、石棉等,以及其他无机材料、合适的有机材料或其组合物所组成的绝缘结构
180(H)	180	用合适的树脂(如有机硅树脂)黏合或浸渍、涂覆后的云母、玻璃纤维、石棉等材料或其组合物所组成的绝缘结构
200(N)	200	用合适的树脂黏合或浸渍、涂覆后的云母、玻璃纤维以及未经浸渍处理的云母、陶瓷、石英等材料或其组合物所组成的绝缘结构

(2) 绝缘纸裁剪要求 绝缘纸用于绕组对铁心绝缘,即将绕组与定子铁心用绝缘纸完全隔开,或用于绕组相间绝缘、层间绝缘等,防止绕组与铁心或相间短路,进一步预防漏电,例如当绕组发热严重、短路时,可防止机壳带电。Y系列电动机采用130(B)级绝缘。槽绝缘纸的裁剪方法如图5-4所示。先根据需要大小在绝缘纸上画出符合长度的矩形,再沿边线裁

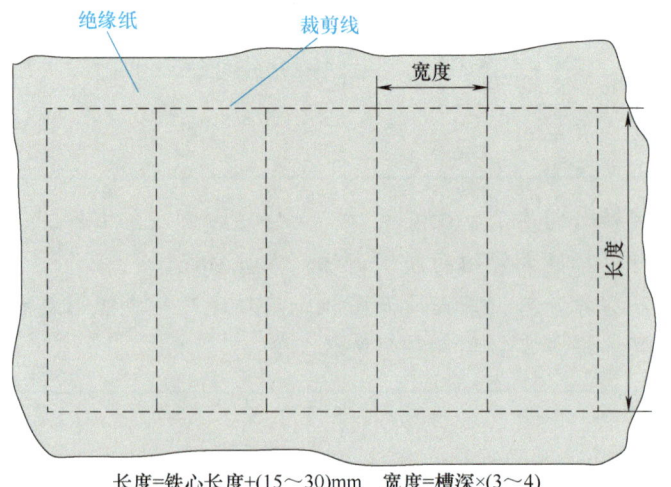

长度=铁心长度+(15~30)mm 宽度=槽深×(3~4)

图5-4 槽绝缘纸的裁剪方法

剪。槽绝缘长度需大于定子铁心长度，伸出定子铁心长度视不同型号铁心而确定，参看表5-5，长度一般为铁心长度+(15~30)mm，宽度为槽深度的3~4倍。

表5-5 槽绝缘伸出铁心长度

机座号	90~112	132、160	180~325	250	280
伸出长度/mm	7.5	8	10	12	15

（3）层间绝缘纸裁剪要求　层间绝缘作用是预防上层和下层之间的导体发生短路，增强绝缘，有时候，上下层导体属于不同相电流，层间电势差较高，易发生短路。层间绝缘布置方法如图5-5所示。裁剪层间绝缘纸时，注意使它的长度比铁心长40~70mm，宽度比槽宽5mm左右。

（4）槽楔的准备　槽楔的作用是固定和压紧槽内导体，防止它们受到机械损伤或散出槽外，槽楔通常用各种层压板或竹片制作。槽楔常用材料和尺寸见表5-6。

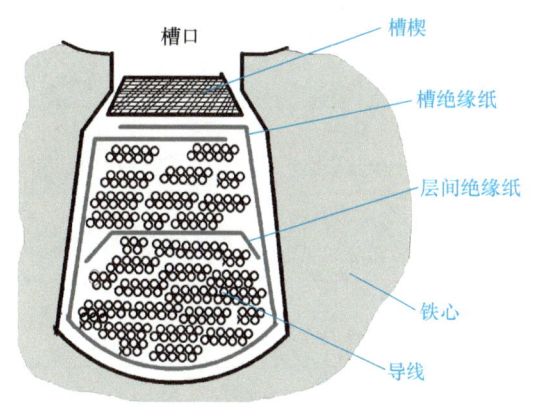

图5-5 双层绕组槽内绝缘布置

表5-6 槽楔常用材料和尺寸

耐热等级	槽楔材料	槽楔尺寸	
		长　度	厚　度
105（A）	竹、红钢纸、电工纸板	比槽绝缘短2~3mm	竹厚3mm，其余厚2mm
120（E）	酚醛层压纸板3020、3021、3022、3023 酚醛层压布板3025、3027	同上	2mm
130（B）	环氧酚醛层压玻璃布板3231	同上	2mm
155（F）	349 磁性槽楔	—	—
180（H）	9334 环氧槽楔	宽3~10mm	厚1.5mm

在修理中，对各种老型号电动机（J2、JO2），常用竹片制作槽楔。制作时应保证槽尺寸，对竹片进行干燥绝缘处理。对Y系列的电动机及其他130（B）级绝缘的电动机，则应按表内材料选用酚醛层压纸板制作槽楔。必要时，也可使用环氧酚醛层压玻璃布板代替。若导体仍有松动，则需在槽楔下加垫条，直至压紧。

（5）绝缘套管的选择　绝缘套管用于导线连接点的外部绝缘，比如线圈间的连接、绕组引线的连接等，对于小容量电动机，连接点可以使用锡焊，对于大容量的电动机，应使用气焊（例如铜焊机）。连接点需穿上绝缘套管，防止与其他电路短路。选用的绝缘套管需与连接的导线线径大小匹配，其绝缘耐热等级不低于绕组导线的等级。

（6）绑扎带的准备　白纱带用来绑扎绕组端部和固定引出线，要求柔软，绑扎紧固。

（7）绝缘漆的选择　绝缘漆分为有溶剂漆和无溶剂漆两大类，主要用于浸渍电动机、电器的线圈，以填充其间隙和微孔，且固化后能在被浸渍物的表面形成连续平整的漆膜，并使之黏结成一个坚硬的整体。绝缘漆类型分为室内自干、低温快干、烘干等。浸渍电动机绕组后，以达到耐热、耐油、耐水、抗潮、绝缘等效果。

对绝缘漆的基本要求：
1）黏度低、流动性好、固体含量高、便于渗透和填充被浸渍物。
2）固化快、干燥性能好、黏结力强、有热弹性、固化后能经受电动机转动时的离心力。
3）具有优异的电气性能和化学稳定性，耐潮、耐热、耐油。
4）对导体和其他材料具有良好的相容性。

表 5-7 介绍几种常见的绝缘漆的特性，使用时可选用。

表 5-7　常见绝缘漆的特性

编号及名称	耐热等级	固化条件	特性及用途
1032 三聚氰胺醇酸绝缘浸渍漆	130（B）	2~6h/ 100~130℃	干透性好，漆膜致密，电性能优良。适用于电器绕组和零部件的绝缘处理
1033 环氧聚酯绝缘浸渍漆	130（B）	3h/110℃	干性透性优越，耐热性、耐油性、耐弧性和附着力好，漆膜平滑有光泽。产品应用：适用于浸渍电动机、电器线圈
1038 氨基醇酸绝缘浸渍漆	130（B）	3h/100℃	固化快，漆膜致密，坚固有光泽，耐水性、耐油性好，适用于电器绕组和零部件的绝缘处理
402 改性聚酯自干绝缘漆	130（F）	1.5h/23℃	干燥快、黏结力好，漆膜光亮，可自干，用于小型直流电动机绕组绝缘处理及定、转子硅钢片的防锈处理
1341 聚酯晾干抗弧磁漆	130（F）	24h/23℃	漆膜坚韧光滑，耐电弧、耐油、耐潮。用于电动机、电器和各种零部件的表面保护和装饰处理
1042 亚胺环氧浸渍漆	130（F）	4h/120℃ 高温烘干	由环氧树脂、亚胺改性聚酯树脂复合而成，二甲苯、丁醇、溶剂油等溶剂组成。漆液黏度可以用 x-4 稀释剂调节到工艺范围，具有优良的机械、介电和防潮性能，低温固化快，黏结强度好，贮存稳定。用于浸渍 F 级电动机、电器线圈，宜专用作浸渍高速旋转电动机转子线圈
1351 硅树脂晾干抗弧磁漆	130（H）	24h/23℃	漆膜耐高温 200℃，防水性能优异。用于高温作业或潮湿环境作业的电器表面防护和装饰处理
114-T 环氧改性耐高温聚酯绝缘树脂	130（H）	4h/130℃	耐热性好，电气强度和机械强度高，用于大中型电动机、直流电机线圈的浸渍绝缘处理

常用的绝缘材料如图 5-6 所示。

2. 嵌线工具的准备

常用的嵌线工具如图 5-7 所示。

1）压线脚：用于压实槽内的导线或绝缘纸，规格有多种，按定子槽大小选用。

2）通槽针、通针：拆除旧电动机绕组后，槽里的干油渍、黏上去的绝缘纸等不易清除，可以用钢丝通槽针、通针进行清理。

3）长剪刀：用来剪绝缘纸。

4）划线板：嵌线时用来将导线划入铁心槽内，也可以将槽内交叉的导线理顺。划线板可用专业生产的尼龙制品，也可以用老竹片自行削制，宽度厚薄可视实际情况（槽宽、线径大小等）确定。

5）橡胶锤：对于较粗的电磁线，可以用橡胶锤整理电动机绕组端部成形。

6）电阻焊机：用来焊接电磁线。

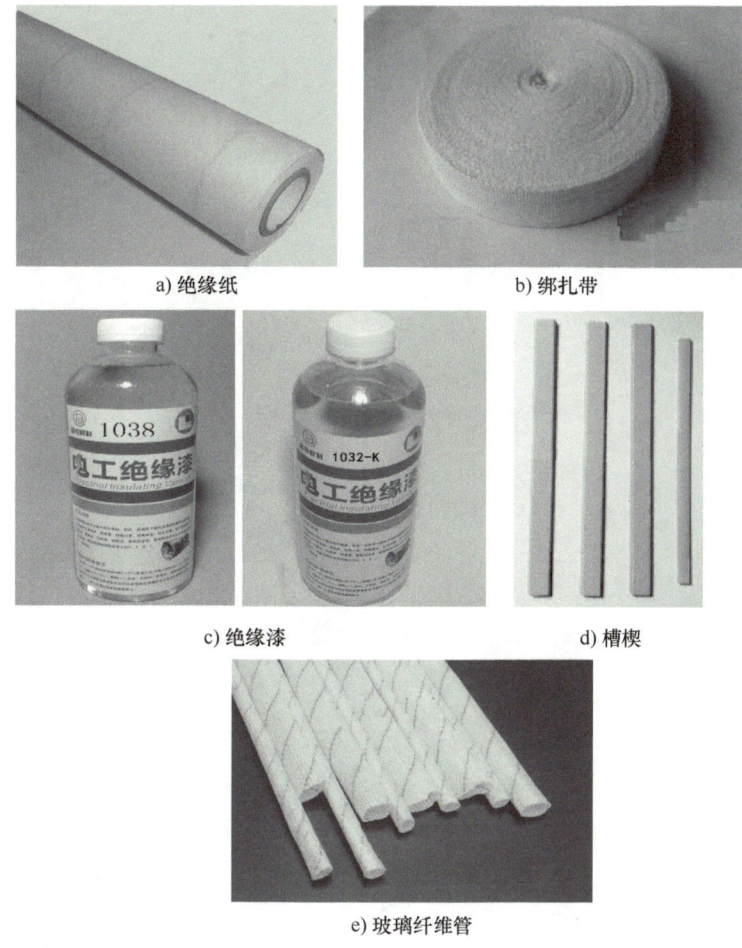

图 5-6 电动机常用绝缘材料

二、嵌线

将绕制好的线圈嵌入铁心槽内称为嵌线（俗称下线）。嵌线的质量直接决定绕组的性能。嵌线时稍不注意，就可能擦伤导线，破坏绝缘，造成接地或线匝之间短路故障。嵌线前准备好工具，精确测量并记录每一线圈电阻或每相绕组的总电阻，便于嵌完线后核对电阻值。

对于初学者，嵌线前在定子铁心上标记槽号，按照绘制的绕组展开图定好引出线所在的槽号，出线槽尽量靠近机壳的外接引线孔，以减少引线的长度。线圈出线端要朝向机壳出线孔端。

1. 进行槽绝缘

嵌线前先进行槽绝缘，槽绝缘布置如图 5-8 所示。

2. 嵌放绕组

方法一：

1) 如图 5-9a 所示，将线圈一边靠近一端端部位置捏扁。

2) 如图 5-9b 所示，将捏扁的线圈导体从端部槽口放入，然后将整条边拉向电动机的另一端。也可将整个线圈分批如此操作，如图 5-10 所示。

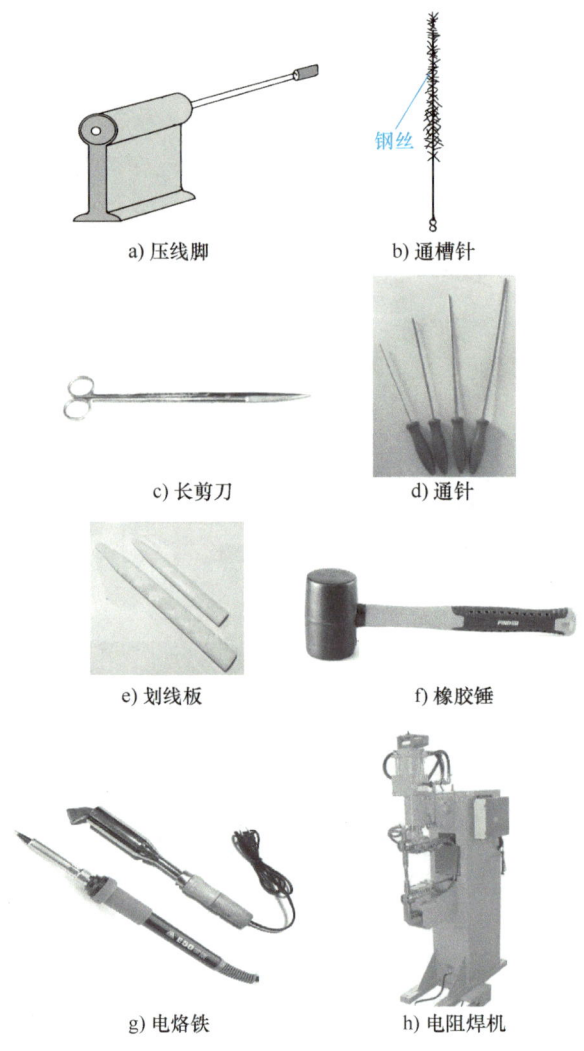

图 5-7　常用嵌线工具

图 5-8　槽绝缘布置

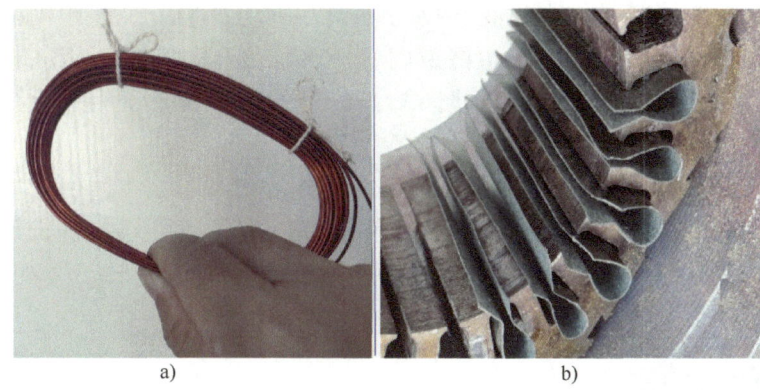

图 5-9 捏扁线圈并置于槽口

3) 如果槽中导线交叉,影响后续嵌线,可用划线板理顺槽中的导线。

4) 当一槽导体全部嵌完,将高出槽口的绝缘剪平,用划线板或通针折合槽绝缘,使其包住导线,再用压线脚压实绝缘,从一端将槽楔打入。槽楔、槽绝缘规格参考前面介绍的绝缘材料的准备。这一部分操作如图 5-11 所示。图 5-12 是槽内布置结构。

5) 用橡胶锤或木板等将端部整理成喇叭口,注意不可用力过猛。如果导线不算很粗,用手扳即可,目的是不影响转子装配,不触碰端盖,然后测量各相绕组的直流电阻以及各相之间和对地(机壳或铁心)的绝缘电阻,对照记录的数据,及早发现是否有短路。

图 5-10 将线圈拉进线槽

a) 用压线脚压实绝缘

b) 打入槽楔

图 5-11 理顺并压实导体,包裹导线、打入槽楔

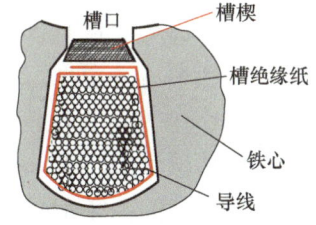

图 5-12 槽内布置结构

方法二:

如果一个线圈已嵌了第一条边,则第二条边可以按图 5-13 嵌线操作。用划线板分批划入槽中,注意先划入槽底部分的线再划入槽上部分的线,以使得导体尽量不交叉,从上到下整齐排列。边划入导体,边理顺槽中的导体,如果槽满率较高,可另用一绝缘纸垫上后再用压线脚压实槽中的导体,分几次进行,再继续嵌线。

在嵌线时，通过实践可寻找一些嵌线技巧，确保电动机定子线圈顺利嵌入定子铁心槽中。当嵌放双层线圈时，注意绕组上边嵌放时，应将线圈稍做挤压后滑入槽内，全部放入槽内后，包好绝缘纸，放好槽楔，再将线圈端口处进行简单整形，为嵌放以后的线圈做好准备。

3. 端部整形

电动机定子线圈的端部整形是指用橡胶锤将嵌好的定子线圈端部进行细致整理，使其成规则的喇叭口，如图5-14所示，以便进行下一步的绝缘浸漆、转子装配等，且更美观、整齐。

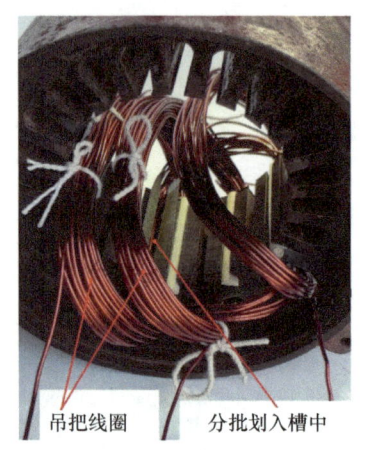

图5-13 将导体分批划入线槽

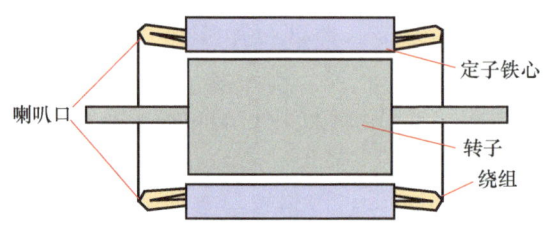

图5-14 端部整形成喇叭口

4. 绕组接线

如果在制作线圈时，没有剪断，同相绕组的几个线圈连在一起，嵌线时也没有剪断，严格按照绕组展开图进行，则接线就比较简单，只需通过专门的电动机引接线引接到机壳接线盒处，并做好固定处理。如果在制作线圈时，各线圈独立剪断，那么嵌完线之后，需严格按照展开图进行线圈间的连接，形成三相绕组。线端不要留太长，需刮漆、绞接、焊接、套好外层玻璃纤维管，如图5-15所示。导线绞接前，必须进行刮漆和焊接，以保证接头导电、焊接良好。刮漆可用电工刀或专用的刮漆刀。操作时，导线应不断转动方向，确保导体四周不留余漆，刮漆之后再焊接。

接完线后，重测各相电阻和对地绝缘电阻，判断是否正常。

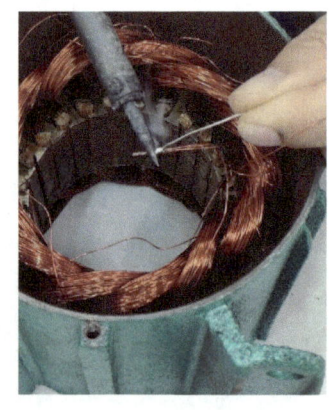

图5-15 较小型电动机小线径绕组的接线

5. 相间绝缘

相间电压较高，两相绕组重叠处容易发生击穿短路，为此通常在需要的每个极相绕组之间加垫绝缘纸，如图5-16所示，一般选用薄膜型绝缘纸。在绕组嵌线过程中，已将绝缘纸垫在极相绕组之间，绕组嵌线完后，按端部形状将绝缘纸剪裁成型。特别注意垫上绝缘纸后，剪裁多余部分时，小心不要剪断（伤）漆包线。

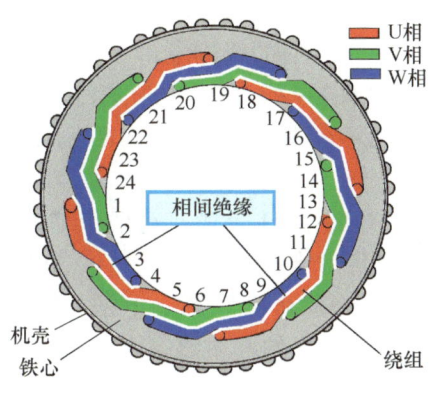

图 5-16 相间绝缘

6. 绑扎电动机端部及外引线

这一步很重要,主要目的是按照一定的顺序将其绑扎成为一个紧固的整体,使用专用绑扎带,绑扎时,应尽量使外引线的接头免受拉力,如图 5-17 所示。

7. 连接电动机相线

将引出的相线加上接线端子,接线端子可用冷压法压接,也可用锡焊法,大电动机应使用锡焊法。引线长度不要太长,应先测量确认首尾端。

三、分析绕组展开图,确定嵌线步骤

嵌线前维修人员必须懂得嵌线顺序。下面介绍几种典型的电动机绕组嵌线顺序。

图 5-17 端部绑扎

嵌线开始的第 1 个槽线圈边,称为起把,如果另一条线圈边没有接着嵌入线槽,而紧接着嵌其他线圈,到最后才嵌入起把线圈的另一条边的,则这一边称为吊把。下面分析几种电动机的嵌线顺序。

1. 4 极 24 槽单层链式绕组嵌线顺序

图 5-18 为 4 极 24 槽单层链式绕组展开图,绕组有效边排列整齐,没有交叉,但是端部有交叉重叠,这些绕组均匀分布在定子铁心内圆周上。

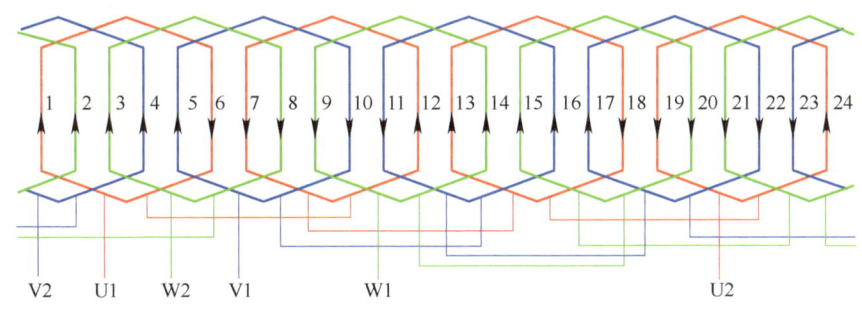

图 5-18 4 极 24 槽单层链式绕组展开图

图 5-19 是已嵌好线的定子铁心端面图,所有线圈的端部,都有一部分在下层(把靠近

机壳的部分称为下,对应的槽称为下边),一部分在上层(远离机壳、靠近转子圆心的部分称为上,对应的槽称为上边),例如线圈 1~6,第 1 个槽的线圈端部在下层,第 6 个槽的线圈端部在上层,所以嵌线时必须先嵌入端部在底层的线槽,如图中的第 1 个槽,待第 3 个槽、第 5 个槽嵌线之后,才能嵌第 6 个槽,让第 6 个槽在最上层,即先嵌下边槽再嵌上边槽。

嵌线顺序如图 5-20 所示,从第 1 个槽开始,直到第 23 个槽,这两个槽的有效边称为起把,其另一有效边不嵌,悬空,称为吊把。沿顺时针方向嵌线。从第 21 个槽线圈开始,不需要吊把,可以将同一线圈的两条边同时嵌入槽中。最后当嵌完第 3 个槽、第 5 个槽完成后,就可以嵌入第 6 个槽了,最后嵌第 4 个槽结束。该电动机的嵌线顺序可用表 5-8 表示,先嵌下边,再嵌上边。顺序从左往右,从上往下。

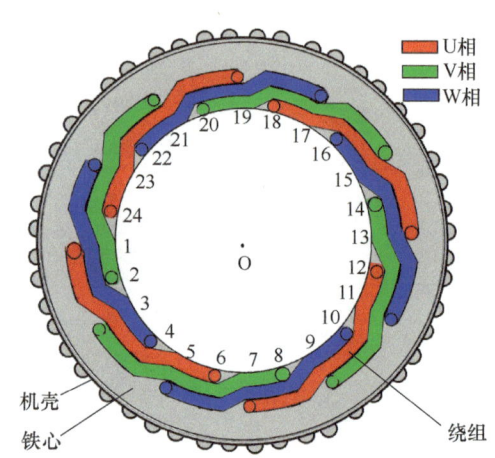

图 5-19　4 极 24 槽单层链式绕组端面图

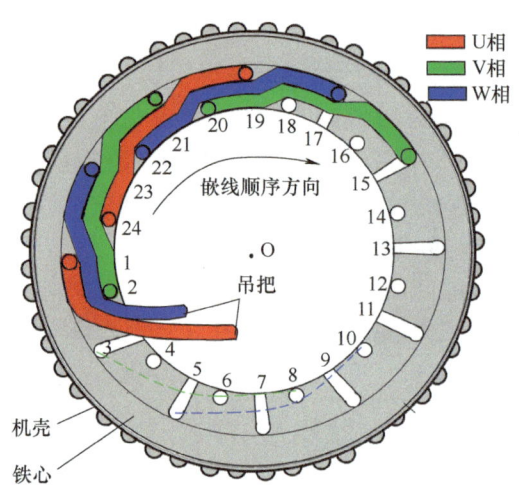

图 5-20　4 极 24 槽单层链式绕组嵌线顺序

表 5-8　嵌线顺序表

槽号	下边	1 起把	23 起把	21	19	17	15	13	11	9	7	5	3		
	上边			2	24	22	20	18	16	14	12	10	8	吊把 6	吊把 4

2. 4 极 36 槽单层交叉链式绕组嵌线顺序

该电动机绕组端部重叠较多,图 5-21 是嵌好线的电动机端面图,最厚的部分共有 5 层重叠,例如第 2、8、14 个槽等,可以从第 35、1、2 个槽起把,另一边的第 6、9、10 个槽为吊把。沿顺时针方向顺序嵌线,当第 5、7、8 个槽嵌入槽之后,将吊把的第 10、9、6 个槽边嵌入槽中。为方便读者了解嵌线顺序,现用表 5-9 表示,嵌线顺序从左往右,从上往下,先嵌下边,再嵌上边。也可配合图 5-22 理解嵌线顺序。

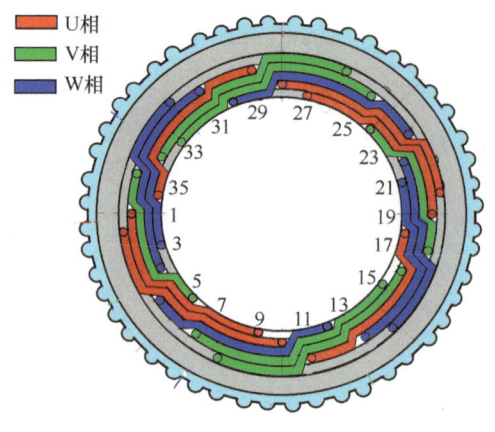

图 5-21　4 极 36 槽单层交叉链式绕组端面图

表 5-9　4 极 36 槽单层交叉链式绕组嵌线顺序

槽号	下边	2起把	1起把	35起把	32	31	29	26	25	23	20	19
	上边				4	3	36	34	33	30	28	27
槽号	下边	17	14	13	11	8	7	5				结束
	上边	24	22	21	18	16	15	12	吊把10	吊把9	吊把6	

3. 4 极 36 槽双层绕组嵌线顺序

图 5-23 是 4 极 36 槽双层绕组展开图。该电动机总线圈数较多，共 36 个线圈，所有线圈只有一个规格，结构简单，不易出错，但由于分两层嵌线，嵌线工艺较烦琐。嵌线时，须将下层线嵌入后，才能嵌上层线，极相组间须加绝缘层，有的槽内有不同的两相绕组，如图 5-24 中的第 2、3、5、6 个槽等，均嵌有不同相绕组的线圈。为方便读者了解嵌线顺序，现用表 5-10 说明，嵌线顺序从左往右，从上往下，先嵌下层边，再嵌上层边。也可配合图 5-25 理解嵌线顺序。

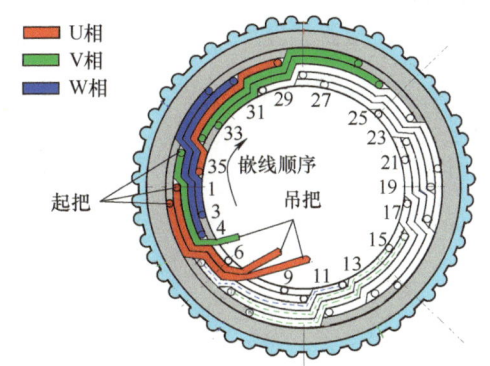

图 5-22　4 极 36 槽单层交叉链式绕组嵌线顺序

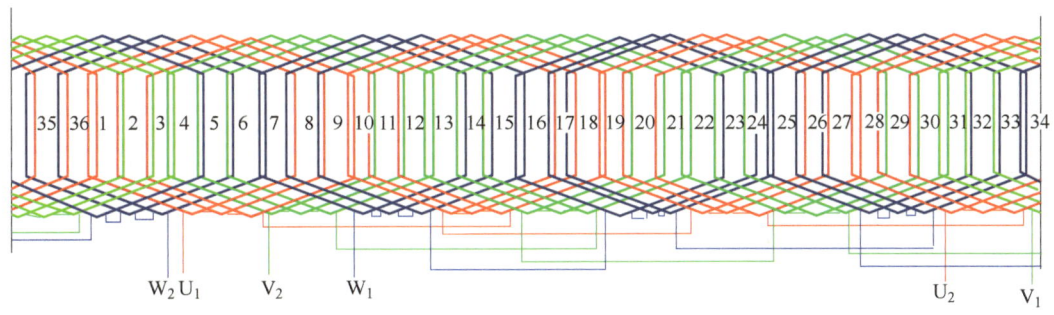

图 5-23　4 极 36 槽双层绕组展开图

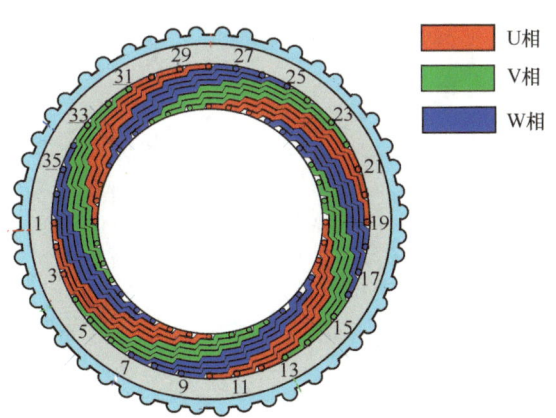

图 5-24　4 极 36 槽双层绕组端面图

表 5-10　4 极 36 槽双层绕组嵌线顺序

槽号															
下边	3起把	2起把	1起把	36起把	35起把	34起把	33起把	32	31	30	29	28	27	26	35
上边								3	2	1	36	35	34	33	32
下边	24	23	22	21	20	19	18	17	16	15	14	13	12	11	10
上边	31	30	29	28	27	26	25	24	23	22	21	20	19	18	17
下边	9	8	7	6	5	4	吊把	吊把	吊把	吊把	吊把	吊把			
上边	16	15	14	13	12	11	10	9	8	7	6	5	4		

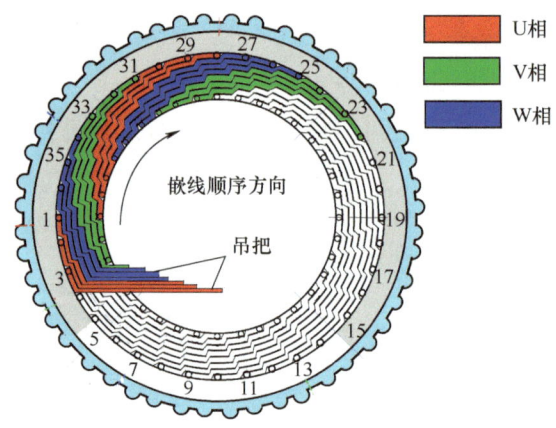

图 5-25　4 极 36 槽双层绕组嵌线顺序图

4. 2 极 18 槽单层交叉链式绕组整嵌式嵌线法

绕组展开图如图 5-26 所示，图 5-27 是绕组端面图，表 5-11 是嵌线顺序。根据计算公式，该电动机绕组数据计算如下。

极距：
$$\tau = \frac{Z}{2p} = \frac{18}{2\times1} = 9$$

极相槽数：
$$q = \frac{Z}{2pm} = \frac{\tau}{m} = \frac{9}{3} = 3$$

极相数：
$$2pm = 2\times1\times3 = 6$$

槽距角：
$$\alpha = \frac{p\times360°}{Z} = \frac{1\times360°}{18} = 20°$$

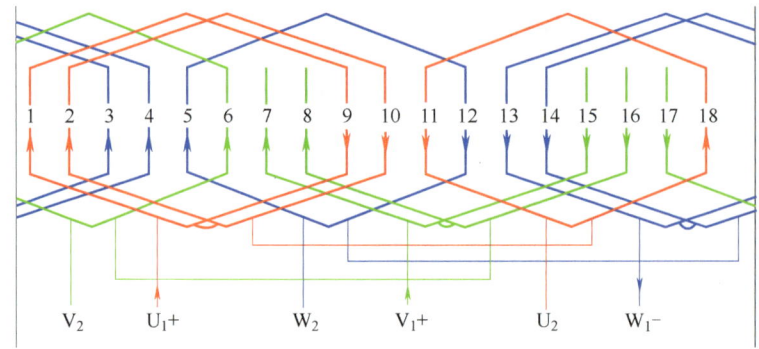

图 5-26　2 极 18 槽单层交叉链式绕组展开图

模块一　电动机原理与维修

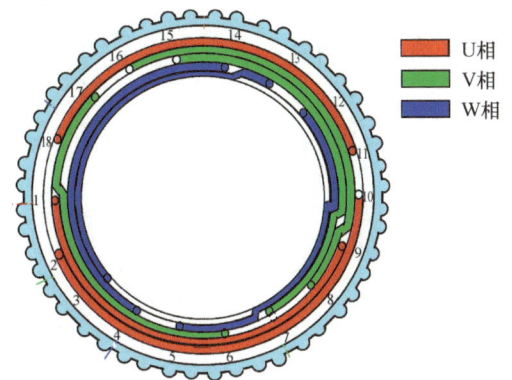

图 5-27　2 极 18 槽单层交叉链式绕组端面图

表 5-11　2 极 18 槽单层交叉链式绕组嵌线顺序

顺序	1	2	3	4	5	6	7	8	9	10	11	12	13	14	15	16	17	18
嵌线相	U 相						V 相						W 相					
槽号	2	10	1	9	11	18	8	16	7	15	17	6	14	4	13	3	5	12

学习过程与检测

一、简答题

图 5-28 和图 5-29 是未完成的绕组展开图，请分别完成：

（1）对它们进行端部接线，使其接成三相绕组，并联支路数为 1，即一路串联。标出首尾端 U_1、U_2、V_1、V_2、W_1、W_2。

（2）将图 5-28 和图 5-29 的绕组嵌线顺序分别填写到表 5-12 和表 5-13 中。

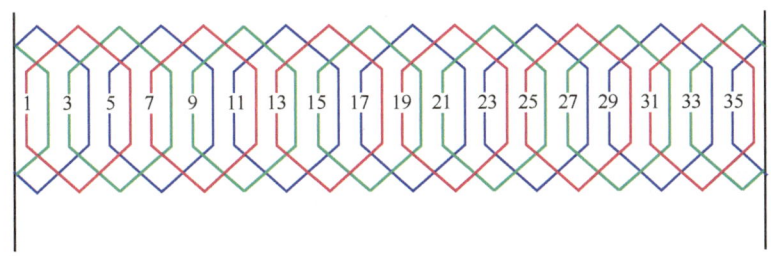

图 5-28　线圈端部连接图

表 5-12　嵌线顺序表

顺序	1	2	3	4	5	6	7	8	9	10	11	12
槽号												
顺序	13	14	15	16	17	18	19	20	21	22	23	24
槽号												
顺序	25	26	27	28	29	30	31	32	33	34	35	36
槽号												

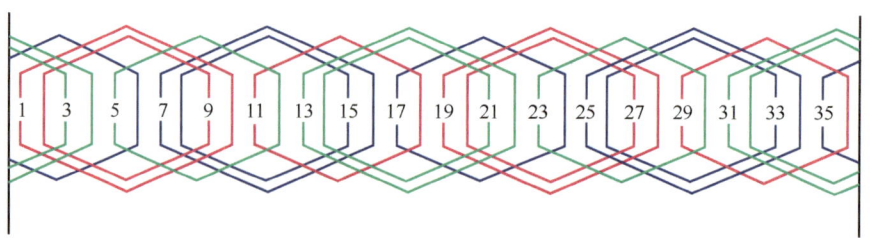

图 5-29 线圈端部连接图

表 5-13 嵌线顺序表

顺序	1	2	3	4	5	6	7	8	9	10	11	12
槽号												
顺序	13	14	15	16	17	18	19	20	21	22	23	24
槽号												
顺序	25	26	27	28	29	30	31	32	33	34	35	36
槽号												

二、填空题

1. 相间绝缘的作用是：_____，槽楔作用是：_____。

2. 端部整形的作用是：_____，端部应整形成_____形状。

技能训练 1

完成表 5-14 的技能训练 1。

表 5-14 技能训练 1——电动机绕组嵌线（一）

技能训练时间	____年____月____日 星期____第____节 地点_____
技能训练指导教师	
技能训练项目小组名单	人数
技能训练内容	嵌线第 1~6 个槽、裁剪绝缘纸、检测线圈
技能训练设备及型号	电动机 YS5024、完成绕制的线圈，绝缘纸、绑扎带
技能训练工具	长剪刀、压线脚、划线板、橡胶锤、万用表
技能训练步骤	1. 标上槽号、裁剪绝缘纸、布置绝缘到槽内，同组人员分工合作 2. 测量每个线圈的直流电阻，进行记录，$R=$_____ Ω 3. 分析研究嵌线顺序 4. 按图 5-30 进行嵌线、接线、打入槽楔，分工完成嵌线，每个小组成员都要参与嵌线 1 个槽以上，其他同学注意观察检查是否正确嵌线 嵌线顺序：1-3-4-5-6-7-8-9-10-11-12-2 嵌线过程中，需小心操作，不弄断（伤）导线，每嵌完一个线圈都要测量直流电阻，随时监测线圈是否正常 5. 由展开图可知，每绕组由_____个线圈构成，每相绕组直流电阻应为_____Ω。该电动机磁极数为_____极，极距为_____槽 操作结束后收拾器材，打扫现场

（续）

技能训练步骤	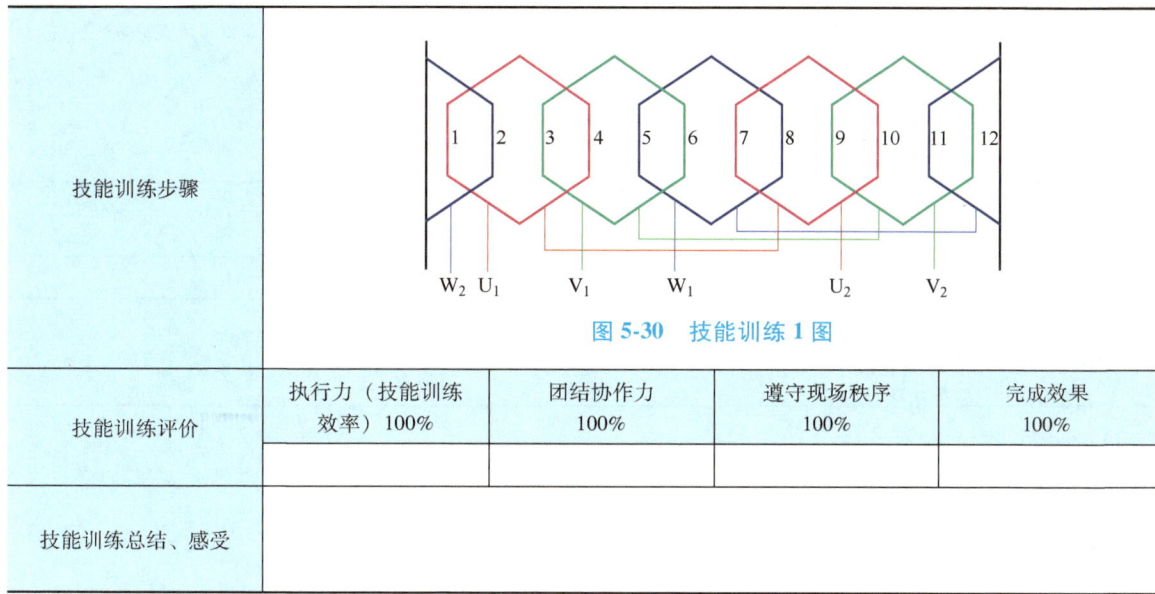 图 5-30 技能训练 1 图				
技能训练评价	执行力（技能训练效率）100%	团结协作力 100%	遵守现场秩序 100%	完成效果 100%	
技能训练总结、感受					

技能训练 2

完成表 5-15 的技能训练 2。

表 5-15　技能训练 2——电动机绕组嵌线（二）

技能训练时间	＿＿＿＿年＿＿月＿＿日　星期＿＿第＿＿节　地点＿＿＿＿＿＿＿＿＿	
技能训练指导教师		
技能训练项目小组名单		人数
技能训练内容	嵌线第 7~12 个槽，端部接线，端部整形、绑扎	
技能训练设备及型号	电动机 YS5024、完成绕制的线圈、绝缘纸、绑扎带	
技能训练工具	长剪刀、压线脚、划线板、橡胶锤、万用表	
技能训练步骤	1. 分析研究嵌线顺序，每个成员都要弄清楚嵌线顺序 2. 分工完成嵌线，每个小组成员要参与嵌线 1 个槽以上，其他同学注意观察检查是否正确嵌线 3. 按图 5-31 进行嵌线、接线、打入槽楔 图 5-31　技能训练 2 图 嵌线顺序：1-3-4-5-6-7-8-9-10-11-12-2	

(续)

技能训练步骤	嵌线过程中，需小心操作，不弄断（伤）导线，每嵌完一个线圈都要测量直流电阻，随时监测线圈直流电阻是否正常 4. 检查接线是否正确 5. 相间绝缘和绑扎、整理端部形成喇叭口 操作结束后收拾器材，打扫现场			
技能训练评价	执行力（技能训练效率）100%	团结协作力 100%	遵守现场秩序 100%	完成效果 100%
技能训练总结、感受				

 评价与分析

完成表 5-16 的评价与分析。

表 5-16 评价与分析

班级		姓名		日期	
序号	评价要点		配分	得分	总评
1	完成简答题		5		
2	完成填空题 1		5		
3	完成填空题 2		10		
4	完成技能训练 1		25		A≥90 80≤B<90 60≤C<80 D<60
5	完成技能训练 2		30		
6	没有迟到早退		5		
7	爱护设备		5		
8	学习态度端正		5		
9	与同学团结合作良好		5		
10	具备职业素养及安全意识		5		
学习小结与建议					

学习活动三　绕组的电气检测

 学习目标

掌握浸渍绝缘漆前的电气检测内容及操作方法。

 建议学时

建议 1.5 学时。

 学习材料

浸漆前如果发现绕组有问题,还可以翻修,如果浸漆硬化后才发现问题,则前功尽弃,损失就大了。故浸漆前检测不可忽略,主要检测项目包括有无断路、短路、接地、线圈接错。可以通过测量直流电阻、绝缘电阻和进行三相电流平衡性试验、对地耐工频电压试验、匝间耐冲击电压试验来检查。

一、端部整形检查

1)检查端部是否影响端盖的安装,有没有触碰到端盖,应使端盖与绕组有 1cm 以上的距离,可以对照拆机前记录的数据,看有多少偏差,也可以试装上端盖观察检查。

2)检查喇叭口是否符合要求,喇叭口过小,影响通风散热,甚至转子装不进去;喇叭口过大,又可能使其外侧端部与端盖距离过近或碰触端盖造成对地短路。

3)检查槽端绝缘纸有无损坏,如有,应加固、加垫。

4)检查槽楔或槽绝缘纸是否凸出槽口。检查槽楔是否松动,如有,需进行处理。

5)检查相间绝缘是否移位或未垫好,如有,及时处理。

6)检查端部线头是否有翘起、露铜,绑扎是否牢固,预想在机器长时间运转振动时,有没有可能发生松动擦膛等异常情况,通风散热是否良好等,如有松动,则加固。

二、检测绝缘电阻

嵌线与接线,绝缘非常重要,冷态下,测得绝缘电阻大于 1MΩ 为合格,最低限度不能低于 0.5MΩ。一般绝缘不合格的原因有如下几方面。

1)整理绕组端部喇叭口形状过程中操作不当,造成绝缘损伤。比如槽端口处绝缘纸破裂损坏,检查时,应重点检查端口。

2)使用压线脚嵌线时,操作不当戳伤绝缘层,严重时可能导致导体断线、匝间短路、绕组对铁心短路等。所以嵌线和整形过程中,应小心操作。

3)相间绝缘错位,导致绝缘不良。检查相间绝缘要细心。相间交叠较多,容易导致绝缘不到位。

为了提高电动机产品匝间绝缘可靠性,现在普遍使用匝间耐压试验仪对电动机绕组进行漆前测试和出厂前测试,它是采用脉冲波形比较法,将具有规定峰值电压(一般是高于数倍工作电压)加于被测线圈绕组上,通过比较两个振荡波形的差异,能迅速正确地测定绕组匝间绝缘的好坏。对匝间短路、线圈电晕放电、局部短路、接线错误、线圈平衡等各类匝间绝缘故障均有直观良好的鉴别性能。通过测试可以及早发现线圈匝间电阻是否良好,对于绝缘不良产品及时返修处置。

三、检测三相绕组的直流电阻

电动机的绕组可用数字万用表或双臂电桥测量,按国标要求,电机的三相直流电阻的不平衡不大于 2% 为合格(即最大值与最小值的差,除以最小值,这个值应小于 2%)。其实这一步可以在端部接线完毕、端部整形和绑扎前进行,如果有问题,方便检修。三相电阻不平衡与下面因素有关。

1)匝数不平衡,绕制线圈时,由于粗心大意造成多于或少于设计值。

2）嵌线时，线圈间接线有误，少接或多接线圈或者串并联出现错误，应拆线检查修正。

3）由于绕组匝间短路，造成电阻不平衡，需找出短路点修复。

四、检查绕组接线

绕组接错时，直接通电试车，会出现大问题，若电流过大，严重时会烧毁绕组，前功尽弃。下面介绍一种判断绕组是否接错的简便方法。

用一只带盖的空罐头壳，其直径越接近转子直径越好，两端穿过一根圆钢条，并使罐头壳能自由转动，将它们放入电动机定子空腔内，尽量与电动机轴心重合，两端扶住或架起来固定，如图 5-32 所示。不需安装端盖。利用三相调压器向三相绕组通以额定电压的 10%～20%的三相交流电，正常情况下可看到罐头壳转起来。如果不转或转动异常，则说明接线有误。

五、检测三相电流平衡性

将几十伏交流电压分别加到三相绕组上，测量相同电压下的各相电流，如图 5-33 所示。理论上电流值相等，如果相差明显，则说明有问题，需检修。原因可能是三相匝数不同或者端部接线有误。

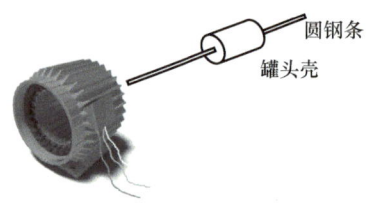
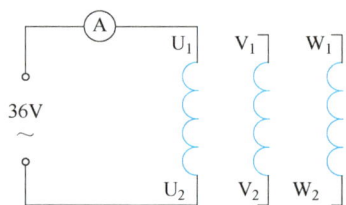

图 5-32　判断绕组是否接错的装置　　　　图 5-33　检测三相电流平衡性

学习过程与检测

填空题

1. 冷态下，刚修的电动机测得绝缘电阻应大于_____ MΩ 为合格，最低限度不能低于_____ MΩ。

2. 三相绕组电阻不平衡的原因有：_____
_____。

技能训练

完成表 5-17 的技能训练。

表 5-17　技能训练——电动机动态和静态测试

技能训练时间	____年____月____日　星期____第____节　地点_____
技能训练指导教师	
技能训练项目小组名单	人数
技能训练内容	检测绝缘电阻、检测三相绕组的直流电阻、检测三相电流平衡性

(续)

技能训练设备及型号	电动机 YS5024
技能训练工具	万用表、绝缘电阻表、数字钳表、低压调压器（能输出 0~36V、3A 交流电）
技能训练步骤	1. 用电烙铁焊接线端子，连接相线到接线盒，并进行首尾端的检测判断 2. 检测三相绕组电阻，对照各线圈的电阻是否合理，各相绕组电阻应等于两个线圈的电阻之和（每相绕组为两个线圈），即 $R_{相} = 2R_{单}$ 3. 如果三相电阻平衡合理，再按图 5-34 方法检查电流平衡性，也可以检查接线是否有错误。正常情况下，相同的电压，电流是相等的 4. 如果上述检测正常，则可以进行下一步的浸漆流程 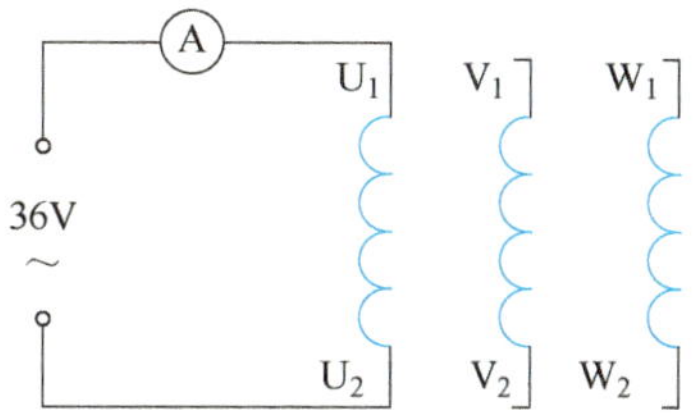

图 5-34　技能训练图

技能训练评价	执行力（技能训练效率）100%	团结协作力 100%	遵守现场秩序 100%	完成效果 100%

 评价与分析

完成表 5-18 的评价与分析。

表 5-18　评价与分析

班级		姓名		日期	
序号	评价要点		配分	得分	总评
1	完成填空题 1		10		
2	完成填空题 2		15		A≥90 80≤B<90 60≤C<80 D<60
3	完成技能训练项目		50		
4	没有迟到早退		5		
5	爱护设备		5		
6	学习态度端正		5		
7	与同学团结合作良好		5		
8	具备职业素养及安全意识		5		
学习小结与建议					

学习活动四　学习浸漆与干燥工艺

 学习目标

掌握浸漆干燥工艺流程。

建议学时

建议4学时。

学习材料

对嵌完绕组的电动机进行浸漆和干燥绝缘处理，可以达到如下目的：

1）提高电动机绕组的防潮性能。在绕组中，槽绝缘、层间绝缘、相间绝缘和绑扎线（带）以及电源引出线的外层都有大量的气孔，很容易吸收空气中的水分，如果天气潮湿或工作环境潮湿，会受到侵蚀，最后绝缘能力降低而引起漏电。经过烘烤、浸漆后，缝隙中的水分被驱走，并被覆盖一层绝缘强度足够的漆层，可以有效隔离水汽。

2）增强绕组的绝缘强度。浸漆后，绕组周身布满绝缘漆，使绕组的绝缘强度大大增强。

3）改善散热条件，增强机身导热性能。机器、设备工作时，由于电流热效应，温升导致绝缘加速老化，从而减少机器寿命。浸漆后，绕组与定子铁心成为一体，缝隙被填满，绕组发热可以加速传递到外壳，再通过散热风扇的作用，达到降温作用。

4）提高绕组的机械强度。绕组浸漆后，线圈凝成坚硬一体，不容易发生单根导线振动摩擦损伤，也可以防止一定外力冲击造成破损。

一、绝缘漆的选用

根据电动机的绝缘等级选用同等级及以上的绝缘漆，即使是同等级，它们使用方法也不完全相同，可参照使用说明操作，有的绝缘漆需要稀释剂，有的则不需要。不同的绝缘漆，操作工艺有可能不相同。

二、浸漆前的预烘

预烘是指在浸漆前用烘箱等加热工具，将绕组烘热。这有两个目的，一是驱除潮湿水汽，二是提高绝缘漆的流动性。预烘温度可以超过绝缘等级对应的最高温度5~6℃。预烘过程，温升速度不宜过快，一般20~30℃/h为宜。在烘烤温度达到100~120℃后，保温2~3h，同时测量绝缘电阻应符合要求。

当温度下降到50~60℃时，就适合浸漆了。

三、浸漆的常用方法

根据维修环境条件选用不同方法，有浇漆浸漆法和浸泡浸漆法。

1）浇漆浸漆法如图5-35a示，是将绝缘漆浇到绕组中，为了节省材料，将绕组垂直放在漆盘上，先浇制绕组的一端，经过30min左右之后，待绝缘漆流入槽中约一半高度，将绕组调过来再浇制另一端，直到内部浇透。

2）浸泡浸漆法是将嵌好线的电动机定子放入漆缸中，倒入绝缘漆，并没过电动机顶端20cm高，让漆浸入内部。当不再冒泡时，可以取出电动机定子，如图5-35b所示。

浸漆后在常温下放置30min，除去多余的漆，再进行下一步干燥工艺。

四、干燥工艺

浸漆后的烘烤，是为了去除水分和挥发溶剂，使绕组干燥形成坚实的整体。为了达到良

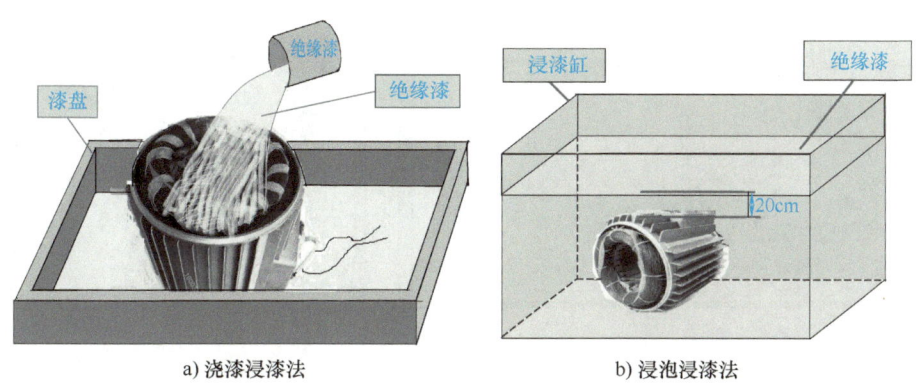

a) 浇漆浸漆法　　　　　b) 浸泡浸漆法

图 5-35　浸漆的常用方法

好效果，可将烘烤分为两个阶段：低温阶段和高温阶段。低温用 70~80℃ 烘烤，主要作用是使绝缘漆中的溶剂挥发，如果温度过高，溶剂快速挥发，在绕组表面的漆膜上会出现许多小气孔，影响浸漆质量。再则，由于表面溶剂快速挥发，使绝缘漆很快在表面形成漆膜，将阻碍绕组内部溶剂的挥发，因此，待低温烘烤 2~4h 后，才能进行高温干燥。130（B）级范围为（130±5）℃，时间 6~8h，F 级高温干燥温度（145±5）℃，测得热态电阻大于 3MΩ 以上为合格。

为了增加漆膜厚度，还要进行第二次浸漆。当温度下降到 60~70℃ 时，进行第二次浸漆，漆的黏度要高些（Y 系列电动机，黏度为 30~38s），时间 10~15min，不要太长，否则会损伤第一次的浸漆。待滴漆 30min 之后，进行二次烘烤。130（B）级范围为（130±5）℃，时间 10h。

在量产车间，为达到较好的浸漆效果，人们常采用真空压力浸漆，其原理是线圈在真空负压下进行绝缘处理，绝缘油能快速、均匀、彻底渗透到线圈的每个细微毛孔和空隙中，且表面光滑。通过真空绝缘处理的产品，它的绝缘性能可大大提高。

VPI 是一种间隙作业的绝缘工艺，其工艺流程：开始→预烘除湿→入罐→真空排气→真空浸漆→压力浸渍→压力排漆→卸压滴漆→出罐→固化干燥→结束。VPI 在漆液渗透方面和浸渍方面，远远优于其他浸漆工艺。

五、烘焙方法

1. 灯泡干燥法

如图 5-36a 所示，将电动机放在灯泡之间，最好使用红外线灯泡，这种装置简单、方便、耗电少。灯泡功率按 4.5kW/m³ 选用。箱内应注意保持排气通畅，以便排出潮气，同时可在箱内温度高时关掉部分灯泡，以免烧焦绕组。

2. 烘房（烘箱）干燥法

如图 5-36b 所示，对于批量干燥电动机，可专门建造烘房。烘房内有电发热元件，有空气循环系统，房内温度均匀，也有排气孔，有测温元件，操作比较简单。

3. 电流干燥接线法

1）将定子绕组接在低压电源上，靠绕组自身发热进行干燥。烘干时注意绕组温度，温度过高时，应降低电压，也可断续通电以调节绕组的烘干温度。电流干燥接线法需控制好相电流大小，以额定电流的 60% 左右为宜，通电时间约 3~4h，绕组温度 70~80℃ 为宜。

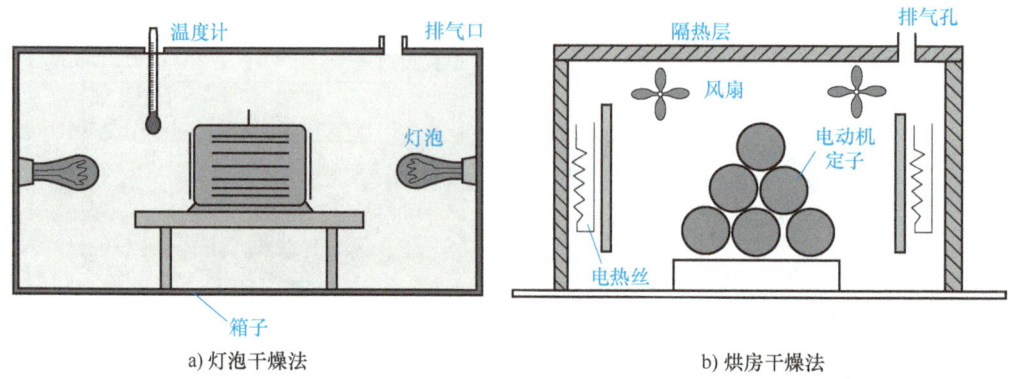

a) 灯泡干燥法　　　　　　　b) 烘房干燥法

图 5-36　烘焙方法

2）接线方式：如图 5-37 所示，可以并联，也可以串联。不管哪种接法，需控制好温度，根据温度调节电压。

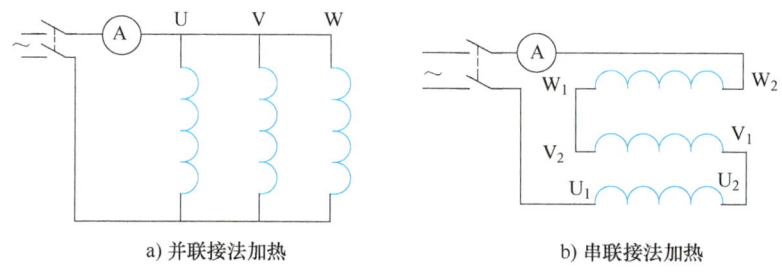

a) 并联接法加热　　　　　　b) 串联接法加热

图 5-37　电流干燥接线法

4. 烘焙注意事项

1）烘焙前必须将电动机清理干净，特别是粘在绕组漆膜上的杂物，干燥后就不易清除了。

2）凡通电烘焙的电动机，外壳必须可靠接地，以确保操作人员人身安全。

3）整个烘焙过程都要用温度计监测烘焙温度，以免造成烘焙质量不佳或烤坏绕组。

4）烘焙时既要保温，减少能量损耗，又要使电动机潮气易于发散。

5）烘焙过程要定时测量绕组的绝缘电阻，并做好记录。开始时，每隔 15min 记录一次，以后每 1h 记录一次，刚开始时，由于温度升高，潮气出来，绝缘电阻有所下降，随着越来越干燥，电阻渐大，若绝缘电阻已远大于规定值，且能稳定 3h 不变，则可停止烘焙，完成烘焙过程。

电动机浸漆烘干工艺比较烦琐，既耗时又耗电，经济效益低。现在已出现常温下能干燥的绝缘快干漆，比如 1351 硅树脂晾干抗弧磁漆、402 改性聚酯自干绝缘漆、1341 聚酯晾干抗弧磁漆等，常温 20℃ 左右，放置 12h，即可干燥，大大地提高生产效益，深受广大电机维修企业的喜爱。所以在实践中，应依据使用绝缘漆的型号而采用相应的干燥方式。

烘焙结束，温度下降到常温后，再进行冷态电阻测量，正常的三相绕组，各相电阻值之间的误差与三相绕组电阻平均值之比不应大于 10%，即

$$\frac{R_{最大}-R_{最小}}{R_{平均}}\times 100\% \leqslant 10\%$$

式中，$R_{平均} = \frac{1}{3}(R_U + R_V + R_W)$。

若测出的三相电阻相差过大，则表示绕组中存在短路、断路、焊头接触不良或绕组匝数有误差，这时须进行检查处理。

如果测试正常，就可以进入装配流程。

六、三相电动机装配

装配时，除了要在各个配合处清理除锈和按部件标记复位外，还应注意下列事项。

1）检查绝缘电阻。对于额定电压380V的电动机，在室温下用500V绝缘电阻表检测各相间绝缘和绕组对地绝缘，其绝缘电阻不应低于5MΩ。

2）如果要更换轴承，则应将轴承置于80~100℃的变压器油中加热4~6min，再用汽油洗净，用洁布擦净，再进行轴承的装配。

3）空载试验。让电动机在额定电压下空载运行0.5h以上，测量其三相电流是否平衡，此时的电流为空载电流。测得的电动机任意一相空载电流与三相电流平均值的偏差不得超过三相平均值的±10%，测试时间为1h。对绕线转子异步电动机进行空载试验时，要将转子三相绕组短路。

在空载试车时，检查电动机的铁心、轴承是否过热，运行速度及声音是否正常，倾听电动机起动和运行时有无异常响声。

4）安装端盖之前，要清理一下定子及绕组端部，并查看转子表面有无杂物，轴承是否清洁。对端盖紧固螺栓时，要按对角线上下左右逐步拧紧。装端盖时，要对准拆卸时所做的标记，并用锤子均匀地敲打端盖四周，使端盖合上止口。

5）装配质量的检查。在试验开始前要进行一般性的检查。检查的内容包括出线端连线是否正确，电动机各处螺钉是否拧紧，转子转动是否灵活，轴伸径向摆动是否在允许范围内等。对于绕线转子电动机，还要检查电刷提升短路装置的操作机构是否灵活，电刷与集电环接触是否良好，电刷与刷握的配合情况如何。

6）装传动带轮（或联轴器）可采用热套法装配，即将安装件加热到400℃，利用其热胀冷缩特性，套进转轴，加热方法有电炉法、火焰法等。

7）测定绕组的直流电阻。用仪表测量电动机的三相绕组的直流电阻，三相直流电阻最大值与最小值之差与最小值之比小于2%。

8）装轴承的润滑脂时应保持其清洁和够量，塞装时要均匀。

9）耐压实验。在绝缘电阻测试合格后进行耐压实验。在绕组间和绕组对机壳间进行实验。试验绕组与机壳耐压时，被测绕组与其他绕组断开，被测绕组接电源的一个极，其他绕组与地及机壳相接，同接电源的另一个极，试验维持电压时间1min。

学习过程与检测

简答题

1. 绕组浸漆有哪些作用？
2. 浸漆前的预烘有哪些作用？
3. 为什么要进行二次浸漆？

技能训练 1

完成表 5-19 的技能训练 1。

表 5-19　技能训练 1——电动机浸漆及干燥

技能训练时间	＿＿＿＿年＿＿月＿＿日　星期＿＿第＿＿节　地点＿＿＿＿＿＿＿＿＿		
技能训练指导教师			
技能训练项目小组名单		人数	
技能训练内容	电动机浸漆及干燥		
技能训练设备及型号	电动机 YS5024、绝缘漆		
技能训练工具	万用表、漆刷、干燥箱（恒温）、温度计（200℃）		
技能训练步骤	本技能训练采用普通的浸漆工艺对电动机进行绝缘处理，实践中以实际使用的绝缘漆使用方法为操作依据 嵌线、绑扎、接相线等工作完成后，可对电动机进行如下操作： 1. 对电动机进行预烘处理，用灯泡干燥法加热到 100～120℃，保温约 2h 后，从烘箱中取出电动机。待温度下降到 60～70℃时，用漆刷将绝缘漆刷到绕组上，让绝缘漆全部进入槽内，浸湿整个定子绕组 2. 将干燥箱调到 70℃，对电动机烘焙 2h，再升温，130（B）级范围为（130±5）℃，时间 6～8h。之后停电取出电动机 3. 当温度下降到 60～70℃时，进行第二次刷漆，待滴漆 0.5h 之后，进行二次烘焙。130（B）级范围为（130±5）℃，时间 10h		
技能训练评价	执行力（技能训练效率）100%	团结协作力 100%	遵守现场秩序 100%	完成效果 100%

技能训练 2

完成表 5-20 的技能训练 2。

表 5-20　技能训练 2——电动机装配及调试

技能训练时间	＿＿＿＿年＿＿月＿＿日　星期＿＿第＿＿节　地点＿＿＿＿＿＿＿＿＿	
技能训练指导教师		
技能训练项目小组名单		人数
技能训练内容	修后电动机装配和调试	
技能训练设备及型号	电动机 YS5024	
技能训练工具	螺钉旋具、锤子、绝缘电阻表、钳形电流表	
技能训练步骤	1. 按照拆卸时的标记组装电动机 2. 测量电动机绝缘电阻和绕组电阻，并判断是否正常 三相电阻分别是：＿＿＿＿＿＿＿＿＿＿＿＿＿＿＿＿＿＿＿＿ 对地和相间绝缘电阻分别是：＿＿＿＿＿＿＿＿＿＿＿＿＿＿ 3. 对电动机进行星形联结，通额定电压，用钳形电流表测相电流。判断是否正常。如果不正常，分析存在的原因 三相电流分别为：I_U＝＿＿＿＿＿　I_V＝＿＿＿＿＿　I_W＝＿＿＿＿＿ 4. 断开电源，实训结束，收拾现场	

(续)

技能训练评价	执行力（技能训练效率）100%	团结协作力 100%	遵守现场秩序 100%	完成效果 100%
维修电动机技能训练总结				

评价与分析

完成表 5-21 的评价与分析。

表 5-21　评价与分析

班级		姓名		日期	
序号	评 价 要 点		配分	得分	总评
1	完成简答题 1		10		
2	完成简答题 2		10		
3	完成简答题 3		10		
4	完成技能训练项目 1		20		A≥90
5	完成技能训练项目 2		25		80≤B<90
6	没有迟到早退		5		60≤C<80
7	爱护设备		5		D<60
8	学习态度端正		5		
9	与同学团结合作良好		5		
10	具备职业素养及安全意识		5		
学习小结与建议					

模块二 电力拖动

任务六 学习三相异步电动机起动和制动方式

  学习目标

1. 掌握三相异步电动机的几种起动方式。
2. 掌握三相异步电动机的几种制动方式。

  任务情境描述

电动机正式运行前的起动阶段,起动电流比较大,起动时间比较长,期间有速度方面的变化,有电流方面的变化,有转矩方面的变化。起动应具有安全性,起动电路要求方便操作,也应具有保护作用。

电动机运行时停机,根据需要加入制动功能,制动的作用是减少因惯性而运行的时间。

  学习过程与活动

1. 学习直接起动和减压起动的电路连接。
2. 分析各种起动方式的特点。

学习活动一 学习三相异步电动机的起动方式

  学习目标

能画出几种起动电路示意图,能叙述各种起动方式的特点。

  建议学时

建议 2 学时。

  学习材料

拖动是指原动机通过传动机构带动生产机械运转,例如农畜带动石磨碾米、电动机带动水泵抽水等。如果原动机是电动机,那么由电动机带动生产机械完成一定的生产任务的拖动方式,称为电力拖动。这个过程消耗的是电能，机械传动机构及工作机构称为电动机的机械负载。

在进行电力拖动系统设计时，需考虑多方面因素。在已知确定负载的情况下，需考虑下面几方面。①电源选择（直流或交流、三相或单相等）；②电动机型号的选择，包括电动机容量、电动机转速、电动机工作制、电动机工作环境等；③电动机控制方式的设计（起动方式或运行方式、自动控制或手动控制等）；④控制线路及电气设备选用的设计等，合理的设计才能使整个拖动系统安全稳定运行。

这里介绍几种常见的电力拖动方式。

工农业生产最常见的电力拖动是使用三相异步电动机拖动，由三相电源提供能量，使用三相异步电动机拖动时，需考虑起动方式、控制方式、调速方法等问题。

一、三相异步电动机的电源连接

三相异步电动机有 3 个绕组，6 个线端子。电动机使用前，先正确连接电动机，常见的有两种接法，一种是三角形（△）联结，一种是星形（Y）联结，如图 6-1 所示。

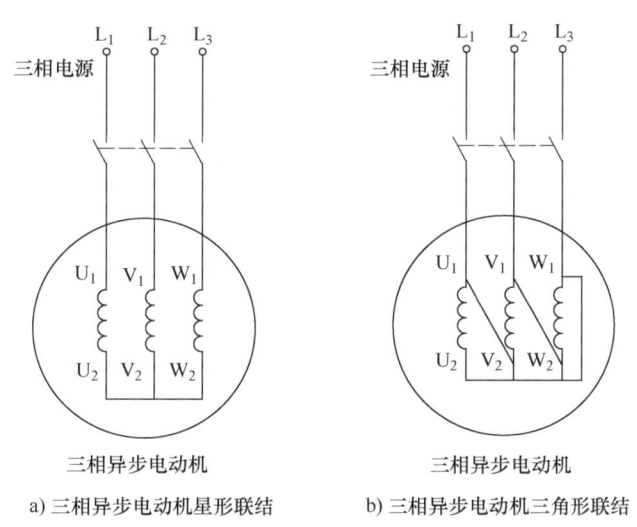

a) 三相异步电动机星形联结　　b) 三相异步电动机三角形联结

图 6-1　三相电动机的电源连接

星形联结特点：将尾端接在一起，三个首端接三相电源。

三角形联结特点：绕组间的首尾端相串联，再将连接点分别接到三相电源上。

实际应用中，具体采用哪种接法，须依据电动机铭牌说明进行连接。星形联结时，每相绕组上的电压等于电源的相电压。三角形联结时，每相绕组上的电压等于电源的线电压。所以如果连接错误，电动机不能正常工作，甚至烧毁电动机绕组。

对于笼型异步电动机，一般功率大于 3kW 的采用三角形联结，而功率小于 3kW 的采用星形联结。

二、三相异步电动机的起动特点

三相异步电动机起动是指电动机接通电源后，从静止状态加速到某一稳定转速的过程。三相异步电动机在额定电压下起动瞬间，转子静止，根据转差率公式：

$$s = \frac{n_0 - n}{n_0} \times 100\%$$

可知，$s=1$，转子导体电流最大，因为转子静止，导致定子绕组反电动势为零，造成定子绕组电流较大，可达到额定电流的 4～7 倍，某些笼型异步电动机甚至达到 8～12 倍，虽然电流大，但是起动时电动机功率因数较低，起动转矩并不很大，如果起动转矩小于负载阻矩，则电动机不能起动。

异步电动机起动时，过大的起动电流将产生不良的影响，主要有两个方面：

1）如果电动机功率较大，会产生较大的线路电压降，使电网电压波动过大，影响电网上其他用电设备正常运行。

2）对于那些惯性较大、起动时间较长或较频繁起动的电动机来说，过大的起动电流会使电动机绕组过热而老化，缩短电动机使用寿命。

因此，对异步电动机的起动性能有如下要求。

1）具有足够大的转矩，以保证能正常起动。

2）在保证能起动的前提下，电动机的起动电流越小越好。

3）起动设备力求简单，运行可靠，操作方便。

4）起动时间越短越好。

三、三相笼型异步电动机的直接起动与减压起动

1. 直接起动

对于小功率的三相笼型异步电动机，可以全压起动，即电动机在静止状态下加额定运行电压，如图 6-2 所示。小功率电动机相比于大容量电网，影响不大，但如果功率大于 7.5kW，应该采用减压起动。

2. 减压起动

减压起动是通过其他方式降低电压，使起动时加到电动机绕组上的电压低于电动机的额定工作电压，从而降低起动电流。还要注意，降低电压起动，会降低起动转矩，因此，减压起动只适用于电动机空载起动或轻载起动的场合，例如，鼓风机、机床电动机（先开机后加工）等，下面介绍常用的 3 种减压起动方法。

（1）定子绕组串电阻（电抗器）减压起动 如图 6-3 所示，电动机起动过程中，在定子绕组中串联电阻或电抗器，起动电流在电阻或电抗器上将产生电压降，从而降低电动机定子绕组上的电压，减小了起动电流。

串入的 3 个电阻或电抗器规格相同，起动时，先闭合开关 QS_1，电动机在低于额定电压的电压下起动，待转速接近稳定转速，再闭合开关 QS_2，将电阻短路，电动机进入全压运行。

因为串电阻起动时，能耗较大，所以只能在小容量电动机中采用，容量较大的电动机多采用串电抗器起动。

（2）自耦变压器减压起动 如图 6-4 所示，起动时，先接通电源开关 QS，再接通起动开关 QS_1，三相电源经自耦变压器减压后加到电动机绕组，待电动机转速稳定后，迅速断开 QS_1，接通 QS_2，电动机全压运行，起动结束。

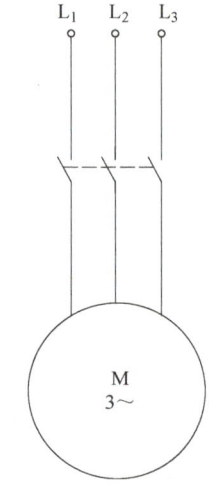

图 6-2 电动机直接起动

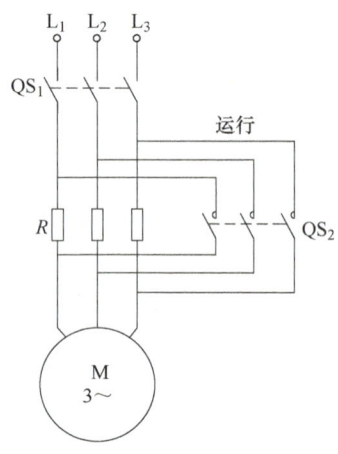

图 6-3 定子绕组串电阻减压起动

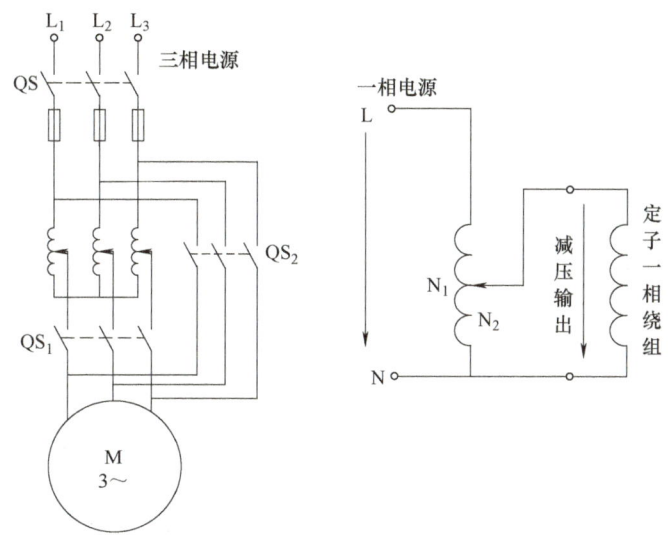

图 6-4 电动机自耦变压器减压起动

自耦变压器减压起动与定子绕组串电阻（或电抗器）起动相比较，在同样的起动电流下，可获得较大的起动转矩，所以这种减压起动可带较大的负载起动。这种起动方法适用于容量较大的低压电动机，一般 100kW 以上电动机适合采用自耦变压器做减压起动，缺点是设备成本高，体积大，需维护检修。

常用的起动用自耦变压器有 QJ2 和 QJ3 两种系列。QJ2 型的三个抽头分别为电源电压的 55%、64%、73%；QJ3 型的为 40%、60% 和 80%。自耦变压器容量的选择与电动机的容量、起动时间和连续起动次数有关。

（3）星—三角（丫-△）起动 星—三角起动也是一种常用的起动方法，采用这种方法的异步电动机，在正常运行时采用三角形联结，而且每相绕组引出两个出线端，三相引出 6 个出线端，待转速接近稳定时再接成三角形联结。

图 6-5 是丫-△起动电路原理图，起动时，先闭合 QS_1，再接通电源开关，这时电动机绕组接成星形，每相绕组得到的电压是电源线电压的 $1/\sqrt{3}$，即 $U_N/\sqrt{3}$，实现减压起动，起动电流和起动转矩也降到直接起动时的 1/3；当电动机转速提高到接近额定值时，立即先断开 QS_1，再接通 QS_2，电路绕组连接成三角形，各绕组得到电源的线电压，即电动机额定工作电压，全压运行。图 6-6 是丫联结和△联结时的电压变化分析。

丫-△起动的优点是起动电流小，起动设备简单，价格便宜，操作方便，适合 4～30kW 的电动机。缺点一是只适用于正常运行为△联结的电动机；二是由于起动转矩减小到直接起动时的 1/3，故只适用于空载或轻载起动；三是这种起动方法的电动机定子绕组必须引出 6 个出线端，这对于高电压电动机有一定的困难，所以丫-△起动只限应用于 500V 以下的低压电动机上。

星—三角起动控制电路

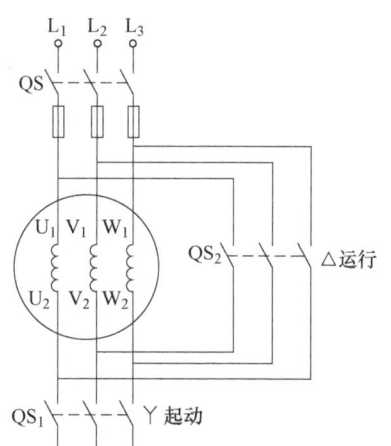

图 6-5 三相电动机星—三角（丫-△）起动

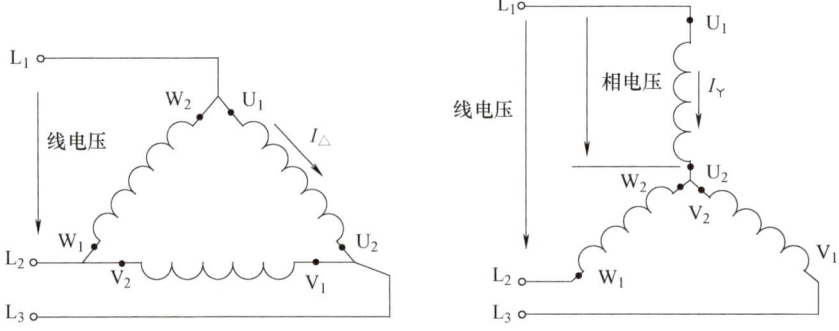

图 6-6 Y联结和△联结时的电压变化

学习过程与检测

一、判断题

1. 电动机不管是三角形联结还是星形联结，功率和转速都不变。（   ）
2. 电动机刚起动瞬间，转差率为 0。（   ）
3. 电动机刚起动瞬间，转差率为 1。（   ）
4. 三相电动机的转差率在 0～10 之间。（   ）
5. 三相电动机定子绕组串电阻减压起动可以减少绕组电流。（   ）
6. 关于电动机绕组的外部连接方式，应按电动机的说明书或铭牌说明要求进行连接。（   ）
7. Y-△起动是指三相电动机起动时，电动机绕组接成三角形，运行时，绕组接成星形。（   ）
8. Y-△起动方式适用于运行时采用星形联结的电动机。（   ）
9. 电动机星形联结时每相绕组得到的电压是电源线电压的 $1/\sqrt{3}$，即 $U_N/\sqrt{3}$。（   ）
10. 对于那些惯性较大、起动时间较长或较频繁起动的电动机来说，过大的起动电流会使电动机绕组过热而老化，缩短电动机使用寿命。（   ）

二、分析题

1. 分析图 6-7，说明自耦减压起动电路的工作原理。

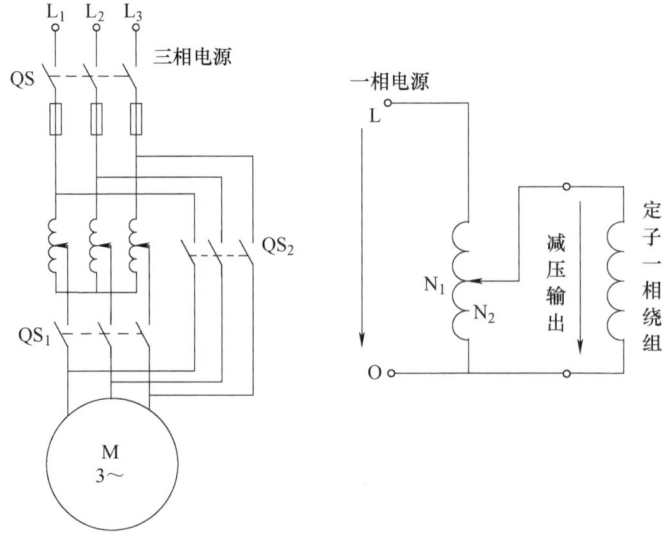

图 6-7 分析题 1 图

2. 分析图 6-8 电路，说明三相电动机星—三角减压起动的工作原理。

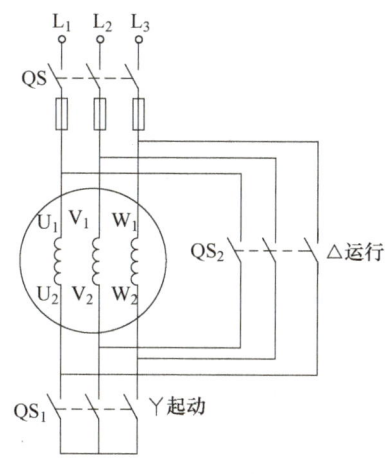

图 6-8 分析题 2 图

 评价与分析

完成评价与分析表 6-1。

表 6-1 评价与分析

班级		姓名		日期	
序号	评价要点		配分	得分	总评
1	完成判断题		45		
2	完成分析题		30		A≥90
3	没有迟到早退		5		80≤B<90
4	爱护设备		5		60≤C<80
5	学习态度端正		5		D<60
6	与同学团结合作良好		5		
7	具备职业素养及安全意识		5		
学习小结与建议					

学习活动二　学习三相异步电动机的制动方式

 学习目标

掌握机械制动和电气制动的工作原理。

 建议学时

建议 2 学时。

> 学习材料

三相异步电动机切断电源后因为具有运动惯性，总要转动一段时间才能停下来。而生产中起重机的吊钩或卷扬机的吊篮要求准确定位；万能铣床的主轴要求能迅速停下来，这些都需要对拖动的电动机进行制动，其方法有两大类：机械制动和电气制动。

一、机械制动

机械制动是采用机械装置使电动机断开电源后迅速停转的制动方法，如电磁抱闸、电磁离合器等电磁铁制动器。

1. 电磁抱闸断电制动

电磁抱闸断电制动控制电路如图 6-9 所示。当系统无电静止时，拉力弹簧紧拉着杠杆，机械转轮被闸瓦紧紧抱住，机械转轮不能自由滑动，此时是制动状态，拉力弹簧和闸瓦起作用。闭合电源开关 QS，电动机接通电源，同时电磁铁得电，吸合衔铁上升，机械转轮和闸瓦分离，电动机正常拖动机械转轮运转。断开开关 QS，电动机失电，系统无电，恢复到原制动状态。这种制动方法在起重机械上广泛应用，如行车、卷扬机、电动葫芦（大多采用电磁离合器制动）等。其优点是能准确定位，可防止电动机突然断电时重物自行坠落而造成事故。

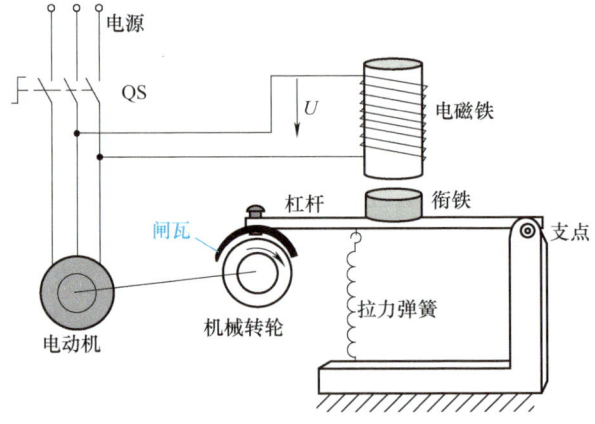

图 6-9　电磁抱闸断电制动控制电路

2. 电磁抱闸通电制动

电磁抱闸断电制动时，闸瓦紧紧抱住机械转轮，若想手动调整是很困难的。因此，对电动机制动后仍想调整工件的相对位置的机床设备就不能采用断电制动，而应采用通电制动，其电路如图 6-10 所示。当电动机得电运转时，电磁铁开关和电动机开关互锁，电磁抱闸线圈无法得电，闸瓦与机械转轮分开无制动作用；当电动机断电时，电磁铁得电，吸引衔铁上升，带动杠杆上升，使闸瓦紧紧抱住机械转轮制动；机械制动主要采用电磁抱闸、电磁离合器制动，两者都是利用电磁线圈通电后产生磁场，使静铁心产生足够大的吸力吸合衔铁或动铁心（电磁离合器的动铁心被吸合，动、静摩擦片分开），克服弹簧的拉力而满足工作现场的要求。电磁抱闸是靠闸瓦的摩擦片制动机械转轮。电磁离合器是利用动、静摩擦片之间足够大的摩擦力使电动机断电后立即制动。

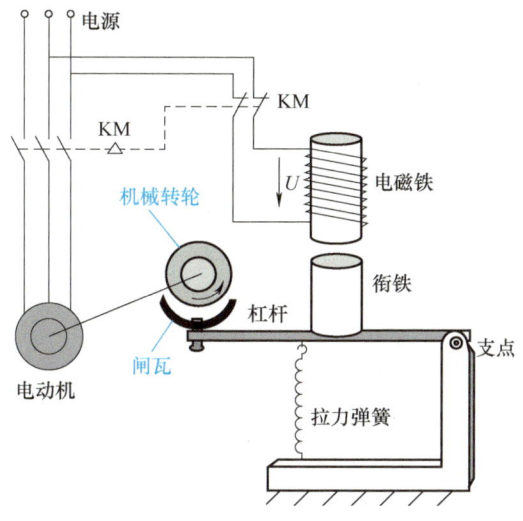

图 6-10　电磁抱闸通电制动电路

二、电气制动

电气制动是电动机在切断电源的同时给电动机一个和实际转向相反的电磁力矩（制动力矩）使电动机迅速停止的制动方法。最常用的方法有反接制动和能耗制动。

1. 反接制动

反接制动是在切断电动机正常运转电源的同时改变电动机定子绕组的电源相序，使之有反转趋势而产生较大的制动力矩的方法。反接制动的实质：使电动机欲反转而制动，因此当电动机的转速接近零时，应立即切断反接转制动电源，否则电动机会反转。原理如图 6-11 所示。

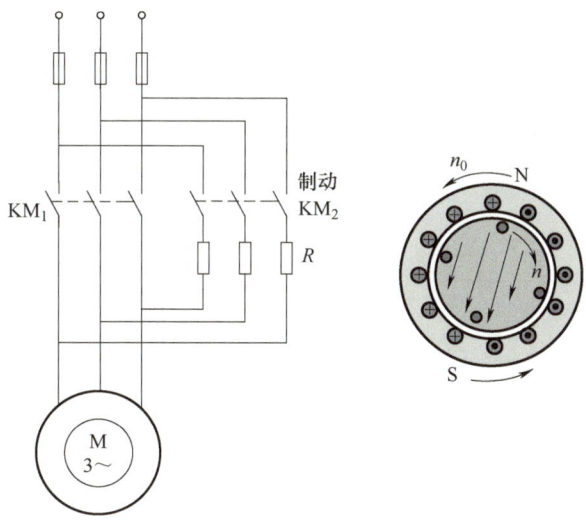

图 6-11　反接制动原理

使用时，图 6-11 中，KM_1 为电动机运行接触器，当需要停机时，断开 KM_1，紧接着接通 KM_2，由于接入电动机的电源是反相序，这时电动机绕组产生反向旋转磁场（右图中的 n_0），转子受到与因惯性继续旋转的方向相反的磁场作用力，转速很快下降，当转子将要停止时，必须及时断开 KM₂，防止转子反向旋转。实际控制中采用速度继电器来自动切除制动接触器 KM₂。电路中 R 可以减弱制动冲击力。

反接制动的制动力强，制动迅速，控制电路简单，设备投资少，但制动准确性差，制动过程中冲击力强烈，易损坏传动部件。因此适用于 10kW 以下小容量的电动机或要求制动迅速、系统惯性大、不经常起动与制动的设备，如铣床、镗床、中型车床等主轴的制动控制。

2. 能耗制动

能耗制动是切断电动机交流电源的同时给定子绕组的任意两相加一直流电源，以产生静止磁场，依靠转子的惯性转动切割该静止磁场产生制动力矩的方法。

如图 6-12 是能耗制动原理。原理分析：电动机切断电源后，转子仍沿原方向惯性转动，设为顺时针方向，这时给定子绕组通入直流电，产生一恒定的静止磁场，转子切割该磁场产生感应电流，用右手定则判断其方向。该感应电流又受到磁场的作用产生电磁转矩，由左手定则知其方向正好与电动机的转向相反，而使电动机受到制动迅速停转。

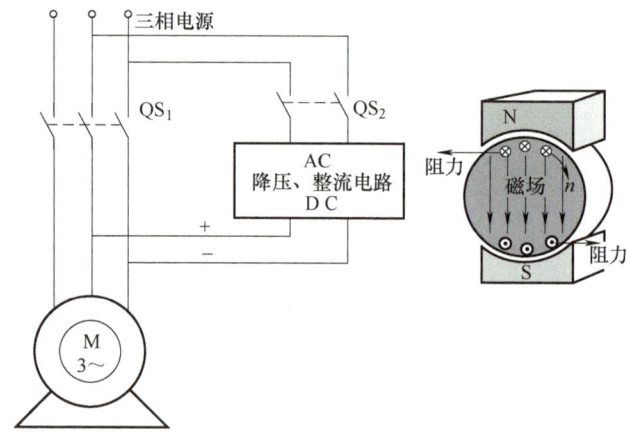

图 6-12 能耗制动原理

能耗制动平稳、准确，能量消耗小，但需附加直流电源装置，设备投资较高，制动力较弱，在低速时制动力矩小。能耗制动主要用于容量较大的电动机制动或制动频繁的场合及要求制动准确、平稳的设备，如磨床、立式铣床等的控制，但不适合用于紧急制动停车。

学习过程与检测

一、填空题

1. 电动机转子制动方法有两大类，分别是：_____ 和 _____。
2. 电动机能耗制动中，对电动机加的是_____（直流电、交流电、脉冲），定子绕组产生的磁场是_____（固定、旋转、脉动）磁场。

二、判断题

1. 机械制动过程是机械能转化为热能。（   ）
2. 机械制动过程是机械能转化为电能。（   ）
3. 能耗制动不适用于紧急制动。（   ）
4. 三相电动机反接制动是指电动机断电后，加一个直流电到定子绕组中，让电动机快速

停下来。（ ）

5. 能耗制动是指电动机断电后，改变电源相序再重新接入电动机，让其迅速停下来。（ ）

评价与分析

完成表 6-2 的评价与分析。

表 6-2 评价与分析

班级		姓名		日期	
序号	评价要点		配分	得分	总评
1	完成填空题 1		10		
2	完成填空题 2		10		
3	完成判断题 1		10		
4	完成判断题 2		10		A≥90
5	完成判断题 3		10		80≤B<90
6	完成判断题 4		10		60≤C<80
7	完成判断题 5		10		D<60
8	出勤情况		10		
9	学习态度端正		10		
10	与同学团结合作良好，遵守课堂纪律		10		
学习小结与建议					

任务七 学习三相异步电动机基本控制电路

学习目标

1. 能正确分析电动机的基本控制电路工作过程。
2. 通过技能训练，能按电路图进行电路安装，完成检测，通电试机。

任务情境描述

实践中，电动机的控制形式多样，应根据生产需要来选择电动机的控制方式，常见的有点动控制、连续运行控制、刀开关控制、按钮控制、正反转控制、减压起动控制、自动往返控制、多台电动机关联控制等，安装电路时，需掌握它们的工作原理，安装后需正确调试维修电路，让电路正常工作。

学习过程与活动

1. 学习相关参考资料，完成技能训练 1。

2. 学习电动机连续运行控制电路，完成技能训练 2。
3. 学习点动与连续运行控制电路，完成技能训练 3。
4. 学习正反转控制电路，完成技能训练 4。
5. 学习工作台自动往返控制电路，完成技能训练 5。
6. 学习多台电动机关联控制电路，完成技能训练 6。
7. 学习星—三角起动控制电路原理，安装调试星—三角形起动控制电路。

学习活动一　学习直接起动控制电路

温馨提示

本学习活动配有微视频《触头互锁正反转起动电路》《工作台自动往返控制电路》，读者在学习相关内容时，可观看视频学习。

学习目标

1. 理解学习资料介绍电路的工作原理，并完成技能训练 1。
2. 分析理解连续运行控制电路工作原理，并安装调试技能训练 2 的电路。
3. 安装调试技能训练 3 的电路。
4. 分析理解触头联锁的电动机正反转控制电路工作原理，并完成技能训练 4。
5. 分析理解工作台自动往返控制电路工作原理，完成技能训练 5。
6. 设计电路，完成技能训练 6。

建议学时

建议 19 学时。

学习材料

三相异步电动机的基本控制电路主要包括电动机的起动、正反转、制动和调速等。本学习活动主要介绍这些基本控制电路的构成、工作原理以及必要的保护措施。

一、刀开关直接起动控制电路

电路如图 7-1a 所示，QS 为刀开关，用于直接起动电动机。这种电路适用于小型台钻、冷却泵和砂轮机等简单、短时操作的小容量设备。判断一台电动机能否直接起动，可以从下面的经验公式来确定，即

$$\frac{I_{ST}}{I_N} \leqslant \frac{1}{4}\left(3+\frac{S}{P}\right) \tag{7-1}$$

式中，I_{ST} 为电动机全压起动电流，单位为 A；I_N 为电动机额定工作电流，单位为 A；S 为电源变压器容量，单位为 kV·A；P 为电动机容量，单位为 kW。

一般情况下，异步电动机的功率小于 7.5kW 时，或满足式（7-1）时，允许直接起动。

图 7-1a 中 FU 起短路保护作用。

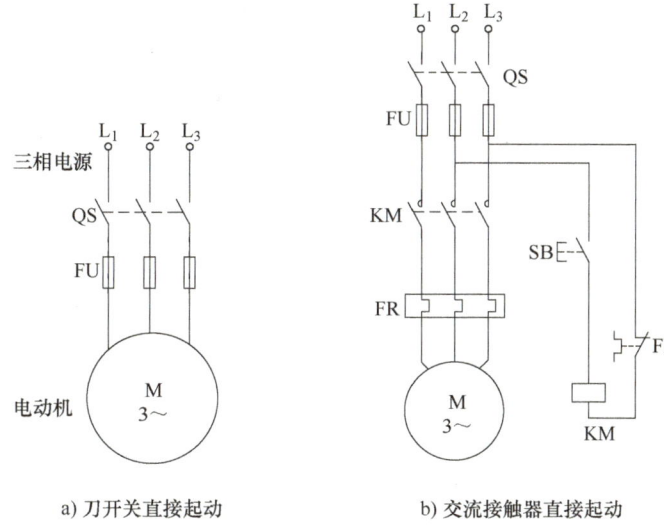

a) 刀开关直接起动　　　　b) 交流接触器直接起动

图 7-1　直接起动电动机

选择元件时，刀开关的额定电流应大于或等于电动机的额定工作电流；熔体额定电流按下式选取，即

$$I_F = (1.5 \sim 2.5) I_N \tag{7-2}$$

式中，I_F 为熔体额定电流，单位为 A；I_N 为电动机额定电流，单位为 A。

电动机的额定工作电流可从电动机铭牌查到，电动机绕组连接方式（丫联结或△联结）也要根据铭牌要求正确选择。

断路器可以取代刀开关，断路器具有过载、短路等自动跳闸功能，使用比较安全方便，无须另外安装熔体。断路器应选动力型（D 型）的，能承受较大的电流冲击。用刀开关或断路器控制电路，不便于频繁起动或停止，同时只适用于单向控制运行，其他保护功能较少，这是此电路的缺点。一个比较好的控制电路应具备方便操作、安全、运行稳定、保护功能齐全等特点。

二、点动控制电路

为了提高电路控制的灵活性和安全性，人们常用按钮和交流接触器等元件对电动机进行起动控制，如图 7-1b 所示。电路组成和控制过程如下。

1）主电路：刀开关 QS、熔断器 FU、交流接触器 KM 主触头、热继电器 FR 的热元件、电动机 M。

2）控制电路：起动按钮 SB、交流接触器 KM 的线圈、热继电器 FR 的常闭触头。

3）控制过程：闭合 QS，按下按钮 SB，KM 线圈通电产生磁场，使主触头闭合；松开按钮 SB，接触器 KM 线圈断电，主触头断开，电动机断电停止，实现按下"动"、松开"停"的功能。

4）电路适用范围：电动机工作时间短暂、频繁起停、控制灵活方便、单向运行，具有过载保护和欠电压保护的场合，例如桥式吊车和绕机等。

5）元件：图 7-2 是几种元件图形符号及文字符号，介绍如下：

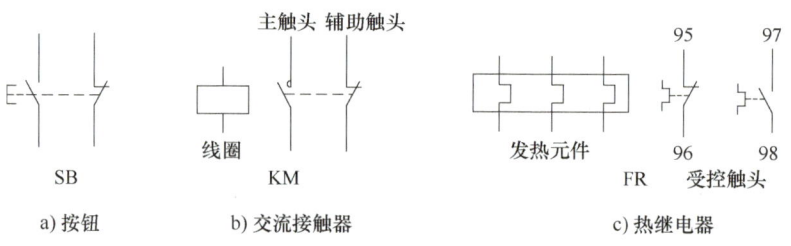

图 7-2 几种元件的图形符号及文字符号

① 按钮 SB：应选用黑色、白色或灰色，这几种颜色兼作起动、停止控制。不能用红色和绿色，红色按钮用于停止（断开），绿色按钮用于起动（通电）。按钮一般有常闭触头和常开触头，按下或松开时，常闭触头和常开触头状态都发生变化。按需要选用相应的触头接线。

② 交流接触器 KM：注意线圈额定电压与电源电压相匹配。常见的交流接触器的线圈额定电压有 380V、220V、127V、110V、36V、24V 等，低电压比高电压安全，一般依据电网选择，可减少配置电源变换器。主触头额定电流应为电动机额定电流的 1~2 倍。交流接触器线圈获得额定电压时，线圈产生的磁力带动主触头和辅助触头动作，开关状态发生变化。不同型号的交流接触器，主触头和辅助触头的数量不一定相同。辅助触头额定电流较小，普通的为 1~5A。交流接触器具有低电压释放保护功能（欠电压保护）、工作可靠、操作频率高、使用寿命长等优点。只需用一个很小的电流控制线圈通断，就能控制主电路较大的工作电流，大大提高了控制灵活性和安全性。接触器的主要控制对象是电动机，也可用于其他电力负载，如电热器、电焊机、电炉变压器和电容器组等。接触器具有强大的执行机构、大容量的主触头及迅速熄灭电弧的能力。

此处所用的交流接触器为电磁式交流接触器，内部主要由触头系统、电磁机构和灭弧装置组成。

③ 热继电器 FR：当通过发热元件的电流达到其额定电流的 1.2 倍，并且时间持续 20min，相应的受控触头即发生动作。使用时，负载电流经过发热元件，受控触头接入控制电路，故它具有过载保护功能。点动控制电路中，如果电动机发生过载，受控开关就会断开，交流接触器线圈断电，交流接触器的主触头随即断开，禁止电动机工作，防止绕组烧毁。

三、连续运行控制电路

按钮控制电动机比较安全和方便操作，所以得到广泛应用。点动控制电路中，用按钮起动电动机，要想让电动机长时间运行，长时间按住不方便，一不小心松手就会断电。图 7-3 所示为连续运行控制电路，按下起动按钮后，能使交流接触器线圈保持通电状态，从而维持主触头长时间闭合。图 7-4 是按钮外形。

1）电路增加停机按钮 SB_1，起动按钮并联自锁触头。

2）电路控制过程：闭合 QS，按下起动按钮 SB_2，交流接触器 KM 线圈得电，所有触头均动作，主触头闭合，主电路得电，电动机起动，常开辅助触头也闭合，为线圈供电；松开 SB_2，线圈仍然维持吸合，保证主触头继续闭合。交流接触器通过自身触头维持供电吸合的过程称为自锁，相应的触头称为自锁触头。停机时，按停止按钮 SB_1，线圈断电，所有触头恢复原态，电动机停止运行。

3）元件使用：停止按钮 SB_1 使用红色，起动按钮 SB_2 使用绿色。自锁触头 KM 使用常开辅助触头。

4）电路特点：电动机单向连续运行，按钮操作，方便灵活，起停标志清晰，具有欠电压保护（KM）、失电压保护（KM）、过载保护（FR）和短路保护（FU）。

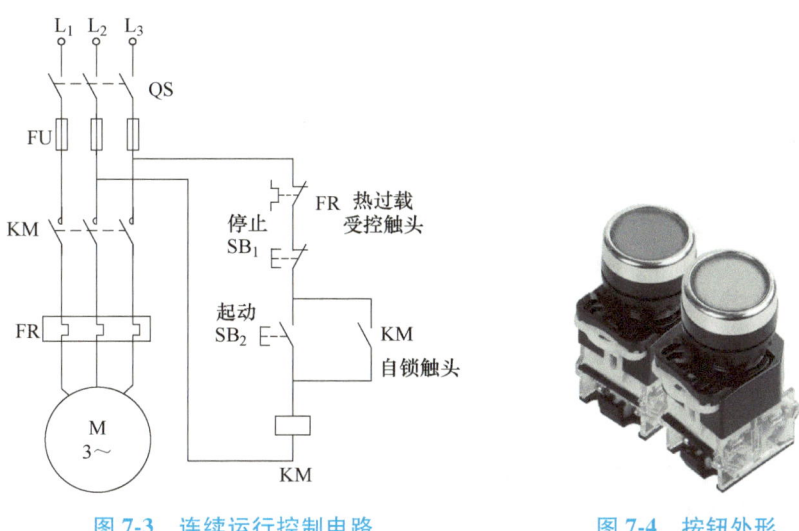

图 7-3　连续运行控制电路　　　　　图 7-4　按钮外形

如果电动机在连续运行过程中，出现短时间断电，交流接触器线圈失电跳闸，它不会因再次来电而自动起动电动机，避免人员因没有准备而起动机器造成事故。要想起动电动机，则须再次按起动按钮，这就是失电压保护。

四、点动与连续混合控制电路

同一台机械，有时候既需要点动又需要连续运行，控制电路如图 7-5 所示。

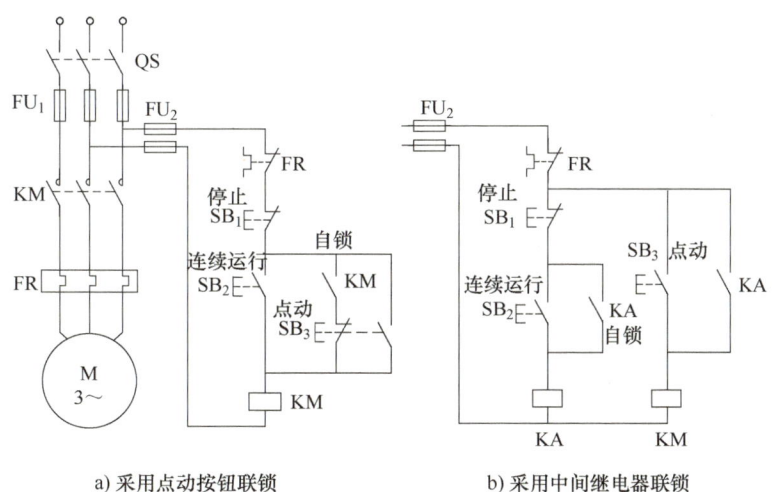

a）采用点动按钮联锁　　　　　b）采用中间继电器联锁

图 7-5　点动与连续混合控制电路

1. 电路控制过程

图 7-5a 中，按下 SB_2，通过 KM 的常开辅助触头自锁，可使电动机连续运行；按下 SB_1 停机，断开控制电路电源。电路增加了点动按钮 SB_3，此按钮的常开、常闭触头均有用到，按下

123

SB_3 时，常开触头闭合，KM 线圈得电，常闭触头断开，可防止交流接触器自锁，自锁支路没有电流，从而实现点动控制。

图 7-5a 电路缺点：点动运行时，如迅速松开 SB_3，在这一瞬间，如果交流接触器的自锁触头没有即时断开，而此时自锁支路又被 SB_3 常闭触头接通，会导致线圈继续得电，主触头继续接通，电动机继续运行。最后导致的结果是点动不能停机。为了克服这一缺陷，可以采用图 7-5b 电路。

图 7-5b 中，点动控制时，按点动按钮 SB_3，接触器 KM 线圈通电，常开主触头闭合，电动机实现点动运行。连续运行时，按起动按钮 SB_2，中间继电器 KA 线圈通电，常开触头闭合，KA 线圈自锁，接触器 KM 线圈通电也自锁，电动机 M 实现连续运行。停止电动机时，则按下停止按钮 SB_1，这时中间继电器 KA 线圈断电，常开触头断开，接触器 KM 线圈断电，电动机 M 停转。图 7-5b 电路较复杂，元件也较多。

控制电路单独设置短路保护熔断器 FU_2。FU_2 可按两个线圈的额定电流之和选取。

点动按钮应选择黑色，连续运行按钮选择绿色按钮，停止按钮选择红色按钮。

2. 元件介绍

KA 为中间继电器，也是通过线圈得电控制多对触头，有常闭、常开多对触头。对于不同的控制电路，中间继电器的作用不同，通常有以下几种。

（1）代替小型接触器　中间继电器的触头具有一定的带负荷能力，当负载电流容量比较小时，可以代替小型接触器使用，比如电动卷闸门和一些小家电的控制。其优点是不仅起到控制的目的，而且可以节省空间，使电器的控制部分比较精致。

（2）增加触头数量　这是中间继电器最常见的作用。例如，在电路控制系统中，一个接触器的触头需要控制多个接触器或其他元件时，可以在电路中增加一个中间继电器。

（3）增加触头容量　中间继电器的触头容量虽然不是很大，但具有一定的带负载能力，同时其驱动电流很小，因此可以用中间继电器来扩大触头容量，比如，一般不能直接用感应开关、晶体管的输出去控制负载比较大的电器元件，而是在控制电路中使用中间继电器，通过中间继电器来控制其他负载，达到扩大控制容量的目的。

（4）转换触头类型　在工业控制电路中，常常会出现这样的情况：控制要求需要使用接触器的常闭触头才能达到控制目的，但是接触器本身所带的常闭触头已经用完，无法完成控制任务。这时，可以使用中间继电器和原来的接触器线圈并联，用中间继电器的常闭触头去控制相应的元件。

（5）用作开关　在一些控制电路中，一些电器元件的通断常常通过中间继电器的触头开、闭来控制。

（6）转换电压电流　比如控制系统输出信号为 DC 24V，但主电路负载使用 AC 220V 供电，可利用中间继电器把控制电路的低电压转换为主电路中的高电压，把控制电路中的小电流变换为主电路中的大电流。

3. 保护功能

（1）短路保护　短路保护通过熔断器 FU_1、FU_2 实现，分为主电路短路保护和控制电路短路保护，主要是保护电路不因短路发热燃烧、保护上一级开关不因电流过大而损坏。

（2）过载保护　过载保护通过热继电器 FR 实现。当负载过载或电动机断相运行时，热继电器 FR 动作，其常闭触头断开，将控制电路切断，接触器 KM 线圈断电，切断电动机主电路。

（3）欠电压、失电压保护　欠电压、失电压保护通过自锁环节来实现。当电源电压由于某种原因而严重欠电压或失电压时，接触器 KM 断电释放，电动机 M 停止转动。当电源电压恢复正常时，接触器线圈不会自动起动，只有再次按下起动按钮后，电动机才能起动。

五、正反转控制电路

在生产实际应用中，有的机械要求运动部件能正反两个方向运动，例如主轴正转与反转、机床工作台前进与后退、起重机上升与下降等。这就需要拖动生产机械的三相异步电动机能够实现正反转控制。前文已介绍，改变通入三相电动机的电源相序，就可以改变磁场的旋转方向，电动机转子转动方向随着改变，改变相序是通过对调接入三相电动机的任意两条电源线来实现的。

图 7-6 所示为电动机正反转控制电路。主电路采用了两个交流接触器，其中 KM_1 接触器控制正转，KM_2 接触器控制反转。当 KM_1 闭合时，L_1 相电源接到电动机 U 相绕组，L_2 相电源接到电动机 V 相绕组，L_3 相电源接到电动机 W 相绕组，即 $L_1 \rightarrow U$、$L_2 \rightarrow V$、$L_3 \rightarrow W$，实现正转；当 KM_2 闭合时，L_1 相电源接到电动机 W 相绕组，L_2 相电源接到电动机 V 相绕组，L_3 相电源接到电动机 U 相绕组，即 $L_1 \rightarrow W$、$L_2 \rightarrow V$、$L_3 \rightarrow U$，实现反转。

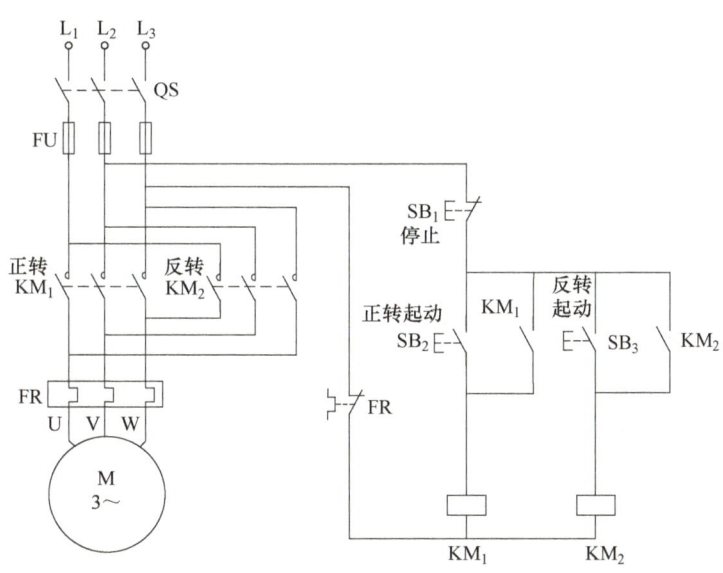

图 7-6　电动机正反转控制电路

控制电路工作原理：需要电动机正转时，按下正转起动按钮 SB_2，交流接触器 KM_1 线圈通电，其常开主触头闭合，电动机正转，同时常开辅助触头闭合实现自锁，松开 SB_2，电动机保持运行。需要反转时，先按下停止按钮 SB_1，接触器 KM_1 断电，常开主触头断开，电动机停止，再按下反转起动按钮 SB_3，交流接触器 KM_2 线圈通电，其常开主触头闭合，电动机 M 反转，同理 KM_2 自锁。

该控制电路存在两个问题：

1）KM_1 和 KM_2 任何情况下不能同时闭合，否则会造成 L_1 相和 L_3 相电源短路。如果使用者操作稍有不慎（正转没停止时即按反转按钮），即发生短路故障。故电路存在安全隐患，保护功能不完善。

2）需要改变电动机转向时，必须先停机后，再按反转起动按钮。这对要求电动机频繁改变旋转方向的生产机械来说，是很不方便的。

针对第一个问题，可以改进电路如图 7-7 所示，当电动机正转（或反转）时，KM_1（或 KM_2）互锁触头断开，反转（或正转）控制电路无法得电，也就是当电动机正转时，锁住反转电路，当电动机反转时，锁住正转电路。但是要想改变转向，仍必须先停机之后才能再起动另一个转向。这样的电路功能称为接触器互锁（或联锁）。图中用交流接触器的辅助常闭触头作为互锁触头。

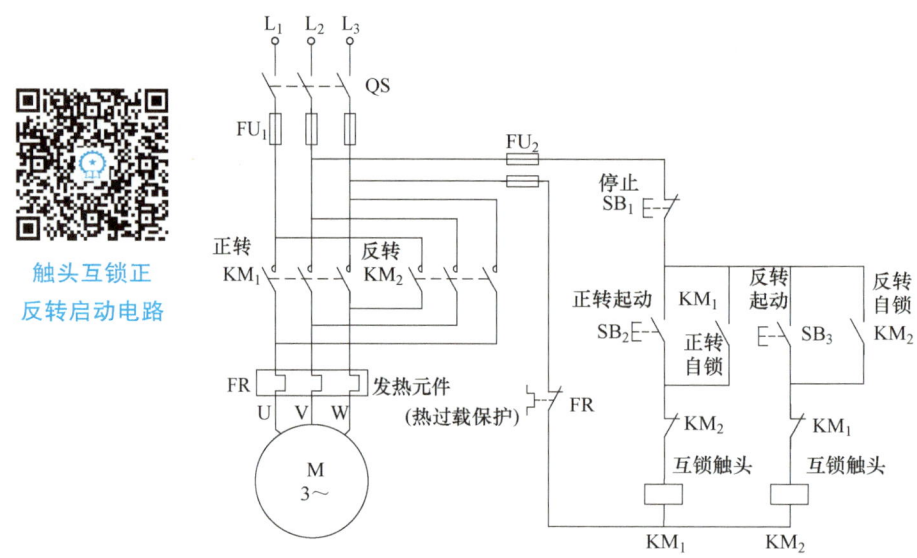

图 7-7 接触器互锁的正反转控制电路

为了实现不停机正反转切换，可参考图 7-8 电路，图中采用复合按钮实现正反转控制，构成了既有接触器互锁又有复合按钮互锁的双重互锁正反转控制电路。控制电路的工作过程利用了复合按钮先断后通的特点，如要求电动机由正转变为反转时，直接按反转起动按钮 SB_3，

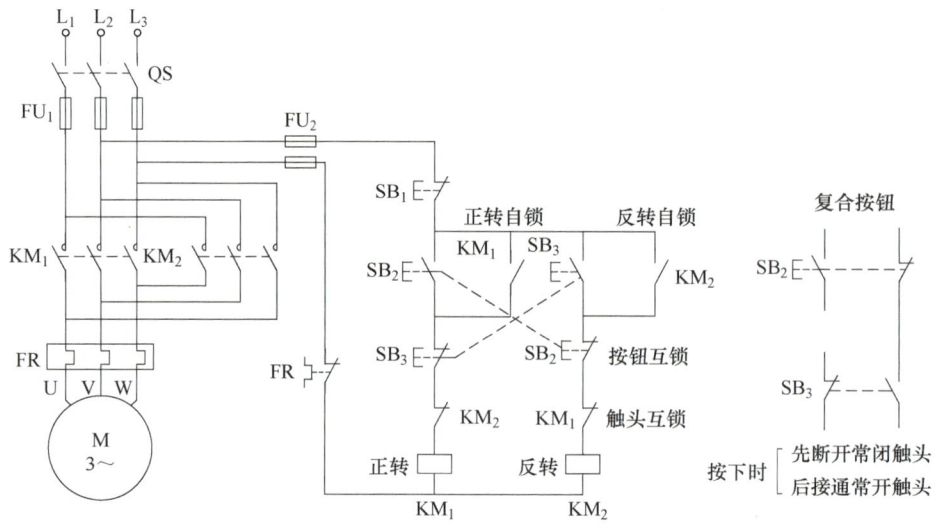

图 7-8 双重互锁的正反转控制电路

这时 SB₃ 的常闭触头先断开，接触器 KM₁ 线圈断电，然后 SB₃ 常开触头闭合，接触器 KM₂ 线圈通电，其常开主触头及自锁触头闭合，电动机开始反转。

这样的控制电路比较完善，既能实现正反转控制，又能保证安全可靠地工作，故应用非常广泛。

六、工作台自动往返控制电路

在生产应用上，有时需要电动机带动某一装置在一个固定区间内自动往返运行。自动往返运行时，不需要手动控制，当需要停止时，可随时执行。例如铣床的工作台，示意图如图 7-9 所示，三相电动机正转时带动工作台向右运行，反转时向左运行。ST 是行程开关，共有 4 个，左端两个，右端两个，安装在固定台架上，当工作台运动到左端时，挡铁碰撞 ST₂，随即电动机反转，带动工作台向右运动，当运动到最右端时，挡铁碰撞 ST₁，随即电动机正转，带动工作台向左运动，不断地在 ST₁、ST₂ 之间自动往返。

工作台自动
往返控制电路

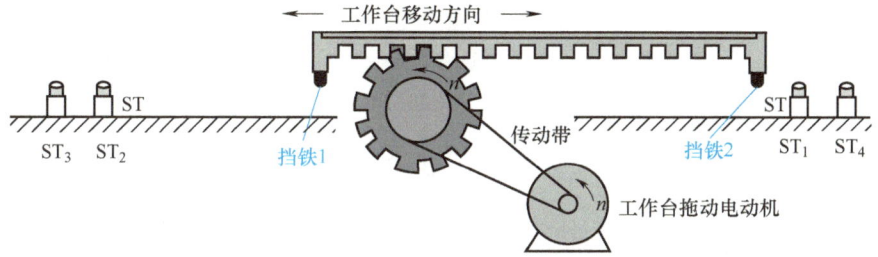

图 7-9 工作台自动往返示意图

行程开关又称为位置开关，属于动作型开关，结构原理如图 7-10，内部装有两对触头，一对常闭触头，一对常开触头，犹如一个复合按钮，当它受到碰撞时，开关发生动作。碰撞结束，在弹簧作用下，能恢复原状态。

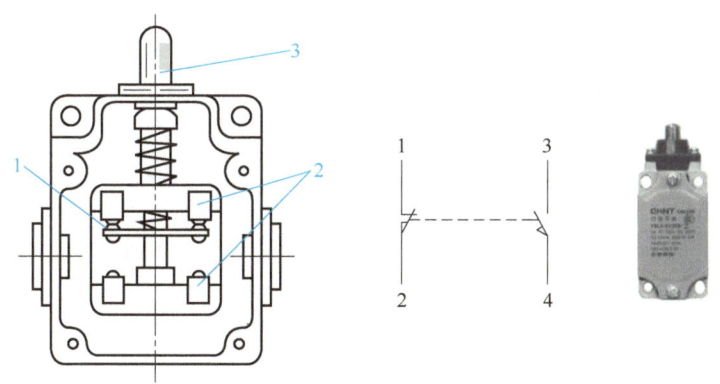

图 7-10 行程开关结构、图形符号及外形图
1—动触头 2—静触头 3—推杆

图 7-11 是工作台自动往返控制电路，最左端和最右端增加了行程开关 ST₃、ST₄，预防 ST₂、ST₁ 失灵而发生事故。有时需要工作台停在某一位置调整机具，故增加了中途停车按钮 SB₁、SB₃。开始时，可以根据需要选择先向左运动还是先向右运动，所以有向左或向右选择起动按钮。

其工作原理分析如下。闭合电源开关 QS，按下向左起动按钮 SB_2，接触器 KM_1 线圈通电，其常开主触头和自锁触头闭合，电动机开始正转，带动工作台向左移动。当工作台移动到一定位置，挡铁 1 压下行程开关 ST_2，其常闭触头断开，接触器 KM_1 断电释放，电动机正转停止。同时，ST_2 常开触头闭合，接触器 KM_2 线圈通电，其常开主触头和自锁触头闭合，电动机开始反转，带动工作台向右移动。当工作台移动到一定位置，挡铁 2 压下行程开关 ST_1，其常闭触头断开，接触器 KM_2 断电释放，电动机反转停止。同时，ST_1 常开触头闭合，接触器 KM_1 线圈通电，其常开主触头和自锁触头闭合，电动机又正转，带动工作台向左移动。这样周而复始，工作台不断自动往返移动。工作台的行程是通过改变撞块的位置来实现的。需要停车时，则可按下停止按钮 SB，接触器 KM_1 或 KM_2 断电释放。SB_1 和 SB_3 是控制向左或向右运动时，可中途停车的按钮。

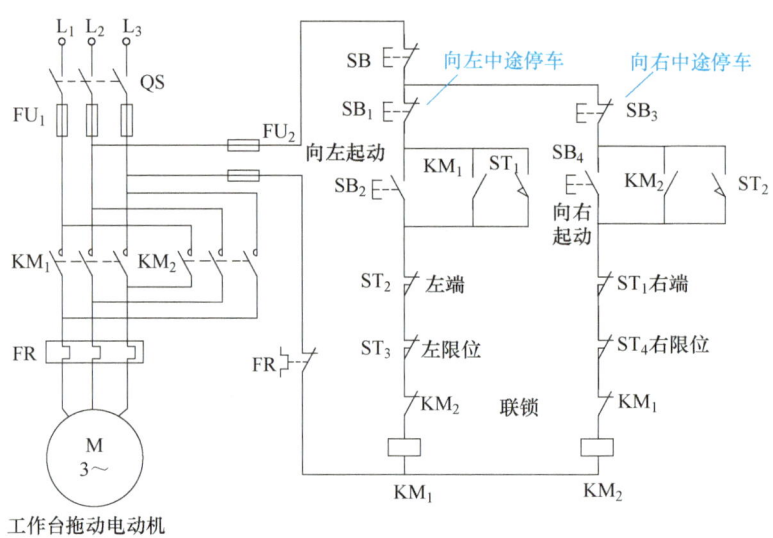

图 7-11　工作台自动往返控制电路

七、多台电动机联锁控制电路

一套生产机械可能有多台电动机，相互间的起动或停止有相互限制，如果起动时有限制，则称为起动联锁，如果停止先后有限制，则称为停机联锁，下面举例说明。

[例 7-1]　如图 7-12 所示，某一机械装置具有两台三相电动机 M_1 和 M_2，其中 M_1 是油泵驱动电动机，抽取油缸的润滑油提供给传动齿轮润滑，防止机具磨损，M_2 是单向运行的加工电动机，操作时，工人必须先起动油泵驱动电动机，待系统润滑正常后，再起动加工电动机。停机时，不能先停止油泵电动机 M_1，但可以同时停两台电动机。试设计两电动机的控制电路。

分析：电路可采用按钮操作控制，M_1 起动之后，接通 M_2 控制电路，才能起动 M_2。

工作过程：开始时，如果误按 SB_4，因 KM_1 常开辅助触头断开，KM_2 线圈无法得电，加工电动机无电不能起动，操作无效，起到保护作用；开始时，如果按下 SB_2，KM_1 线圈得电并自锁，KM_1 主触头闭合，油泵驱动电动机先起动润滑，之后再按下 SB_4，加工电动机开始加工。停机时，按下 SB_1，两电动机同时停止，如果按下 SB_3，则只有加工电动机停止。

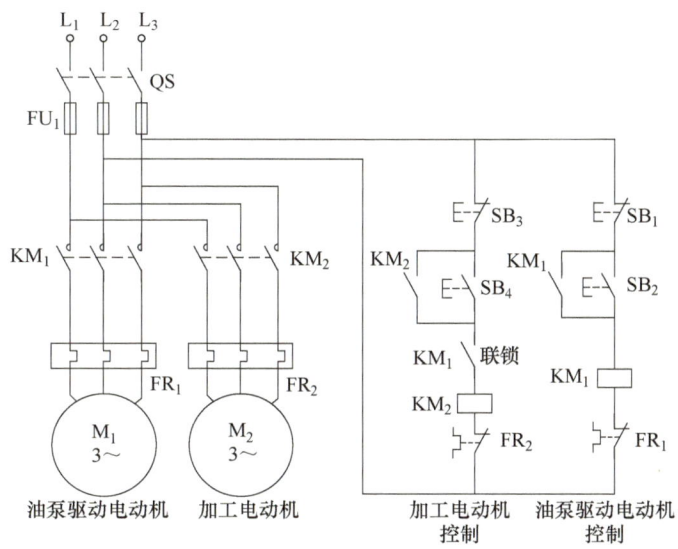

图 7-12 两台电动机顺序起动控制电路

[**例 7-2**] 图 7-13 是两台电动机控制工作台钻孔示意图,由两台三相电动机 M_1 和 M_2 控制,其中 M_1 是拖动工作台水平向左移动的电动机,M_2 是在工作台上的钻孔电动机。工作台移动时,不允许钻孔,钻孔时,工作台不能移动,否则会出事故。钻孔电动机由手动进给。试设计两电动机的控制电路。

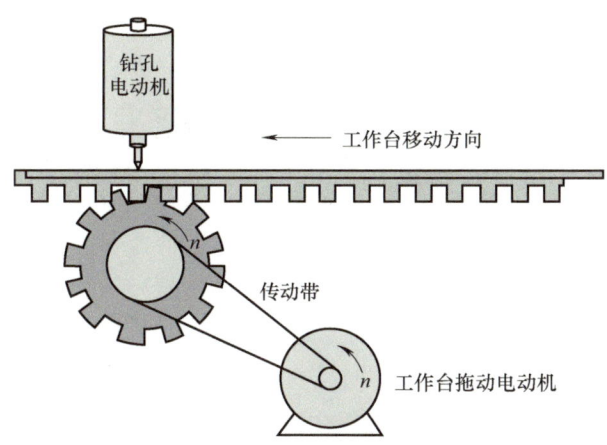

图 7-13 两台电动机控制工作台钻孔

分析:两台电动机不能同时运行,应设置联锁装置。电路设计如图 7-14 所示。
本例与单机正反转控制相类似,都用到联锁,不允许两个接触器同时得电。

[**例 7-3**] 两台电动机 M_1 和 M_2,控制电路要求:M_1 起动后,M_2 不能起动;但是 M_2 如果先起动,M_1 可以起动。试设计控制电路。

分析:M_1 起动后,联锁 M_2;但 M_2 起动后,不对 M_1 联锁。控制电路设计如图 7-15a 所示,电动机主电路如图 7-15c 所示。

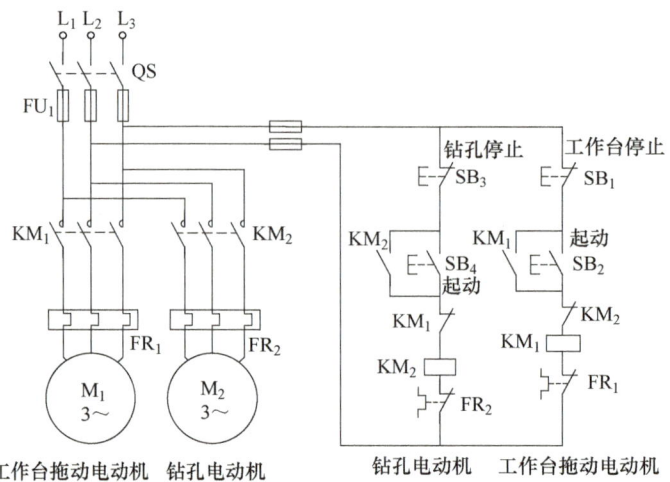

图 7-14 避免两台电动机同时工作电路

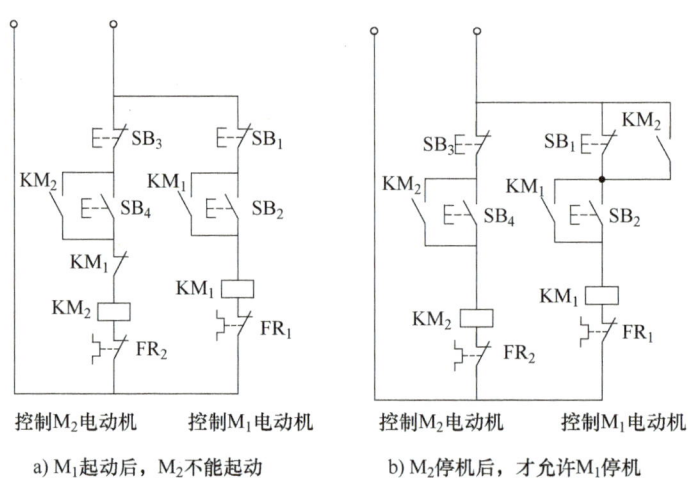

a) M_1 起动后，M_2 不能起动　　　b) M_2 停机后，才允许 M_1 停机

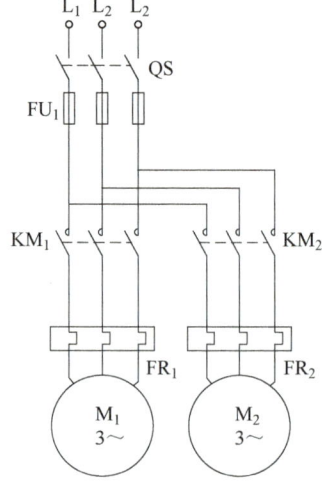

c) M_1、M_2 电动机主电路

图 7-15 起动联锁和停机联锁

[例 7-4] 两台电动机 M_1 和 M_2，当 M_2 停机后，才允许 M_1 停机，设计控制电路。

分析：本例是停机联锁应用，需要停机时，如果先按 M_1 停止按钮，则不起作用，可以将接触器 KM_2 的常开触头并联在 M_1 停止按钮的两端，当 M_2 运行时，KM_2 得电，将按钮短路，图 7-15b 是控制电路，图 7-15c 是 M_1、M_2 电动机主电路。

[例 7-5] 两台电动机 M_1 和 M_2，M_2 停机后，不允许 M_1 停机。试设计控制电路。

分析：要使 M_1 停止按钮失控，可以用短路停止按钮的办法实现。如图 7-16a 所示，两台电动机的主电路跟前一例的结构一样，如图 7-15c 所示。

[例 7-6] 多地控制起停一台电动机，试设计控制电路。

分析：起动按钮并联，不管按哪个，都能起动。停止按钮串联，不管按哪个，都可以断开控制电路，如图 7-16b 所示。

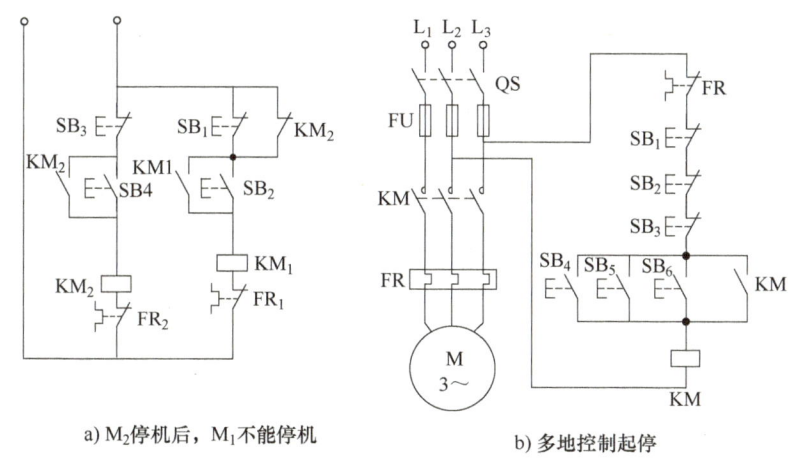

a) M_2 停机后，M_1 不能停机　　b) 多地控制起停

图 7-16　电路设计实例

学习过程与检测

1. 分析比较接触器辅助触头联锁电动机控制电路和按钮、接触器双重联锁电动机控制电路两种电路在使用中有哪些判别。参看图 7-7 和图 7-8 分析说明。

2. 分析图 7-12 两台电动机起动顺序控制电路中，热过载保护继电器的保护原理。

3. 手工绘制工作台自动往返控制电路图，符号参照教材中的标准符号绘制。

技能训练 1

完成表 7-1 的技能训练 1。

表 7-1　技能训练 1——安装简单的电动机控制电路

技能训练时间	_____年___月___日　星期___第___节　地点_____	
技能训练指导教师		
技能训练项目小组名单		人数
技能训练内容	安装简单的电动机控制电路	
技能训练设备及型号	技能训练元件清单见表 7-2	
技能训练工具	剥线钳（0.5~4.0mm²）、万用表、螺钉旋具（5mm×150mm）、指针式钳形电流表	

（续）

| 技能训练步骤 | 一、技能训练电路 1
1. 将两个三相断路器并排固定在基板上，电源进线端在上方
2. 用万用表检测断路器是否受到开关控制，然后按图 7-17 连接电路，使用 BLV 导线连接，预先断开 QF_1、QF_2
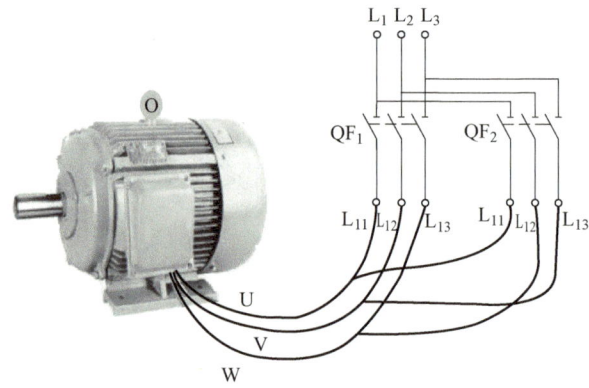
图 7-17　技能训练电路 1

3. 将钳形电流表卡入其中一根导线，准备检测电动机的电流，密切观察指针状态，然后闭合 QF_1，观察钳形电流表的最大摆动示数，记录下来，接着观察电动机转向。以同样方法起动电动机共三次，观察钳形电流表分别测出的三相电流的最大读数，即 I_{1M} = ＿＿＿＿　I_{2M} = ＿＿＿＿　I_{3M} = ＿＿＿＿

电动机空载电流是：＿＿＿＿
比较空载电流和起动电流的大小
4. 断开 QF_1，接通 QF_2，观察转轴转向，对比前一次的转向，有什么变化
5. 断开电源，拆除导线

二、技能训练电路 2
1. 将元件按照布局图 7-18 安装到基板上，用万用表检测交流接触器线圈电阻是不是在 1000Ω 左右；检测主触头和辅助触头是否通断自如；检测熔断器是否正常；检测热继电器是否正常
2. 按图 7-19 连接电路，使用 BLV 导线连接主电路，使用 RV 导线连接控制电路，SB 接黑色按钮

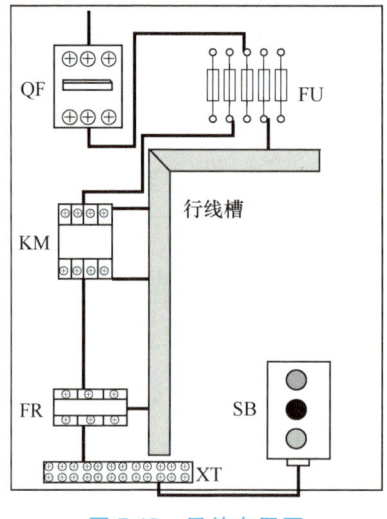　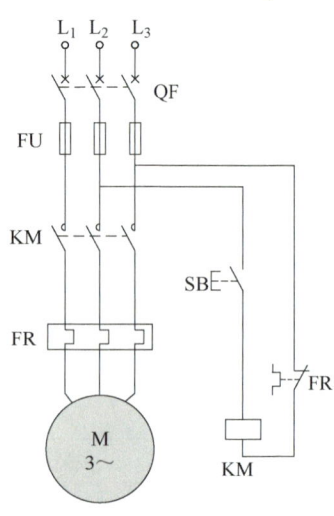
图 7-18　元件布局图　　　图 7-19　技能训练电路 2 |

(续)

技能训练步骤	3. 检查无误后上电，点按 SB，观察电动机起动是否正常 操作结束后收拾器材，拆除导线，打扫现场			
技能训练评价	执行力（技能训练效率）100%	团结协作力 100%	遵守现场秩序 100%	完成效果 100%
技能训练总结				

表 7-2 技能训练元件清单

序号	代号	名称/型号	数量
1	QF	三相断路器/DZ47-32/D16 3P	2 个
2	M	三相电动机/YS5024	1 台
3	KM	交流接触器/CJX2-09/380V	1 个
4	SB	按钮盒/NP2-E3001，三位，一开一闭	1 个
5	FR	热继电器/JRS1D-25	1 个
6	FU	熔断器/32A，配熔体 2A/RT18-32/2	3 个
7		2.5mm² 绝缘铝线/BLV，黄、绿、红三色	按需配置
8		0.75mm² 铜芯软线/RV	按需配置
9		1.5mm² 黄绿双色铜芯软线/RV	按需配置
10		四脚三相插头带引线	1 个
11		安装基板/50cm×60cm×2cm	1 块
12		安装固定螺钉	按需配置
13	XT	接线端子排/12 位	1 个

电工布线要求：

1）同类功能的导线尽量并排走，硬质线做到横平竖直。

2）一个接线点不能超过两根导线。

3）与板外连接的导线尽量经过接线排端子连接。按钮、行程开关、传感器等一般属于板外或移动式元件，它们进入电路板的线需经过接线排端子连接。

4）控制电路一般使用软导线，并沿线槽布局。

技能训练 2

完成表 7-3 的技能训练 2。

表 7-3　技能训练 2——安装电动机连续运行控制电路

技能训练时间	_____年___月___日　星期___第___节　地点_____
技能训练指导教师	
技能训练项目小组名单	人数
技能训练内容	安装电动机连续运行控制电路
技能训练设备及型号	技能训练元件清单见表 7-4
技能训练工具	剥线钳（0.5~4.0mm²）、万用表、螺钉旋具（5mm×150mm）
技能训练步骤	1. 按元件布局图将元件固定在基板上（见图 7-20） 2. 用万用表检测断路器进出线端是否受控，用万用表检测交流接触器线圈电阻是不是在 1000Ω 左右；检测主触头和辅助触头是否通断自如；检测熔断器是否正常；检测热继电器是否正常 3. 按图 7-21 进行电路连接，使用 BLV 导线连接主电路，使用 RV 导线连接控制电路，SB_1 接红色按钮，SB_2 接绿色按钮 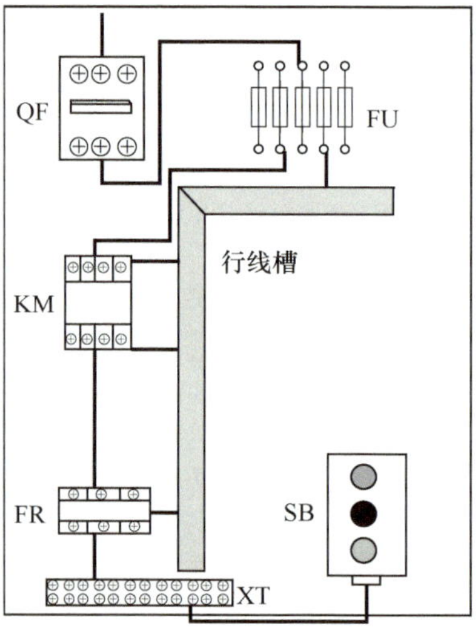 图 7-20　元件布局图 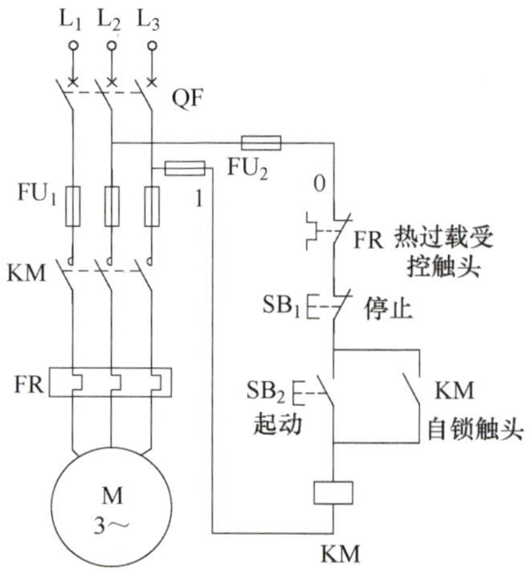　　　　图 7-21　技能训练电路 4. 使用万用表欧姆档，两表笔搭接 0—1，按下 SB_2，若万用表显示读数为线圈的电阻，说明没有短路故障 5. 检查无误后上电，按下 SB_2，观察电动机起动是否正常，松开 SB_2，电动机应该继续保持转动。与点动控制电路对比异同。按下 SB_1 停机 6. 试机完毕，先断电，经教师评价后再拆线 操作结束后收拾器材，打扫现场
技能训练评价	执行力（技能训练效率）100%　｜　团结协作力 100%　｜　遵守现场秩序 100%　｜　完成效果 100%
技能训练总结	

表 7-4 技能训练元件清单

序号	代号	名称/型号	数量
1	QF	三相断路器/DZ47-32/D16 3P	1个
2	M	三相电动机/YS5024	1台
3	KM	交流接触器/CJX2-09/380V	1个
4	SB_1、SB_2	按钮盒/NP2-E3001，三位，一开一闭	2个
5	FR	热继电器/JRS1D-25	1个
6	FU_1、FU_2	熔断器/32A，配熔体 2A/RT18-32/2	5个
7		2.5mm^2 绝缘铝线/BLV，黄、绿、红三色	按需配置
8		0.75mm^2 铜芯软线/RV	按需配置
9		1.5mm^2 黄绿双色铜芯软线/RV	按需配置
10		四脚三相插头带引线	1个
11		安装基板/50cm×60cm×2cm	1块
12	XT	接线端子排/12位	1个

技能训练 3

完成表 7-5 的技能训练 3。

表 7-5 技能训练 3——安装电动机点动与连续运行混合控制电路

技能训练时间	_____年___月___日　星期____第____节　地点_____	
技能训练指导教师		
技能训练项目小组名单		人数
技能训练内容	安装电动机点动与连续运行混合控制电路	
技能训练设备及型号	技能训练元件清单见表 7-6	
技能训练工具	剥线钳（0.5~4.0mm^2）、万用表、螺钉旋具（5mm×150mm）	
技能训练步骤	1. 按元件布局图将元件固定在基板上（见图 7-22） 2. 用万用表检测断路器进出线端是否受控，用万用表检测交流接触器线圈电阻是否在 1000Ω 左右；检测主触头和辅助触头是否通断自如；检测熔断器是否正常；检测热继电器是否正常 3. 按图 7-23 连接电路，使用 BLV 导线连接主电路，使用 RV 导线连接控制电路，SB_1 接红色按钮，SB_2 接绿色按钮，SB_3 接黑色按钮 4. 使用万用表欧姆档两表笔搭接 0—1，分别按下 SB_2、SB_3，若万用表显示读数两次均为线圈的电阻，说明没有短路故障 5. 检查无误后上电，按下 SB_2，观察电动机起动是否正常，松开 SB_2，电动机应该继续保持转动。按 SB_1 停机。按下 SB_3，进行对电动机点动起动和停机 操作结束后收拾器材，打扫现场	

(续)

技能训练步骤	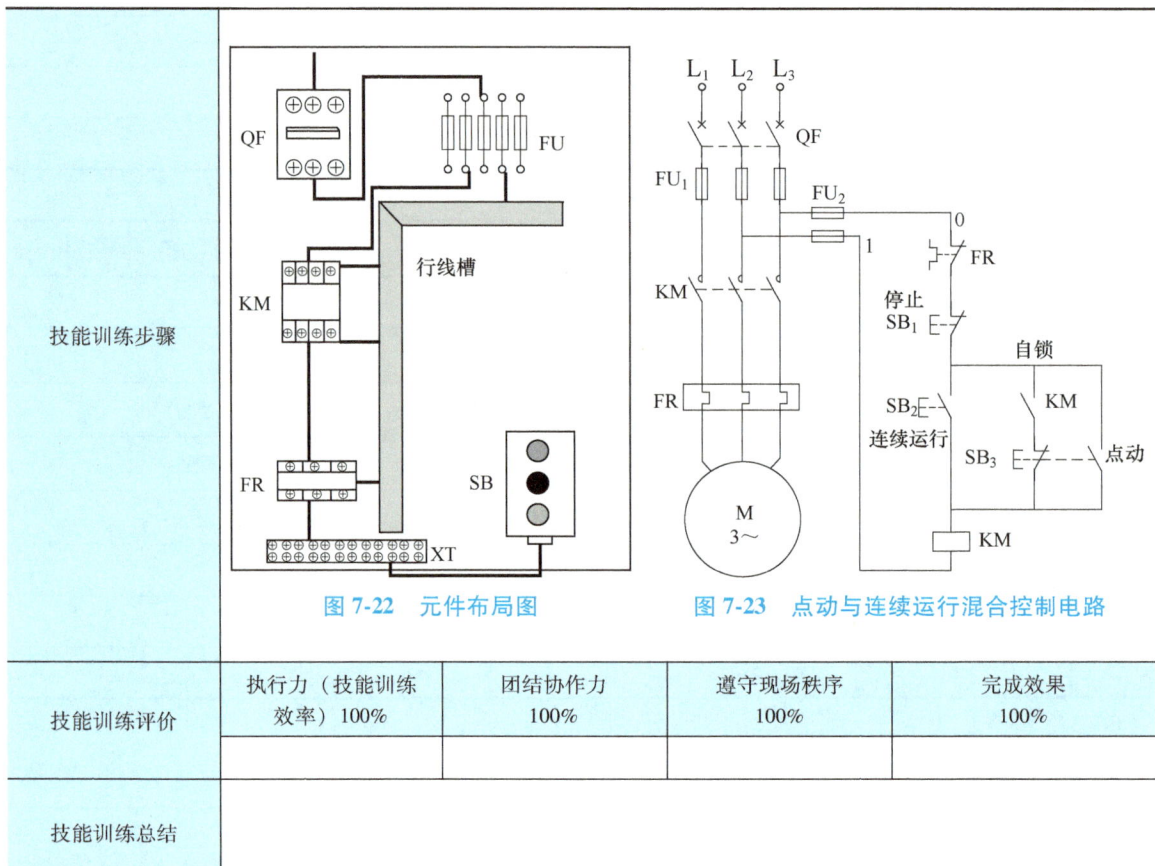 图 7-22 元件布局图 　　　图 7-23 点动与连续运行混合控制电路			
技能训练评价	执行力（技能训练效率）100%	团结协作力 100%	遵守现场秩序 100%	完成效果 100%
技能训练总结				

表 7-6 技能训练元件清单

序号	代号	名称/型号	数量
1	QF	三相断路器/DZ47-32/D16 3P	1个
2	M	三相电动机/YS5024	1台
3	KM	交流接触器/CJX2-09/380V	1个
4	$SB_1 \sim SB_3$	按钮盒/NP2-E3001，三位，一开一闭	3个
5	FR	热继电器/JRS1D-25	1个
6	FU_1、FU_2	熔断器/32A，配熔体 2A/RT18-32/2	5个
7		$2.5mm^2$ 绝缘铝线/BLV，黄、绿、红三色	按需配置
8		$0.75mm^2$ 铜芯软线/RV	按需配置
9		$1.5mm^2$ 黄绿双色铜芯软线/RV	按需配置
10		四脚三相插头带引线	1个
11		安装基板/50cm×60cm×2cm	1块
12	XT	接线端子排/12 位	1个

技能训练 4

完成表 7-7 的技能训练 4。

表 7-7　技能训练 4——安装接触器互锁的电动机正反转控制电路

技能训练时间	＿＿＿＿年＿＿月＿＿日　星期＿＿第＿＿节　地点＿＿＿＿＿＿＿＿＿＿	
技能训练指导教师		
技能训练项目小组名单		人数
技能训练内容	安装接触器互锁的电动机正反转控制电路	
技能训练设备及型号	技能训练元件清单见表 7-8	
技能训练工具	剥线钳（0.5~4.0mm²）、万用表、螺钉旋具（5mm×150mm）	
技能训练步骤	1. 按元件布局图将元件固定在基板上（见图 7-24） 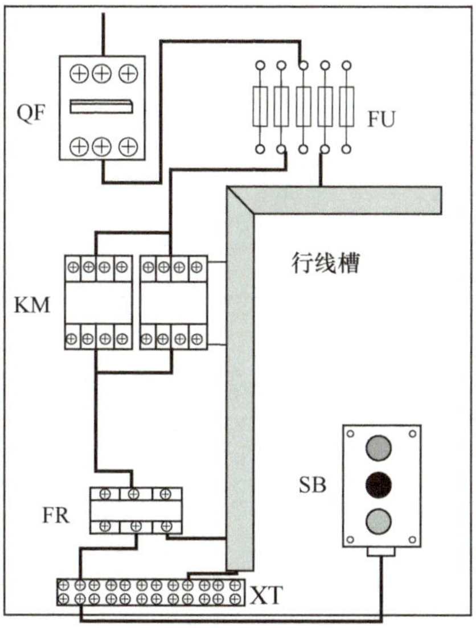 图 7-24　元件布局图 2. 用万用表检测断路器进出线端是否受控，用万用表检测交流接触器线圈电阻是不是在 1000Ω 左右；检测主触头和辅助触头是否通断自如；检测熔断器是否正常；检测热继电器是否正常 3. 按图 7-25 连接电路，使用 BLV 导线连接主电路，使用 RV 导线连接控制电路，控制电路导线放入线槽布线，SB_1 接红色按钮，SB_2 接绿色按钮，SB_3 接黑色按钮 4. 使用万用表欧姆档，两表笔搭接 0—1，分别按下 SB_2、SB_3，若万用表显示读数两次均为线圈的电阻，说明没有短路故障 5. 经教师检查无误后方可连接三相电源，上电调试 6. 清理好工作台，上电前提醒同组人员注意。通电时，需教师在现场监护 7. 上电按下 SB_2，观察电动机是否正转起动正常，按下 SB_1 后再按 SB_3，电动机应能反转 8. 试机完毕，先断电，经教师评价后再拆线 操作结束后收拾器材，打扫现场	

（续）

技能训练步骤	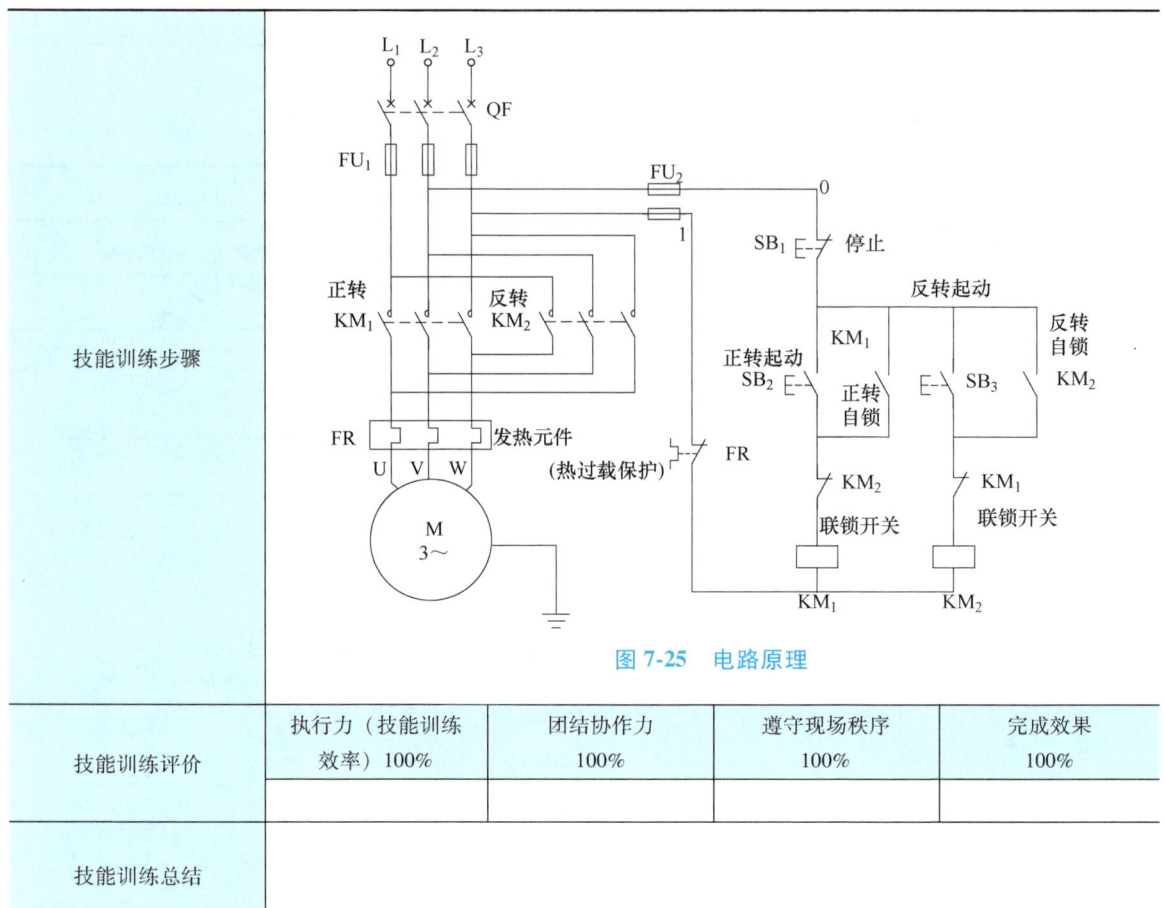 图 7-25 电路原理			
技能训练评价	执行力（技能训练效率）100%	团结协作力 100%	遵守现场秩序 100%	完成效果 100%
技能训练总结				

表 7-8 技能训练元件清单

序号	代号	名称/型号	数量
1	QF	三相断路器/DZ47-32/D16 3P	1个
2	M	三相电动机/YS5024	1台
3	KM_1、KM_2	交流接触器/CJX2-09/380V	2个
4	$SB_1 \sim SB_3$	按钮盒/NP2-E3001，三位，一开一闭	3个
5	FR	热继电器/JRS1D-25	1个
6	FU_1、FU_2	熔断器/32A，配熔体 2A/RT18-32/2	5个
7		2.5mm² 绝缘铝线/BLV，黄、绿、红三色	按需配置
8		0.75mm² 铜芯软线/RV	按需配置
9		1.5mm² 黄绿双色铜芯软线/RV	按需配置
10		四脚三相插头带引线	1个
11		安装基板/50cm×60cm×2cm	1块
12		安装固定螺钉	按需配置
13	XT	接线端子排/12位	1个

技能训练 5

完成表 7-9 的技能训练 5。

表 7-9　技能训练 5——安装工作台自动往返控制电路

技能训练时间	_____年___月___日　星期___第___节　地点_____		
技能训练指导教师			
技能训练项目小组名单		人数	
技能训练内容	安装工作台自动往返控制电路		
技能训练设备及型号	技能训练元件清单见表 7-10		
技能训练工具	剥线钳（0.5~4.0mm^2）、万用表、螺钉旋具（5mm×150mm）		
技能训练步骤	1. 按元件布局图将元件固定在基板上（见图 7-26） 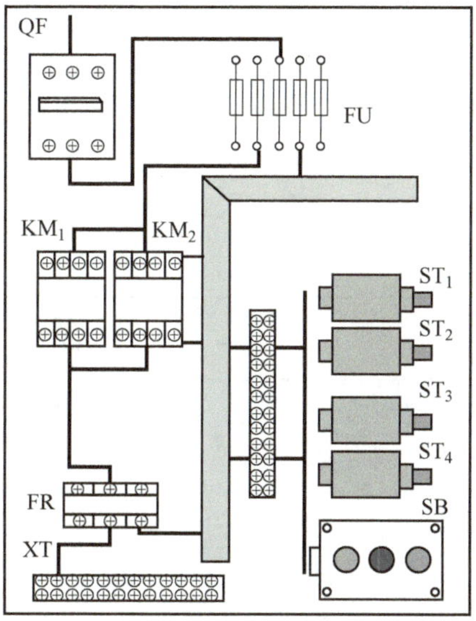 图 7-26　元件布局图 2. 用万用表检测断路器进出线端是否受控，用万用表检测交流接触器线圈电阻是不是在 1000Ω 左右；检测主触头和辅助触头是否通断自如；检测熔断器是否正常；检测热继电器是否正常 3. 按图 7-27 连接电路，使用 BLV 导线连接主电路，使用 RV 导线连接控制电路，控制电路导线放入线槽布线，SB_1 接红色按钮，SB_2 接绿色按钮。SB_3 接黑色按钮 4. 使用万用表欧姆档，两表笔搭接 0—1，分别按下 SB_2、SB_3，若万用表显示读数两次均为线圈的电阻，说明没有短路故障 5. 经教师检查无误后方可连接三相电源，上电调试 6. 清理好工作台，上电前提醒同组人员注意。通电时，需教师在现场监护 7. 上电按 SB_2，观察电动机是否正转起动正常，按 SB_1 后再按 SB_3，电动机应反转；不需停机，按 ST_1 或 ST_2，均应实现反向控制；开机状态下，按 ST_3 或 ST_4，均能停机 8. 试机完毕，先断电，经教师评价后再拆线 操作结束后收拾器材，打扫现场		

（续）

技能训练步骤	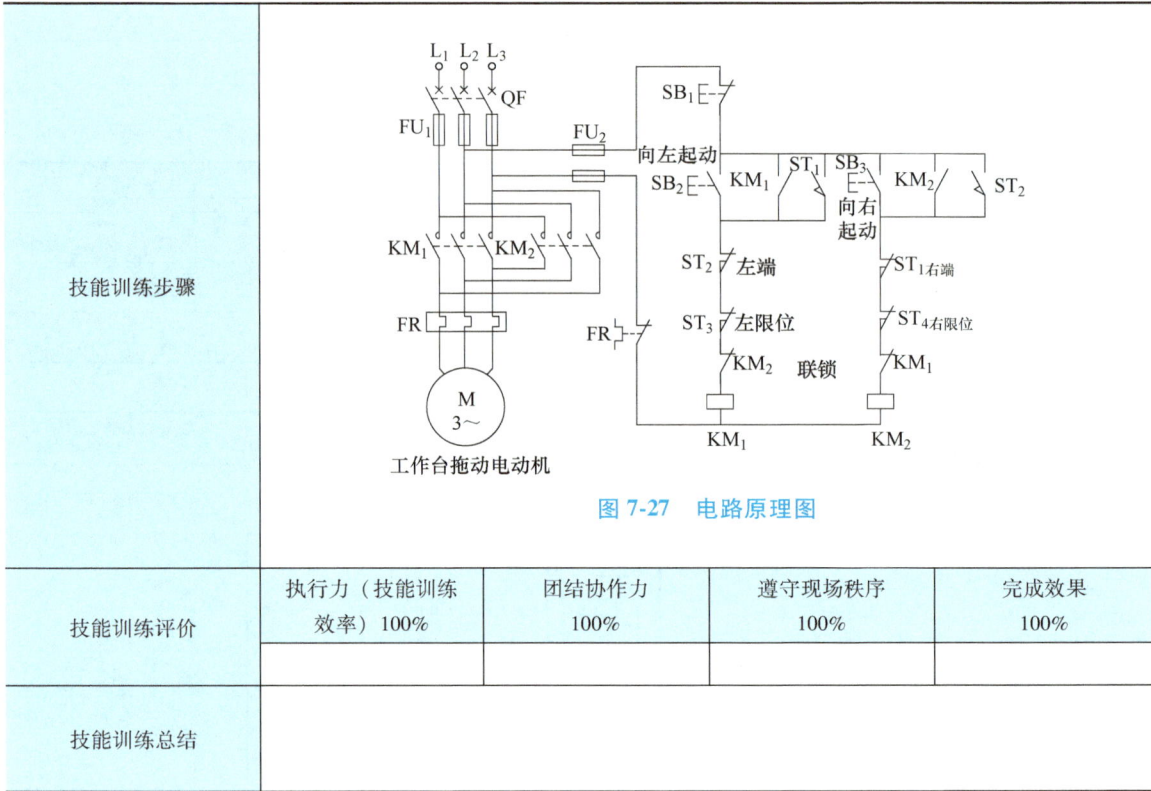 图 7-27 电路原理图				
技能训练评价	执行力（技能训练效率）100%	团结协作力 100%	遵守现场秩序 100%	完成效果 100%	
技能训练总结					

表 7-10 技能训练元件清单

序号	代 号	名称/型号	数 量
1	QF	三相断路器/DZ47-32/D16 3P	1个
2	M	三相电动机/YS5024	1台
3	KM_1、KM_2	交流接触器/CJX2-09/380V	2个
4	$SB_1 \sim SB_3$	按钮盒/NP2-E3001，三位，一开一闭	3个
5	FR	热继电器/JRS1D-25	1个
6	FU_1、FU_2	熔断器/32A，配熔体 2A/RT18-32/2	5个
7		2.5mm² 绝缘铝线/BLV，黄、绿、红三色	按需配置
8		0.75mm² 铜芯软线/RV	按需配置
9		1.5mm² 黄绿双色铜芯软线/RV	按需配置
10		四脚三相插头带引线	1个
11		安装基板/50cm×60cm×2cm	1块
12	XT	接线端子排/12 位	2个
13	$ST_1 \sim ST_4$	撞击式行程开关	4个
14		安装固定螺钉	按需配置

技能训练 6

完成表 7-11 的技能训练 6。

表 7-11　技能训练 6——电路控制设计与安装

技能训练时间	_____年___月___日　星期___第___节　地点_____			
技能训练指导教师				
技能训练项目小组名单			人数	
技能训练内容	设计并安装三相电动机控制电路 某机床主轴由一台异步电动机拖动，液压泵由另一台异步电动机拖动。要求： （1）主轴必须在液压泵起动后，才能起动 （2）主轴正常为正向运行，但为了调试方便，应能正反点动 （3）主轴停止后，才允许液压泵停止 （4）电动机有过载保护、短路保护、欠电压和失电压保护、防误操作保护			
技能训练设备及型号	技能训练元件清单见表 7-12			
技能训练工具	万用表、剥线钳、螺钉旋具			
技能训练步骤	1. 按技能训练题目要求设计绘制电路原理图 2. 检查元件，并将元件固定在基板上 3. 按电路原理图连接电路，使用 BLV 导线连接主电路，使用 RV 导线连接控制电路，控制电路导线放入线槽布线 4. 检查电路是否有短路，经教师检查无误后方可连接三相电源，上电调试 5. 清理好工作台，上电前提醒同组人员注意。通电时，需教师在现场监护 试机完毕，先断电，经教师评价后再拆线。收拾器材，打扫现场			
技能训练评价	执行力（技能训练效率）100%	团结协作力 100%	遵守现场秩序 100%	完成效果 100%
技能训练总结				

表 7-12　技能训练元件清单

序号	代号	名称/型号	数量
1	QF	三相断路器/DZ47-32/D16　3P	1 个
2	M	三相电动机/YS5024	2 台
3	KM	交流接触器/CJX2-09/380V	5 个
4	SB	按钮盒/NP2-E3001，三位，一开一闭	2 个
5	FR	热继电器/JRS1D-25	1 个
6	FU	熔断器/32A，配熔体 5A 和 2A/RT18-32/5/2	8 个
7		2.5mm² 绝缘铝线/BLV，黄、绿、红三色	按需配置
8		0.75mm² 铜芯软线/RV	按需配置
9		1.5mm² 黄绿双色铜芯软线/RV	按需配置
10		四脚三相插头带引线	1 个

（续）

序号	代　号	名称/型号	数　　量
11		安装基板/50cm×60cm×2cm	1块
12		安装固定螺钉	按需配置
13	XT	接线端子排/TB1510	2个
14		30mm×25mm 行线槽/TC3025	1m

评价与分析

完成表 7-13 的评价与分析。

表 7-13　评价与分析

班级		姓名		日期	
序号	评 价 要 点		配分	得分	总评
1	完成技能训练项目1		10		A≥90 80≤B<90 60≤C<80 D<60
2	完成技能训练项目2		10		
3	完成技能训练项目3		10		
4	完成技能训练项目4		10		
5	完成技能训练项目5		10		
6	完成技能训练项目6		10		
7	没有迟到早退		10		
8	爱护设备		10		
9	学习态度端正		10		
10	与同学团结合作良好		5		
11	具备职业素养及安全意识		5		
学习小结与建议					

学习活动二　学习三相异步电动机减压起动控制电路

本学习活动配有微视频《星—三角形起动控制电路》，读者可观看视频学习。

 学习目标

1. 能利用时间继电器实现电动机星—三角减压起动控制电路的安装与调试，完成技能训练项目。
2. 掌握自耦变压器减压起动工作原理。

建议4学时。

一、时间继电器自动控制Y-△减压起动控制电路

（1）适用范围　绕组采用△联结运行的三相异步电动机。

（2）减压起动原理　起动的初始阶段，绕组接成星形（Y），用时间继电器定时 ns 后，绕组接成三角形（△）。期间通过交流接触器转换。

（3）减压起动效果　每相绕组起动电流降为三角形联结的1/3，提高了电路安全性。

（4）起动过程工作原理分析　依据电路图7-28分析如下。

1）电动机Y联结减压起动。

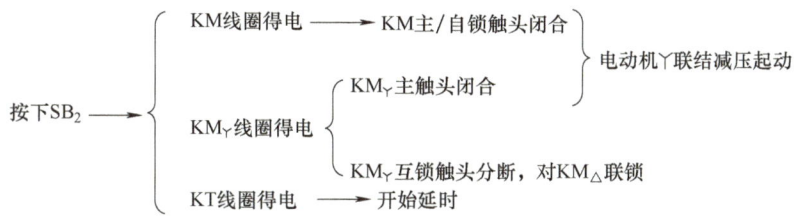

2）电动机△联结全压运行。

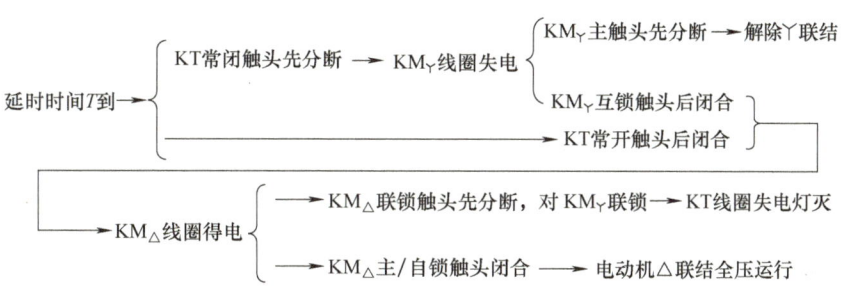

3）停止。

按下SB_1 ⟶ KM、$KM_△$线圈失电 ⟶ KM、$KM_△$所有触头复位 ⟶ M失电停转

（5）认识时间继电器

1）时间继电器作用：计时开始后，延时接通或断开自身的触头，工作于较低电压或较小电流的电路上，用来接通或切断控制电路。

2）主要结构：线圈及相关延时装置、常开/常闭触头。

3）种类和对应符号：

① 通电延时型：图7-29a 为通电延时型，当线圈获电之后即开始延时，延时结束后，时间继电器上的延时触头开始发生动作，常开触头闭合，常闭触头断开。有的时间继电器增加有瞬时触头，当线圈通电时，瞬时触头即刻动作，没有延时过程。

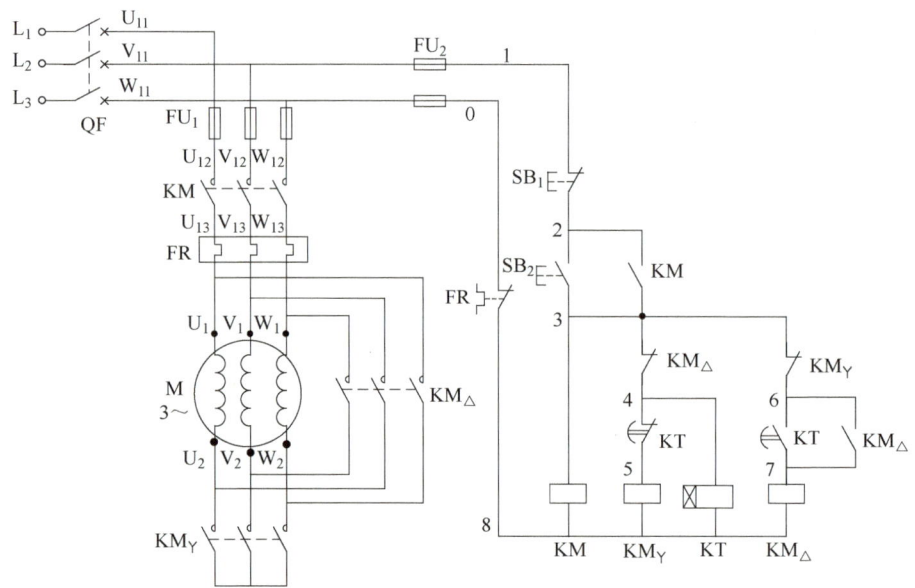

图 7-28 时间继电器自动控制 Y-△ 减压起动控制电路

② 断电延时型：图 7-29b 为断电延时型，当线圈获电之后不进行延时，时间继电器上的触头开始发生动作，常开触头闭合，常闭触头断开，也就是通电即时反应。之后保持这种状态。只有当时间继电器线圈断电瞬间，才开始延时。延时时间结束之后，常开触头断开，常闭触头闭合，恢复原状态。

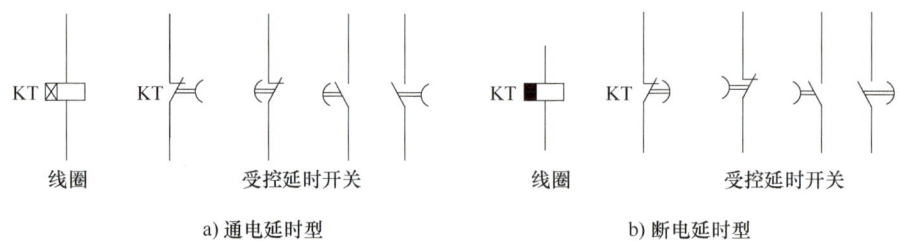

a) 通电延时型　　　　　　　　　b) 断电延时型

图 7-29 两种时间继电器图形符号

时间继电器的延时时间可以在本身器件上进行调整，叫作整定。不同类型的时间继电器，时间调节范围不相同，触头数量也不相同，时间整定的精度也有差异，一般电子式时间断电器比机械式时间继电器精度要高。但是实践发现，依靠阻容定时控制的时间断电器，放置时间久后，定时精度也很容易下降。

不同的时间继电器线圈额定电压有多种，应根据工作环境选择匹配的类型。在选择时间继电器时，应注意电压和触头数量是否满足要求。

4）JSZ3A 型电子式时间继电器：JSZ3A 型电子式时间继电器如图 7-30 所示，利用延时电路延时，属于通电延时型，体积小，精度高，应用广泛。

该型时间继电器具有 4 个量程，在调节面板上有量程调节孔，按外壳上的图示进行调节，可选择"1S""10S""30S""6M"共 4 个设置模式。最上面的旋钮是时间细调，度部有 8 个电路引脚，引脚标有号码，有专用安装底座，底座也有 8 个插孔，每个孔有接线端，分两边排列，外引线接在底座上。继电器外面有接线图，按图接线使用。

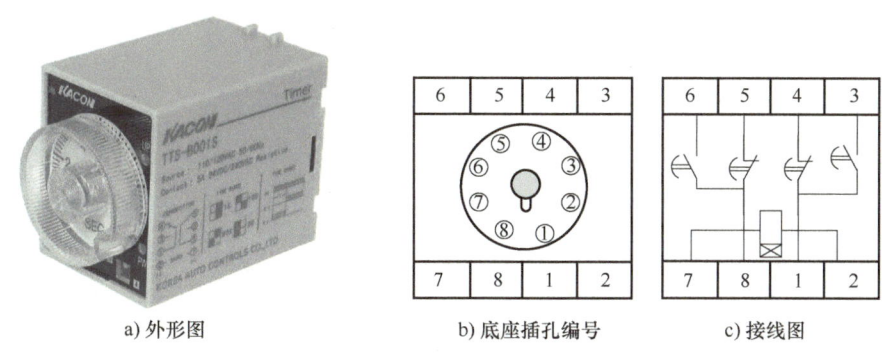

a) 外形图　　　　b) 底座插孔编号　　　　c) 接线图

图 7-30　JSZ3A 型电子式时间继电器

使用时，2~7 脚接交流电源电压，红色指示灯（POWER）即亮，开始延时。另一个红色指示灯（UP）亮起表明延时结束。开关触头与线圈 2、7 脚之间没有电气上的相互联系。

5）时间继电器型号含义：图 7-31 为 JSZ3A 型电子式时间继电器型号含义。

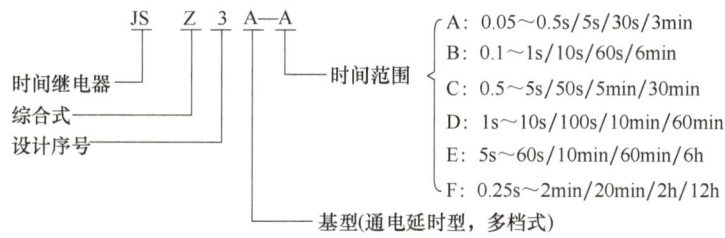

图 7-31　JSZ3A 型电子式时间继电器型号含义

二、自耦变压器减压起动控制电路

对于较大功率的三相异步电动机，例如 14~100kW 的三相异步电动机，宜进行减压起动，可采用减压变压器（通常是自耦变压器）将电源电压降低之后通入三相异步电动机，可减小起动电流。起动完毕，要切除变压器电源。图 7-32 是两款三相自耦变压器。

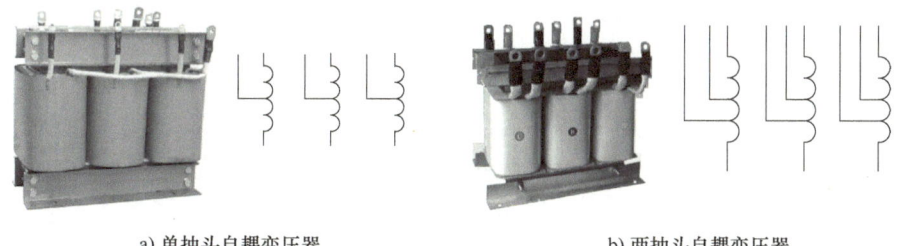

a) 单抽头自耦变压器　　　　b) 两抽头自耦变压器

图 7-32　三相自耦变压器

自耦变压器减压起动控制电路如图 7-33 所示。

工作原理如下：闭合电源开关 QF，按下起动按钮 SB_2，接触器 KM_1 线圈通电，其常开主触头和辅助触头闭合，接触器 KM_2 线圈通电，常开主触头和自锁触头闭合，自耦变压器接入定子绕组，电动机开始减压起动。KM_2 线圈通电后，时间继电器 KT 线圈也通电，经过一段延时后，KT 延时断开的常闭触头断开，使接触器 KM_1 断电；延时闭合的常开触头闭合，使接触器 KM_3 线圈通电，KM_3 常闭辅助触头断开，使接触器 KM_2 断电释放，切除自耦变压器，而

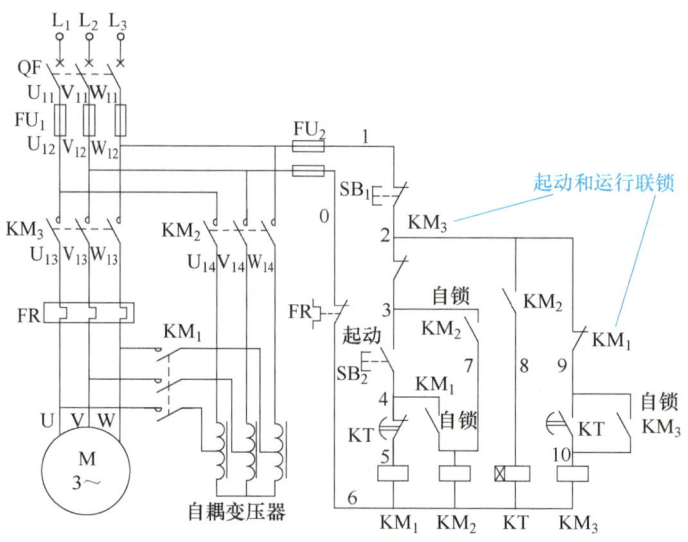

图 7-33 自耦变压器减压起动控制电路

KM$_3$ 常开主触头和自锁触头闭合，电动机进入全压正常运行，电动机运行时，如果按 SB$_2$，无效，电路不起作用，可避免再次接入自耦变压器，因此电路具有防误操作联锁功能，停车时，只需按下停止按钮 SB$_1$。

三、三相绕线转子异步电动机的起动控制电路

三相绕线转子异步电动机起动性能与调速性能比笼型异步电动机较优，但它的结构比较复杂，价格也较贵。转子上有三相绕组，接成星形联结，三相绕组分别接到三个集电环上，集电环固定在转轴上，与转轴同心，随转子旋转，三个电刷固定在机壳上，分别压在集电环上，电刷引线接到电动机外部，连接外部的电路，一般接有起动电阻，电阻接成星形联结，如图 7-34 所示。

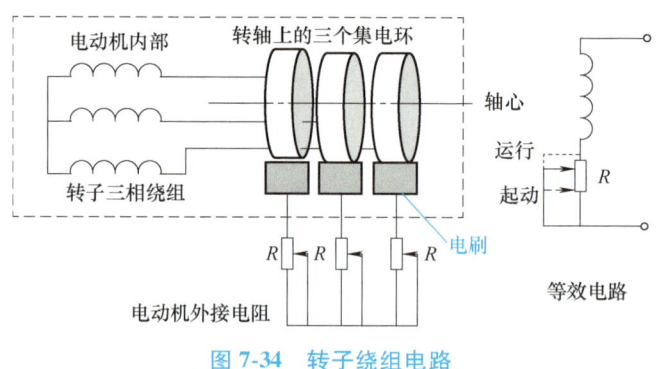

图 7-34 转子绕组电路

绕线转子异步电动机跟同功率的笼型转子电动机相比较，有以下特点。

1) 全压起动时，如果绕线转子异步电动机的绕组不串联电阻，绕线转子异步电动机起动转矩会较大，这是因为绕线转子匝数较笼型转子多，转子绕组感应电动势较高，电流较大，电磁力矩较大。

2) 为了减小起动电流，绕线转子能较方便地串联外接电阻，以减小转子绕组电流，相当

于变压器空载或轻载时的一次电流。而笼型电动机则不能这么做。

3）绕线转子串联电阻后，可以降低转速，串联电阻越大，转速转慢（若转子绕组开路，转子转速为零）。这是因为串联电阻后，电动机的转差率增大，电动机转速下降，即

$$n = n_0(1-s)$$

图 7-34 右边为转子绕组等效电路，电动机在起动或需要减速时，转子绕组串联电阻。图 7-35 是转子绕组串联电阻起动控制电路。转子绕组等效电路如图 7-36 所示。

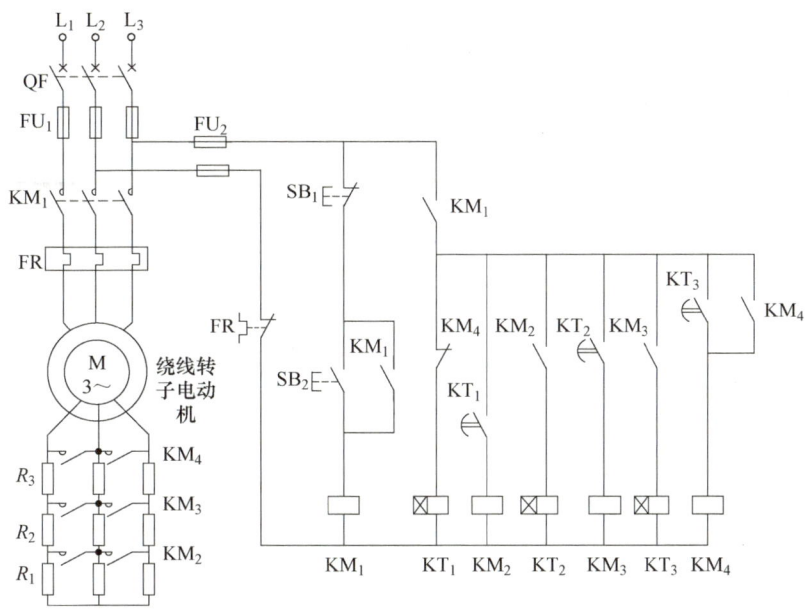

图 7-35　时间继电器控制转子绕组串联电阻起动控制电路

基本原理是刚起动时，串联的电阻较大，随着转速的提高，分级减小外接电阻，采用时间继电器分三级自动切除电阻的控制方式，起动完毕，全部切除所有的外接电阻，并将转子绕组短路，形成封闭回路。

主电路过程如下：KM_1 闭合→KT_1 延时后闭合 KM_2→KT_2 延时后闭合 KM_3→KT_3 延时后闭合 KM_4→起动完毕。

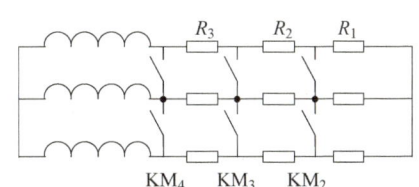

图 7-36　转子绕组等效电路

控制电路工作过程：闭合电源开关 QF，按下起动按钮 SB_2，接触器 KM_1 线圈通电，其常开主触头和自锁触头闭合，电动机在转子串入全部电阻的情况下起动。KM_1 线圈通电后，时间继电器 KT_1 线圈也通电，经过一段延时后，KT_1 延时闭合的常开触头闭合，使接触器 KM_2 线圈通电，其常开主触头闭合，切断起动电阻 R_1。KM_2 线圈通电后，时间继电器 KT_2 线圈也通电，经过一段延时后，KT_2 延时闭合的常开触头闭合，使接触器 KM_3 线圈通电，其常开主触头闭合，切断起动电阻 R_2。同样，KM_3 线圈通电后，时间继电器 KT_3 也通电，经过一段延时后，KT_3 延时闭合的常开触头闭合，使接触器 KM_4 线圈通电，其常开主触头闭合，切断全部起动电阻，同时，KM_4 常闭触头断开，使时间继电器 KT_1 断电释放，接触器 KM_2、时间继电器 KT_2、接触器 KM_3、时间继电器 KT_3 依次断电释放。此时，电动机通过仍然闭合的接触器 KM_1、KM_4 主触头进入正常稳定运行。停车时，只需按下停止按钮 SB_1。

学习过程与检测

简答题

1. 绕线转子电动机全压起动时,是否需要外接电阻?如果进行减压起动,是否外接电阻?
2. 当绕线转子电动机起动时需要外接电阻,那么转子绕组和外电阻是并联还是串联?
3. 绕线转子电动机采用外接电阻进行分级起动时,随着转速的提升,外接电阻减小还是增大?
4. 绕线转子电动机正常运行时,转子绕组是断开还是闭合的?
5. 绕线转子电动机利用外接电阻进行调速时,增大外接电阻,转速变高还是转速变低?
6. 绕线转子电动机利用外接电阻进行调速时,外接三相电阻的联结方式是什么?
7. 电动机自耦减压起动柜里起到降低电压作用的是什么元件?如果要增大起动转矩,该怎么做?

技能训练 1

完成表 7-14 的技能训练 1。

表 7-14 技能训练 1——安装调试星—三角减压起动控制电路

技能训练时间	_____年___月___日　星期___第___节　地点_____	
技能训练指导教师		
技能训练项目小组名单		人数
技能训练内容	安装调试星—三角减压起动控制电路	
技能训练设备及型号	技能训练元件清单见表 7-15	
技能训练工具	万用表、剥线钳、螺钉旋具	
技能训练步骤	1. 检查元件是否正常后,按照元件布局图将元件固定在基板上(见图 7-37) 图 7-37 元件布局图	

(续)

技能训练步骤	2. 按照星—三角减压起动控制电路（见图7-38）连接电路，量取适量长的导线后剪断、剥去端头绝缘，再套上号码管于导线的两端，按图中的编号进行编号。主电路采用 1.5mm² 的铜芯软线，先安装主电路，检查无误后，再安装控制电路导线，控制电路导线采用 0.75mm² 铜芯软线。电动机外壳接地线保护 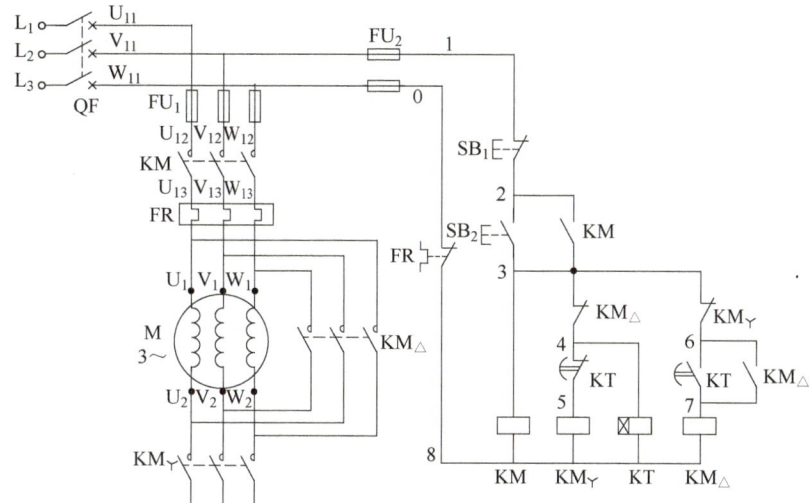 图7-38 星—三角减压起动控制电路 3. 调整时间继电器延时时间为3s，过载保护整定到电动机的额定电流 4. 检查电路是否有短路，经教师检查无误后方可连接三相电源引线并通电 5. 清理好工作台，上电前提醒同组人员注意。通电时，需教师在现场监护。试机完毕，先断电，经教师评价后再拆线 6. 收拾器材，打扫现场
技能训练评价	执行力（技能训练效率）100%　　团结协作力 100%　　遵守现场秩序 100%　　完成效果 100%
技能训练总结	

表7-15　技能训练元件清单

序号	代号	名称/型号	数量
1	QF	三相断路器/DZ47-32/D16，3P	1个
2	M	三相电动机/YS5024	1台
3	KM△、KMY、KM	交流接触器/CJX2-09/380V	3个
4	SB₁、SB₂	按钮盒/NP2-E3001，三位，一开一闭	2个
5	FR	热继电器/JRS1D-25（0.25～0.63A）	1个
6	FU₁、FU₂	熔断器/32A，配熔体5A和2A/RT18-32/5/2	5个
7		1.5mm² 铜芯软线/RV	按需配置
8		0.75mm² 铜芯软线/RV	按需配置

(续)

序号	代 号	名称/型号	数 量
9		1.5mm² 黄绿双色铜芯软线/RV	按需配置
10		四脚三相插头带引线	1个
11		安装基板/50cm×60cm×2cm	1块
12		安装固定螺钉	按需配置
13	XT	接线端子排/TB1510	2个
14		30mm×25mm 行线槽/TC3025	2m
15	KT	时间继电器/JSZ3A-C，380V	1个
16		异型管或号码管/1cm	2m

技能训练2

完成表 7-16 的技能训练2。

表 7-16　技能训练2——观察电动机起动控制柜，根据实物绘制电气原理图

技能训练时间	＿＿＿年＿＿月＿＿日　星期＿＿第＿＿节　地点＿＿＿＿＿＿＿＿
技能训练指导教师	
技能训练项目小组名单	人数
技能训练内容	观察电动机起动控制柜，根据实物绘制电气原理图
技能训练设备及型号	XJ01 自耦减压起动柜
技能训练工具	万用表，绘图工具
技能训练步骤	1. 打开柜门识别元件，阅读产品的技术参数 2. 绘制元件符号于图中适当位置，对元件符号进行布局，可参考图7-33进行符号布局，并将元件的接线点标记出来 3. 观察起动柜的连接导线走向，绘入图中对应的接线点 4. 规范地整理图形，使图形美观，方便阅读和分析 操作结束后收拾器材，打扫现场
技能训练评价	执行力（技能训练效率）100%　　团结协作力 100%　　遵守现场秩序 100%　　完成效果 100%
技能训练总结	

起动柜的技术参数

图 7-39 是 XJ01 自耦减压起动柜。XJ01 自耦减压起动柜适用于交流 50Hz 或 60Hz、额定工作电压 380V、功率至 300kW 的三相笼型异步电动机减压起动，利用自耦变压器减压的方法可改善电动机起动时对电网的影响。

1）自耦减压起动是将自耦变压器串联到电动机定子绕组上以降低起动电压，起动完成后被切断。

2）自耦变压器可引出一个或多个抽头，通常有两个抽头（即：65%，80%）。不同的抽头对应不同的电压比，可得到不同的起动电压和转矩（出厂时一般接在65%抽头上，如用户需要较大起动转矩，可改接在80%的抽头上）。

3）电动机起动时，定子绕组得到的电压是自耦变压器的二次电压，一旦起动完毕，自耦变压器便被短接，额定电压即自耦变压器的一次电压直接加于定子绕组，电动机进入全压正常工作。

4）起动电动机时，电源进线的起动电流不超过电动机额定电流的3~4倍，最大起动时间不得超过15s，两次起动间隔时间需大于30s，连续启动时间的总和如超过30s，则变压器需要冷却（约4h），方可使用，因此，本产品仅作长时间间歇起动使用，不适宜在频繁操作条件下使用。

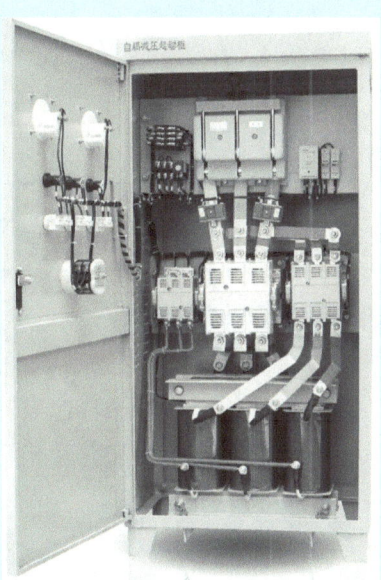

图7-39 XJ01自耦减压起动柜

评价与分析

完成表7-17的评价与分析。

表7-17 评价与分析

班级		姓名		日期	
序号	评价要点		配分	得分	总评
1	完成简答题1		6		
2	完成简答题2		6		
3	完成简答题3		6		
4	完成简答题4		6		
5	完成简答题5		6		
6	完成简答题6		6		A≥90
7	完成简答题7		6		80≤B<90
8	完成技能训练项目1、2		33		60≤C<80
9	没有迟到早退		5		D<60
10	爱护设备		5		
11	学习态度端正		5		
12	与同学团结合作良好		5		
13	具备职业素养及安全意识		5		
学习小结与建议					

任务八　三相异步电动机调速

学习目标

通过技能训练,掌握三种三相异步电动机调速方式,加深对调速的理解。

任务情境描述

在生产实践中,对机械转速有一定要求,根据要求,有时需要转速高一些,有时需要转速低一些,有时需要多种速度互相切换,这就需要通过对电动机调速来实现。

学习过程与活动

1. 通过学习资料,了解变极调速原理,再通过技能训练,加深认识变极调速实际应用。
2. 通过学习资料,了解变转差率调速原理,通过几个例子加深了解变转差率调速的实际应用。
3. 通过学习资料,了解变频调速原理,再通过技能训练,加深了解变频调速的应用。

学习活动一　变极调速

学习目标

1. 掌握变极调速控制方式。
2. 完成技能训练项目,体验变极调速控制方式。

建议学时

建议 5 学时。

学习材料

曾经电动机调速大都使用直流电动机调速,随着电力电子技术和控制技术的发展,三相异步电动机调速得到飞速发展,调速性能不断得到提高,甚至可以达到和直流调速相媲美的程度。由于三相异步电动机具有结构简单、价格低廉、运行可靠及维修方便等优点,其调速正逐步取代直流调速而成为调速市场的主流。

根据三相异步电动机的转速公式 $n = \dfrac{60f_1}{p}(1-s)$ 可知,三相异步电动机调速有三种方法:

1) 改变电动机定子绕组磁极对数 p。

2）改变电源频率 f_1。

3）改变电动机转差率 s。其中改变电动机转差率 s 又可分为三相绕线转子异步电动机在转子电路中串接电阻调速、三相绕线转子异步电动机串级调速、三相异步电动机调压调速和电磁离合器调速等。

根据电动机原理可知，三相异步电动机磁极对数与同步转速有如下关系，即

$$n_0 = \frac{60f_1}{p}$$

而中国民用电源频率 $f_1 = 50\text{Hz}$，得 $n_0 = \dfrac{3000}{p}$，所以只要改变磁极对数 p，就可以改变同步转速 n_0，从而调节转速 n。要改变定子磁极对数，可以通过在定子铁心槽内嵌放两套不同磁极对数的三相对称绕组来实现，但这种方法很不经济，通常是利用在定子槽内嵌放一套绕组，如未进行绕组端部接线，则该电动机没有固定的磁极数。当对绕组端部进行相应接线后，通电后可得到不同的磁极数。因为磁极对数只能为整数，所以同步转速呈阶梯式变化，属有级调速。部分磁极对数和同步转速对应如下：

$p = 1$； $n_0 = 3000\text{r/min}$

$p = 2$； $n_0 = 1500\text{r/min}$

$p = 3$； $n_0 = 1000\text{r/min}$

$p = 4$； $n_0 = 750\text{r/min}$

有级调速比无级调速欠佳，换速时具有一定冲击性，这是变极调速的缺点之一。由电动机原理可知，只有定转子的磁极对数相同时，电动机才能产生恒定的电磁转矩，实现机电能量的转换，因此，在改变定子磁极对数的同时，必须改变转子的磁极对数，由于笼型异步电动机的转子磁极对数能自动地跟随定子磁极对数变化而变化，所以变极调速适用于笼型异步电动机，而不适用于绕线转子电动机（绕线转子电动机的转子磁极数不能改变）。

变极多速电动机的转速有双速、三速和四速三种，较常见的是双速和三速两种。下面介绍双速电动机调速控制电路。

双速电动机内嵌有一套绕组，称为单绕组，双速电动机从机内伸出六根线端，可以接成 $\text{YY}/\triangle$、YY/Y、YY/YY等。图8-1为 $\text{YY}/\triangle$ 联结的定子绕组接线，通过改变接法，可以得到4极和2极。

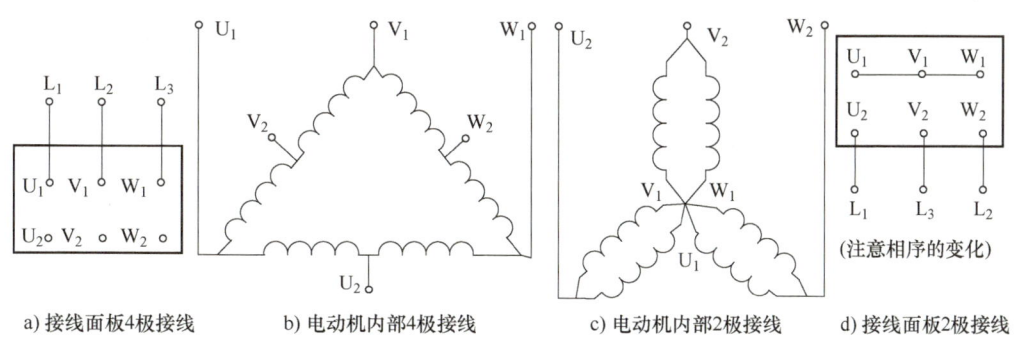

图8-1　4/2极电动机绕组接线

当定子绕组的 U_1、V_1、W_1 三个接线端接三相交流电源，而将 U_2、V_2、W_2 三个接线端悬空时，三相定子绕组接成三角形联结，电动机以 4 极低速运行。当定子绕组的 U_2、V_2、W_2 三个接线端接三相交流电源，而 U_1、V_1、W_1 三个接线端接在一起时，则原来三相定子绕组的三角形联结变为双星形联结，电动机以 2 极高速运行。为保证电动机旋转方向不变，从一种联结变为另一种联结时，应改变电源相序。

图 8-2 为 4/2 极双速电动机控制电路。工作原理如下：接通电源开关 QF，再按下低速起动按钮 SB_2，接触器 KM_2 线圈通电，其常开主触头和自锁触头闭合，定子绕组接成三角形联结，电动机以 4 极低速运行。如果想转换成高速运行，则按下高速起动按钮 SB_3，接触器 KM_2 断电释放，接触器 KM_1、KM_3 线圈通电，其常开主触头和自锁触头闭合，定子绕组接成双星形联结，电动机以 2 极高速运行。再如果想回到低速运行，则直接按 SB_2，无须停机后重起。因电源相序已改变，电动机转向相同。若按下停止按钮 SB_1，交流接触器断电释放，电动机停转。

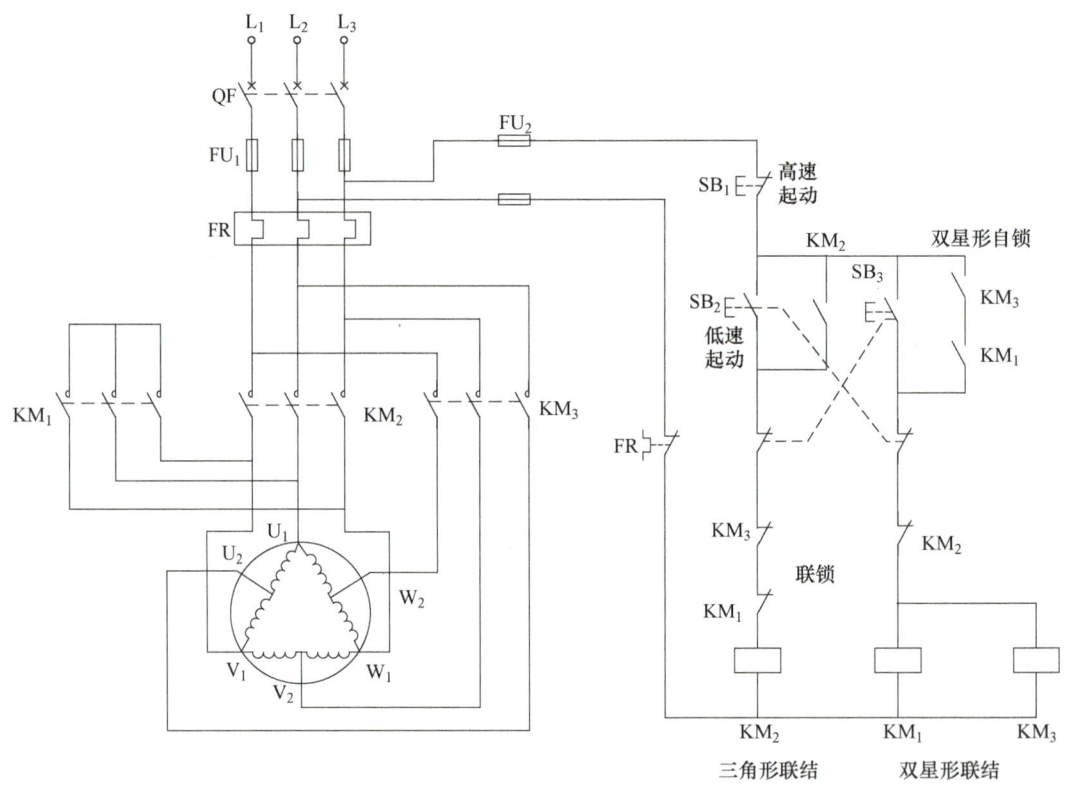

图 8-2　4/2 极双速电动机控制电路

此电路的两种运行形式具有联锁作用，有效避免短路故障，不需停车，即可同方向变速。安装接线时，注意调换相序，否则会反转。此种调速为有级调速，两种速度相差约一半，所以它的应用范围有限。

> ## 学习过程与检测

一、判断题

1. 变极调速是有级调速。（　　）

2. 变极调速是无级调速。（ ）

3. 双速电动机内部有两套绕组，一套是低速，一套是高速。（ ）

4. 4/2 极双速电动机高速运行时，磁极数是 4 极。（ ）

5. 双速电动机内部只有一套绕组，通过改变接线方法来改变磁极数。（ ）

二、填空题

1. 图 8-3 是 4/2 极双速电动机连接的主电路部分，当电动机运行于低速时，闭合的接触器是_____，当电机运行于高速时，闭合的接触器是_____。

2. 4/2 极双速电动机，低速时是正转，高速时是反转，如何使它转向相同？

三、简答题

异步电动机调速有哪几种方式？

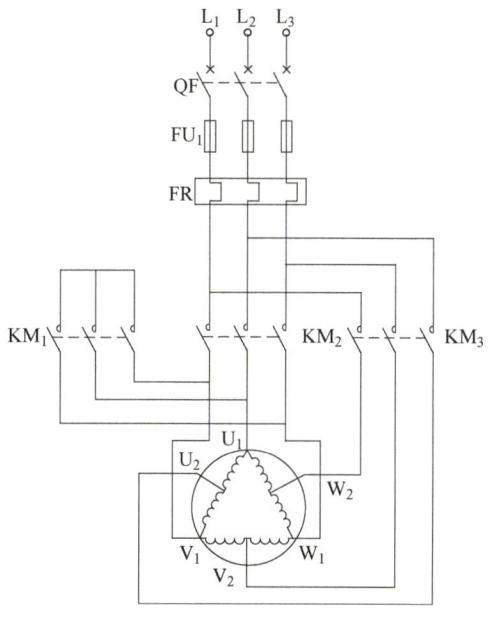

图 8-3　填空题图

技能训练

完成表 8-1 的技能训练。

表 8-1　技能训练——安装调试双速电动机控制电路

技能训练时间	_____年___月___日　星期___第___节　地点_____	
技能训练指导教师		
技能训练项目小组名单		人数
技能训练内容	安装调试双速电动机控制电路（见图 8-4） 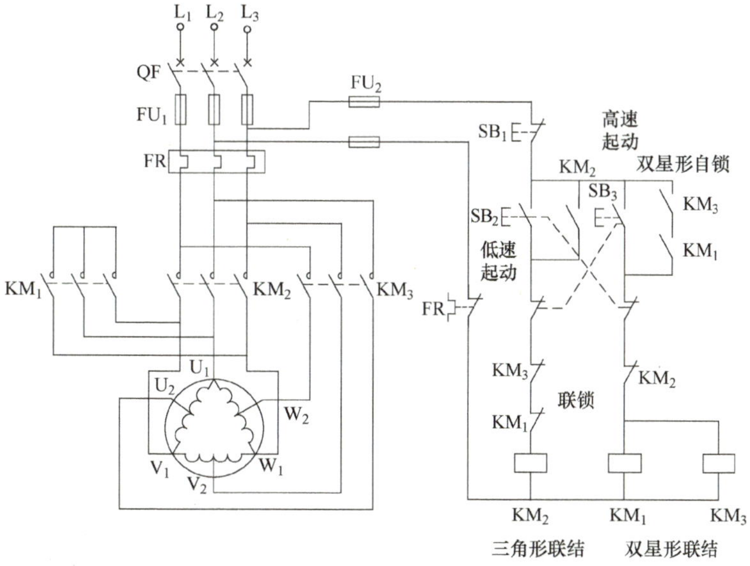 图 8-4　双速电动机控制电路	

(续)

技能训练设备及型号	技能训练元件清单参考见表 8-2
技能训练工具	万用表、剥线钳、螺钉旋具
技能训练步骤	1. 检查元件是否正常后，将元件固定在基板上（见图 8-5） 2. 量取适量长的导线后剪断，剥去端部绝缘，再套上号码管于导线的两端，并编号。主电路采用 1.5mm² 的铜芯软线，先安装主电路，检查无误后，再安装控制电路导线，控制电路导线采用 0.75mm² 铜芯软线。电动机外壳接地线保护 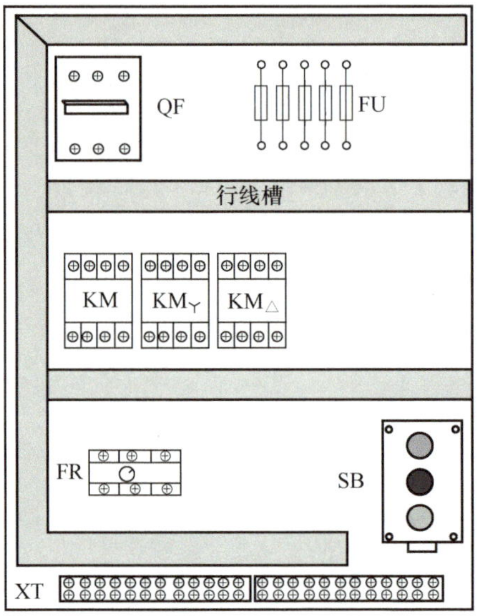 图 8-5 4/2 极双速电机控制电路技能训练元件布局 3. 过载保护整定到电动机的额定电流 4. 检查电路是否有短路，经教师检查无误后方可连接三相电源引线并通电 5. 清理好工作台，上电前提醒同组人员注意。通电时，需教师在现场监护。分别调试高速功能和低速功能。试机完毕，先断电，经教师评价后再拆线 6. 收拾器材，打扫现场
技能训练评价	执行力（技能训练效率）100%　　团结协作力 100%　　遵守现场秩序 100%　　完成效果 100%
技能训练总结	

表 8-2 技能训练元件清单

序号	代号	名称/型号	数量
1	QF	塑壳开关/NM1-63S/3300 20A	1 个
2	M	双速异步电动机/YS5012/4	1 台
3	$KM_1 \sim KM_3$	交流接触器/CJX2-0910/380V	3 个
4	$SB_1 \sim SB_3$	按钮盒/NP2-E3001，三位，一开一闭	3 个
5		接触器辅助触头/F4-22	3 个

（续）

序号	代 号	名称/型号	数 量
6	FR	热继电器/JRS1D-25（0.25~0.63A）	1个
7	FU_1、FU_2	熔断器/32A，配熔体5A和2A/RT18-32/5/2	5个
8		1.5mm^2 铜芯软线/RV	按需配置
9		0.75mm^2 铜芯软线/RV	按需配置
10		1.5mm^2 黄绿双色铜芯软线/RV	按需配置
11		四脚三相插头带引线	1个
12		安装基板/50cm×60cm×2cm	1块
13		安装固定螺钉	按需配置
14	XT	接线端子排/TB1510	2个
15		30mm×25mm 行线槽/TC3025	2m
16		异型管或号码管/1cm	2m
17		安装导轨/C45	3个

评价与分析

完成表 8-3 的评价与分析。

表 8-3 评价与分析

班级		姓名		日期	
序号	评 价 要 点		配分	得分	总评
1	完成判断题 1		3		
2	完成判断题 2		3		
3	完成判断题 3		3		
4	完成判断题 4		3		
5	完成判断题 5		3		
6	完成填空题 1		8		A≥90
7	完成填空题 2		8		80≤B<90
8	完成简答题		8		60≤C<80
9	完成技能训练项目		36		D<60
10	没有迟到早退		5		
11	爱护设备		5		
12	学习态度		5		
13	团结合作意识		5		
14	职业素养及安全意识		5		
学习小结与建议					

学习活动二 变转差率调速

学习目标

1. 掌握绕线转子异步电动机转子串联电阻调速控制电路工作原理。
2. 掌握交流电动机调压调速控制电路工作原理。

建议学时

建议2学时。

学习材料

一、绕线转子异步电动机转子串联电阻调速控制电路

从前面介绍绕线转子异步电动机起动原理可知，绕线转子异步电动机转子串联电阻可以调速，这是一种传统的调速方法。在一定负载转矩下，电动机转速随着转子串联电阻的增大而下降。图 8-6 为绕线转子异步电动机转子串联三相电阻调速控制电路。它由主令控制器和磁力控制盘组成。图中，接触器 KM_2 用于电动机接通正序电源，使电动机正转；接触器 KM_1 用于电动机接通负序电源，使电动机反转；接触器 KM_3 用于接通制动电磁抱闸 YA。电动机转子电路中共串联有 7 段电阻（$R_1 \sim R_7$），其中 R_7 为常串电阻，用于软化机械特性，其余各段电阻的接入与切断分别由接触器 $KM_4 \sim KM_9$ 控制。

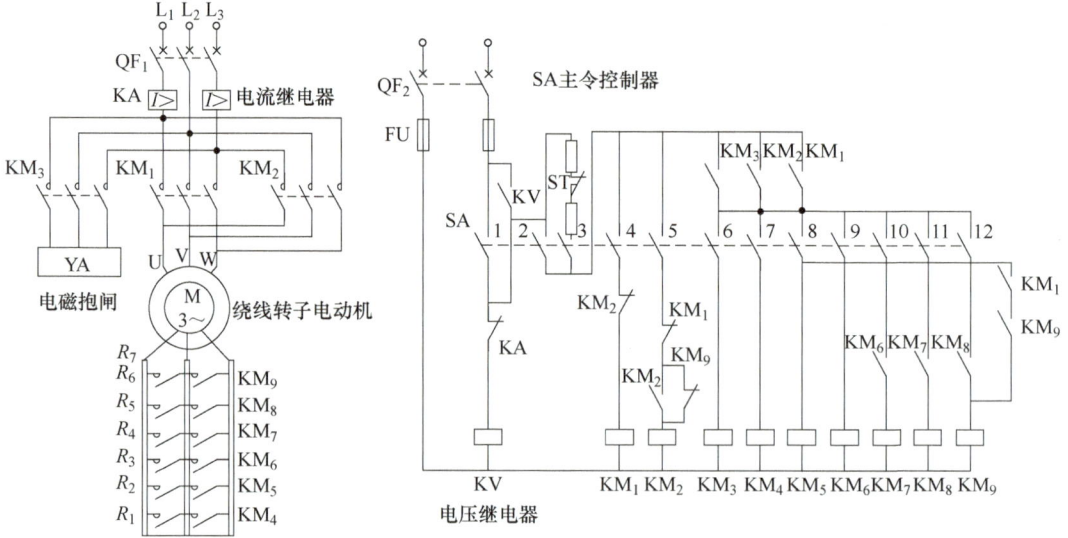

图 8-6 绕线转子异步电动机转子串联三相电阻调速控制电路

元件介绍：

1) KV 为电压继电器，其线圈通额定电压时，控制的触头发生动作。

2）KA 为电流继电器，当电流通过本身的线圈过大时，其控制的触头会发生动作，保护电路。

3）电磁抱闸 YA：当电磁铁得电时，抱闸松开，电动机可以起动，反之，电动机不能起动。

4）主令控制器 SA：图 8-6 中主令控制器有 12 对开关，用 1~12 数字表示。通过手动旋转手柄控制，手柄位于提升侧时，有 6 个位置，在下降侧也有 6 个位置。还有一个"0"位，不在下降侧，也不在提升侧。手柄处于不同的位置，对应不同的开关状态，见表 8-4。

表 8-4 触头状态表

触头	下降						0	提升					
	强力			制动									
	5	4	3	2	1	C		1	2	3	4	5	6
1							×						
2	×	×	×										
3				×	×	×		×	×	×	×	×	×
4	×	×	×										
5				×	×	×		×	×	×	×	×	×
6	×	×	×	×	×	×		×	×	×	×	×	×
7	×	×	×	×	×	×		×	×	×	×	×	×
8	×	×	×		×				×	×	×	×	×
9	×	×								×	×	×	×
10	×										×	×	×
11	×											×	×
12	×												×

注：×表示接通。

通过对主令控制器 12 对触头的通断（按一定程序）来控制接触器，从而实现电动机各种运行状态的改变。

工作原理如下：闭合电源开关 QF_1、QF_2，将主令控制器手柄置于"0"位时，触头 1 闭合，电压继电器 KV 线圈通电，接着将手柄置于上升侧 1 位，KM_2 常开主触头和自锁触头闭合，接着制动接触器 KM_3 线圈通电，KM_3 常开触头和自锁触头闭合，制动电磁抱闸 YA，提升电动机起动运转。手柄在提升侧由"1"位依次变化到"6"位时，主令控制器的触头 8~12 相继闭合，使接触器 KM_4~KM_9 相继通电，依次短接转子电阻 R_1，R_1~R_2，R_1~R_3，…，R_1~R_6，从而使转子串入的电阻不同，因此可获得不同的提升速度。

主令控制器手柄置于提升侧"1"位时，转子回路串入电阻较大，提升速度较慢；而置于提升侧"6"位时，转子回路串入电阻最小，上升速度最快。若要提升负载，如果主令控制器手柄置于提升侧"1""2""3"位均不能提升，那么应将手柄置于"4"~"6"位，使电动机转矩大于负载转矩，才能提升负载。若提升负载到顶部，将使行程开关 ST 压下，正转接触器 KM_2 线圈断电而释放，电动机脱离电源。同时制动接触器 KM_3 也断电释放，电磁抱闸将电动机轴抱住使电动机迅速停转。

当放下重物时，主令控制器手柄置于下降侧 6 个位置。前三个位置（C、1、2）因主令控制器触头 3 和 5 的闭合，使正转接触器 KM_2 通电吸合，电动机接通正序电源；后三个位置（3、4、5）因触头 2 和 4 的闭合，使反转接触器 KM_1 通电吸合，电动机接通负序电源。当手柄置于下降侧"1""2"位时，正转接触器 KM_2 通电吸合，同时因主令控制器触头 6 闭合，制动接触器 KM_3 也通电吸合，制动电磁抱闸 YA，电动机可自由旋转。如果负载较轻，仍能被向上提起，电动机运行于正向电动状态；如果负载较重，因为此时转子串入电阻较多，电动机运行于倒拉反转制动状态，即低速下放重物。当手柄置于下降侧"C"位时，正转接触器 KM_2 通电吸合，电动机接通正序电源，但主令控制器触头 6 断开，制动接触器 KM_3 没有被接通，电磁抱闸使电动机不能转动。这一档称为下降的准备档。此时因为电动机通电而不能转动，虽转子回路没有串联电阻，但电动机电流仍较大，故手柄置于此位置时间不能太长，以免损坏电动机。

当手柄置于下降侧"3"~"5"位时，反转接触器 KM_1 通电吸合，主令控制器触头 6 闭合，制动接触器 KM_3 也通电吸合，制动电磁抱闸 YA，电动机反向旋转而获得强迫下降的作用，若负载较轻，例如下降空钩，对电动机仍有阻转矩，这时电动机运行在反向电动状态。手柄置于下降侧"3"~"5"位时，接触器 KM_5~KM_9 相继通电，依次短接转转子电阻 R_1~R_2、R_1~R_3 和 R_1~R_6。若运行在反向电动状态下，位置 5 的下降速度最快。若重物较重，下降速度将超过同步转速，则电动机进入反向回馈状态。

转子绕组串联电阻调速，如果电阻能线性变化，则可以实现无级调速，图 8-6 中，电阻是分段变化接入转子绕组的，所以属于有级调速。绕组转子串联电阻调速不经济，电阻损耗较大，这也是它的缺陷。

二、交流电动机调压调速控制电路

笼型异步电动机转速与转差率的关系是转差率越大，转速越低，转差率又与电动机的工作电压有关，电压越低，转差率越大，图 8-7 可反映出它们的关系。

如果负载转矩 T_0 不改变，当降低电压时，转速下降，所以可以通过调压来调速。

1）自耦调压器调压，如图 8-8 所示，适用于小容量电动机，缺点是体积大，重量也大。

2）在电源电路中，串联饱和电抗器，通过控制铁心电感量，改变串联阻抗，从而调节输出电压。特点是体积大，重量也大。旧式电风扇常用此方式调速。

3）采用晶闸管三相交流调压器调速，如图 8-9 所示，优点是体积小，轻便。

基本工作原理：VT_1~VT_6 为大功率晶闸管，当它们同时导通时，电动机得到额定电压，当 VT_1~VT_6 导通角减小时，电动机获得的电压低于额定电压，电动机转速下降。晶闸管

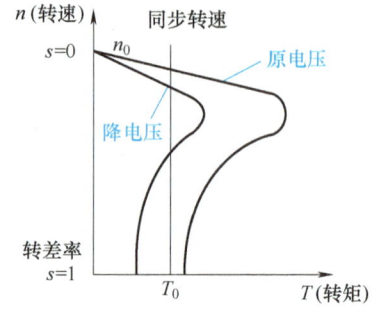

图 8-7　笼型电动机转速与转矩

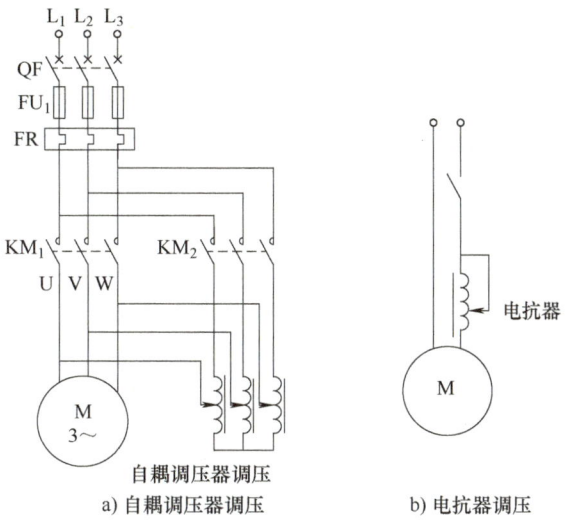

图 8-8　自耦调压器调速和电抗器调速

a) 自耦调压器调压　　b) 电抗器调压

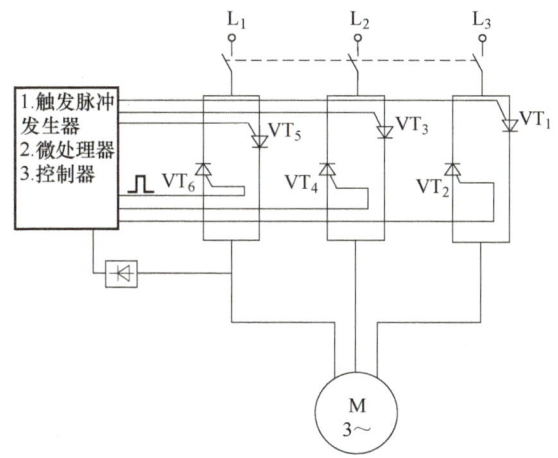

图 8-9　晶闸管三相交流调压器调速示意图

的门极都接到控制器，晶闸管的导通程度由脉冲发生器和控制器操纵，所以可调节控制器实现调速。

用晶闸管三相交流调压器做成的软起动器可以实现许多功能，可以对三相电动机实现软起动、软停车、调速、能耗制动等，如图 8-10 所示。软起动是指它输出的电压可以线性变化，对电动机没有冲击，也可以设定限制起动电流，例如它可以输出斜坡电压用来起动或者停止电动机，对电动机没有冲击电流。有的电动机不允许自由停车，而采用软停车方式就非常合适。为方便使用，专门生产有软起动器，目前国内外软起动器产品的技术发展很快，产品型号很多，比较有代表性的有 ABB 公司的 PSA、PSD 和 PS-DH 型；施耐德公司的 Altistart46、Altistart48 型等。

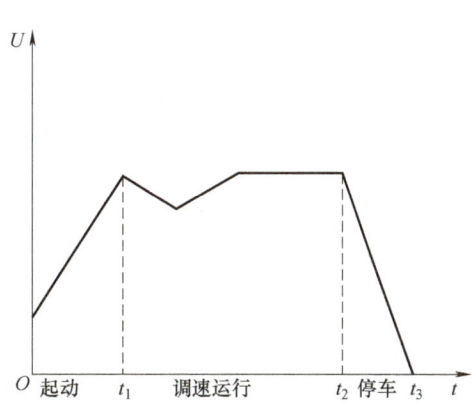

图 8-10　软起动、软停车斜坡电压曲线

学习过程与检测

一、判断题

1. 在一定负载转矩下，绕线转子电动机转速随着转子串联电阻的增大而下降。（　　）

2. 转子绕组串联电阻调速，一定无法实现无级调速。（　　）

3. 转子绕组串联电阻的目的是改变转子电流，从而改变电磁转矩。（　　）

4. 笼型异步电动机转速与转差率的关系是转差率越大，转速越低。（　　）

5. 电动机电压越低，转差率越大。（　　）

二、简答题

分析图 8-11 后回答问题。

1. KM_1、KM_2 的作用是什么？

2. KM_3 和 YA 的作用什么？

3. 如果要使电动机由慢变快逐渐加速，则 $KM_4 \sim KM_9$ 开关状态如何变化？

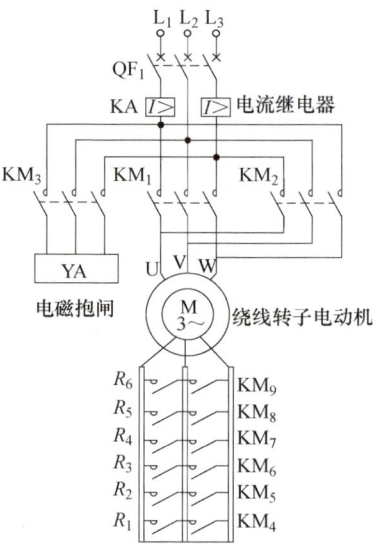

图 8-11　起重机提升机构主电路

 评价与分析

完成表 8-5 的评价与分析。

表 8-5　评价与分析

班级		姓名		日期	
序号	评价要点		配分	得分	总评
1	完成判断题 1		5		
2	完成判断题 2		5		
3	完成判断题 3		5		A≥90
4	完成判断题 4		5		80≤B<90
5	完成判断题 5		5		60≤C<80
6	完成简答题 1		20		D<60
7	完成简答题 2		20		
8	完成简答题 3		20		
9	没有迟到早退		5		
10	遵守课堂纪律、学习态度端正		10		
学习小结与建议					

学习活动三 变频调速

变频器段速控制
三相电动机调速

> 温馨提示
>
> 本学习活动配有微课视频《变频器段速控制三相电动机转速》，读者可观看视频学习。

学习目标

通过技能训练，加深体验变频调速的实用性，能利用汇川变频器进行调速。

建议学时

建议 6 学时。

学习材料

通过改变交流电源频率使电动机转速发生改变，称为变频调速，变频器具有变频调速功能，变频器主要由整流、滤波、逆变、制动单元、驱动单元、检测单元和微处理单元等组成。相比于前面几种调速方式，变频调速具有更多优点，例如使用更方便、可靠性更高、调速更精确、调速范围更大、运行更节能，还可以实现自动控制、远程控制，控制功能更完备，因此渐渐成为调速市场的主流。

变频器按用途可分为通用变频器、高性能专用变频器、高频变频器、单相变频器和三相变频器等。通用变频器一般都是交-直-交型变频器，它适用于大部分电动机。变频器输出的交流电频率和电压同时发生变化，所以它既变频又变电压。

一、汇川通用变频器

下面以一款通用变频器为例介绍变频器调速应用。

图 8-12 是汇川通用变频器 MD280NT0.75，是深圳市汇川技术股份有限公司开发的一款通用变频器，是多年来我国中职学校机电专业技能比赛专用设备之一，使用方法简单介绍如下。

1. 主要技术数据

1）输入电压：三相 380V，范围-15%~20%。
2）电源容量：1.5kV·A。
3）输入电流：3.4A。
4）额定输出电流：2.1A。
5）适配电动机：0.75kW。

2. 汇川变频器的连接

1）主电路接线如图 8-12 所示，R、S、T 为三相电源 AC 380V 输入端子，U、V、W 为变频器输出到电动机的连接端子，PE 为接地端子。连接时不要接反，否则会损坏变频器。

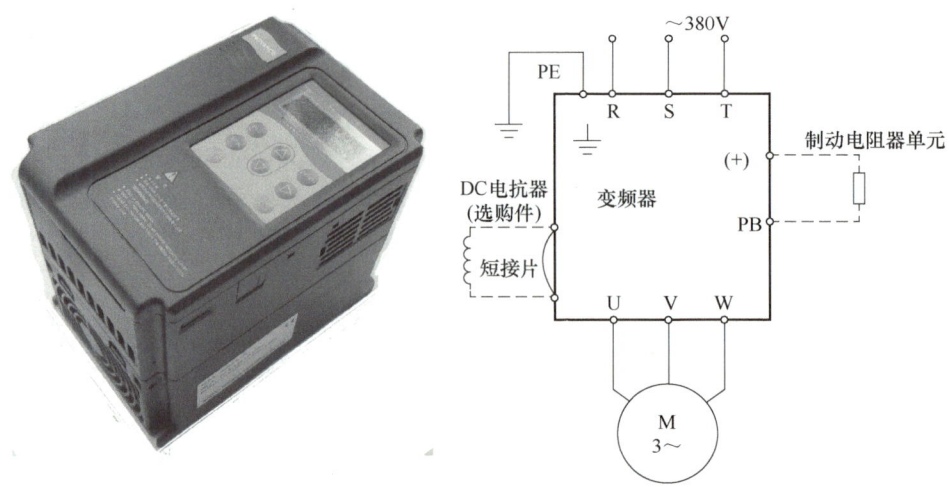

图 8-12　汇川通用变频器及其主电路

2) 变频器接口电路如图 8-13 所示。

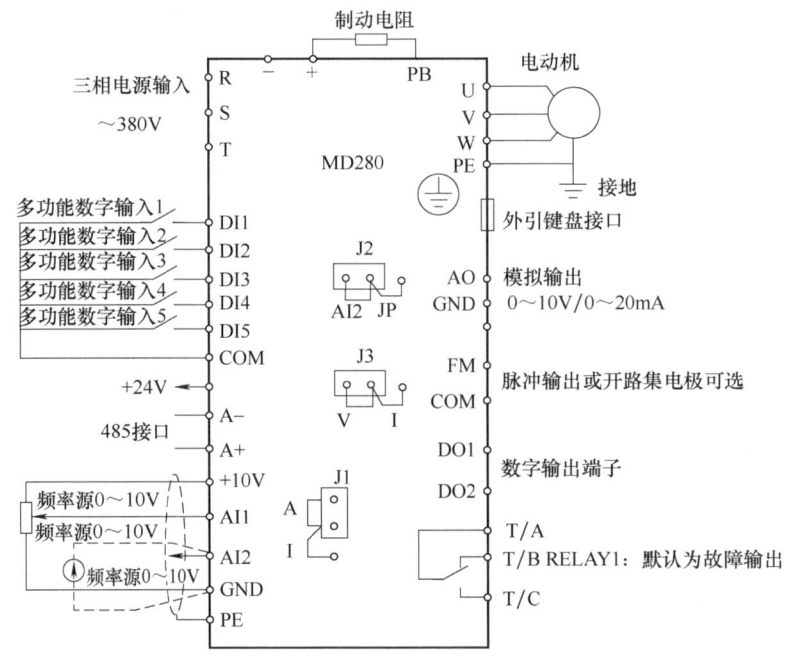

图 8-13　汇川变频器接口电路

安装使用时，需打开面板盖子才能找到对应的端子，如图 8-14 所示。控制电路接线端子的说明见表 8-6。

3. 汇川变频器操作面板说明

汇川变频器操作面板如图 8-15 所示，面板共有 8 个按键，7 个显示灯或窗口，各部分说明见表 8-7。

面板按键操作可以实现如下功能：变频器参数修改；变频器工作状态监控；运行或停止变频器。

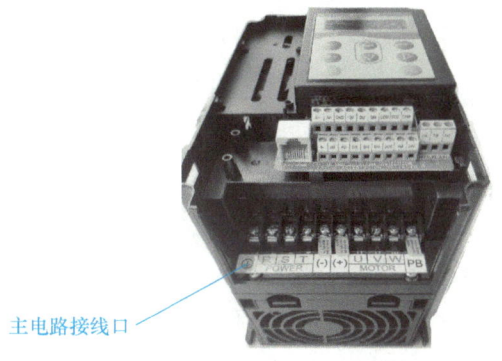

主电路接线口

图 8-14　汇川变频器接口

表 8-6　变频器控制电路接线端子说明

种类	端子符号	端子名称	端子说明
电源	+10V-GND	外接+10V 电源	向外提供+10V 电源，最大输出电流 10mA，一般用作外接电位器工作电源。电位器阻值范围：1~5kΩ
	+24V-COM	外接+24V 电源	向外提供+24V 电源，一般用作数字输入/输出端子工作电源和外接传感器电源。最大输出电流 200mA
模拟输入	AI1-GND	模拟量输入端子 1	1. 输入电压范围：DC 0~10V（可以非标定制为 DC −10~10V） 2. 输入阻抗 20kΩ
	AI2-GND	模拟量输入端子 2	1. 输入范围 DC 0~10V（可以非标定制为 DC −10~+10V）/0~20mA，由控制板上的 J1 跳线选择决定 2. 输入阻抗：电压输入时，阻抗为 20 kΩ；电流输入时，阻抗为 500Ω 3. 键盘电位器输入：通过 J2 跳线，可以在 AI2 和外接键盘电位器之间切换
数字输入	DI1-COM	数字输入 1	1. 光耦隔离 2. 输入阻抗 3.3kΩ
	DI2-COM	数字输入 2	
	DI3-COM	数字输入 3	
	DI4-COM	数字输入 4	
	DI5-COM	数字输入 5	除有 DI1~DI4 的特点外，还可作为高速脉冲输入通道。最高输入频率 50kHz
模拟输出	AO-GND	模拟输出 1	由控制板上的 J3 跳线选择决定电压或电流输出 输出电压范围：0~10V 输出电流范围：0~20mA
数字输出	DO1-COM DO2-COM	数字输出	光耦隔离，开路集电极输出 输出电压范围：0~24V 输出电流范围：0~50mA
	FM-COM	高速脉冲输出	当作为高速脉冲输出，最高频率到 50kHz 当作为锂电池开路输出 DO3 功能使用时，与 doe 规格一样，注意 aoFMdo33 功能共用通道，只能选择一种功能
继电器输出	T/A-T/C	常闭端子	触头驱动能力 DC 250V，3A，cosφ = 0.4 DC 30V，1A
		常开端子	
辅助接口	A+/A−	485 通信接口	标准 485 接口
	Keypad	外引键盘接口	标准 RJ45 网线接口，给外引键盘提供信号

a) 操作面板

数码显示区：按移位键可分别显示单位区各参数和编程参数

键盘按钮区：
PRG：程序键
RUN：运行键
△：递增键
▽：递减键
MFK：多功能选择键
ENTER：确认键
▷：移位键
STOP/RES：停止/复位

功能指示灯：
RUN
LOCAL/REMOT
FWD/REV

单位指示区(灯亮表示数码区显示相应的参数)：
Hz：显示频率
A：显示电流
V：显示电压
RPM：HZ和A同时亮，显示转速
%：A和V同时亮，显示百分数

b) 操作面板外观

图 8-15　汇川变频器操作面板

表 8-7　汇川变频器操作面板键含义

指示灯/按键	名称	含义说明
指示灯		
数码显示区	显示窗	5位 LED 灯显示，可显示设定频率、输出频率、功能码和数据码、各种监视数据以及报警代码等，按移位键可分别显示单位区各参数
RUN	运行指示灯	灯灭：停机状态 灯亮：运转状态
LOCAL/REMOT	键盘操作、端子操作、远程操作（通信控制）指示灯	灯灭：键盘操作控制状态 灯亮：端子操作控制状态 灯闪烁：远程操作控制状态
Hz	频率指示灯	灯亮：数码区显示频率
V	电压指示灯	灯亮：数码区显示电压
RPM（Hz+A）	转速指示灯	HZ+A 灯同时亮：数码区显示转速
%（A+V）	百分数指示灯	A+V 灯同时亮：数码区显示百分数

(续)

指示灯/按键	名 称	含 义 说 明
按 键		
PRG	程序键	一级菜单进入或退出
ENTER	确认键	逐级进入菜单画面、设定参数确认
△	递增键	数据或功能码的递增
▽	递减键	数据或功能码的递减
▷	移位键	在停机显示界面和运行显示界面下,可循环选择显示参数;在修改参数时,可以选择参数的修改位
RUN	运行键	在键盘操作方式下,用于运行(起动)操作
STOP/RES	停止/复位	运行状态时,按此键可用于停止运行操作;故障报警状态时,可用来复位操作,该键的特性受功能码 F7-16 制约
MFK	多功能选择键	根据 F7-15 做功能切换选择

MD280N 型汇川变频器的操作面板采用三级菜单结构进行参数设置操作。参数操作如图 8-16 所示,各级菜单含义见表 8-8 说明。

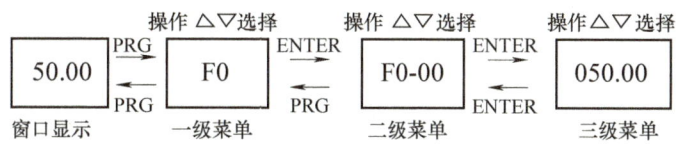

图 8-16 参数操作

表 8-8 各级菜单含义

一级菜单	二级菜单	三级菜单——数值设置	默 认 值
F0 基本功能	F0-00:命令源选择	0:操作面板命令通道(LED 灭) 1:端子命令(LED 亮) 2:串行口通信命令通道(LED 闪烁)	0
	F0-01:频率源选择	0:数字设定(UP、DOWN 调节) 1:AI1 2:AI2 3:PULSE 脉冲设定(DI5) 4:多段速 5:PLC 6:PID 7:AI1+AI2 8:通信设定 9:PID+AI1 10:PID+AI2	0
	F0-04:最大频率	50.00~630.00Hz	50.00Hz
	F0-05:上限频率	0:数值设定(F0-06) 1:AI1 2:AI2 3:PULSE 脉冲设定(DI5)	0

（续）

一级菜单	二级菜单	三级菜单——数值设置	默认值
F0 基本功能	F0-06：上限频率值设定	下限频率（F0-07）~最大频率（F0-04）	50.00Hz
	F0-07：下限频率值设定	0.00Hz~上限频率（F0-06）	0.00Hz
	F0-08：加减速时间的单位	0：s（秒） 1：min（分）	0
	F0-09：加速时间1	0.00~300.00s（min）	机型确定
	F0-10：减速时间1	0.00~300.00s（min）	机型确定
	F0-12：运行方向	0：方向一致 1：方向相反	0
F2 组输入端子	F2-00：DI1端子功能选择	0：无功能 1：正转（FWD） 2：反转（REV） 3：三线式运行控制 4：正转点动（FJOG） 5：反转点动（RJOG） 6：端子UP 7：端子DOWN 8：自由停车 9：故障复位（RESRT） 10：运行暂停 11：外部故障输入常开 12：外部故障输入常闭 13：多段速端子1 14：多段速端子2 15：多段速端子3 16：加减速时间选择端子	1
	F2-01：DI2端子功能选择		2
	F2-02：DI3端子功能选择		4
	F2-03：DI4端子功能选择		8
	F2-04：DI5端子功能选择		0
	F2-06：端子命令方式	0：两线式1 1：两线式2 2：三线式1 3：三线式2	0
F3 输出端子	F3-00：多功能端子输出选择	0：FM（FMP）脉冲输出 1：FM（DO3数字输出） 2：AO（模拟量输出）	2
F4 起动控制	F4-00：起动方式	0：直接起动 1：转速跟踪起动	0
	F4-03：起动频率	0.00Hz~最大频率（F0-04）	0.00Hz
	F4-07：加减速方式	0：直线加减速 1：S曲线加减速A 2：S曲线加减速B	0
	F4-10：停机方式	0：减速停机 1：自由停机	0
F5 辅助功能	F5-04：加速时间2	0.00~300.00s（min）	机型确定
	F5-05：减速时间2	0.00~300.00s（min）	机型确定
	F5-09：反转控制	0：允许反转 1：禁止反转（对点动运行也有效）	0

(续)

一级菜单	二级菜单	三级菜单——数值设置			默 认 值
F8 多段速、PLC	F8-00：多段速0给定方式	0：功能码 F8-01 给定 1：AI1 2：AI2 3：PULSE 脉冲给定 4：PID 5：预置频率（F0-03）给定，UP/DOWN 可修改			0
		多段速端子3 F2-0□ = 15	多段速端子2 F2-0□ = 14	多段速端子1 F2-0□ = 13	
		−100%～100%（上限频率 F0-05）			
	F8-01：多段速0	0	0	0	0.0%
	F8-02：多段速1	0	0	1	0.0%
	F8-03：多段速2	0	1	0	0.0%
	F8-04：多段速3	0	1	1	0.0%
	F8-05：多段速4	1	0	0	0.0%
	F8-06：多段速5	1	0	1	0.0%
	F8-07：多段速6	1	1	0	0.0%
	F8-08：多段速7	1	1	1	0.0%
FP 参数初始化	0：无操作 1：恢复默认值 2：清除记录信息				0

在进行三级菜单操作时，可按 PRG 键或 ENTER 键返回二级菜单。它们的区别是：按 ENTER 键将设定参数保存后返回二级菜单，并自动转移到下一个功能码；而按 PRG 键则直接返回二级菜单，不存储参数，并返回到当前一级菜单。

二、变频器应用

[例 8-1] 如图 8-17 所示，用变频器面板按键控制方式对电动机进行调速，加减速时间设为 2s。

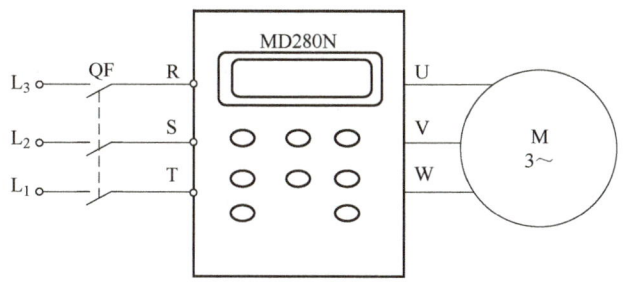

图 8-17 例 8-1 图

解：首先连接电路，变频器参数设置见表 8-9，没有另行设置的，均为默认值。
按△或▽键，调节输出频率，再按 RUN 键，观察电动机起动，电动机起动后，还可以连续按△或▽键，调节电动机转速，按 STOP 键，停机。

表 8-9 例 8-1 变频器参数设置

序号	参数号	设定值	说　明
1	FP-01	1	恢复出厂设置（初始化）
2	F0-00	1	命令源选择：操作面板控制选择 0，按本例要求采用面板键调速
3	F0-09	2	参数名称：加速时间 1，按需要设置
4	F0-10	2	参数名称：减速时间 1，按需要设置

[例 8-2]　使用开关对变频器的端子进行控制，实现电动机表 8-10 的段速操作控制。段速加速时间 2.5s，减速时间 2.5s。

表 8-10　段速设置

段　速	输出频率/Hz	段　速	输出频率/Hz
0	10	4	35
1	20	5	40
2	25	6	45
3	30	7	50

分析：通过对汇川变频器的端子操作对电动机进行调速，首先设置变频器参数，然后设计电路，用开关控制变频器的 DI1、DI2、DI3、DI4、DI5 等端子与 COM 端的接通或断开，实现各段速。

解：1）按表 8-11 设置变频器参数。

表 8-11　需要设置的变频器参数

序号	参数号	设定值	说　明
1	FP-01	1	恢复出厂设置（初始化）
2	F0-00	1	命令源选择：端子控制选择 1，按本例要求采用端子控制调速
3	F0-01	4	频率源选择：多段速选择 4，本例要实现 8 个段速控制电动机
4	F0-04	100	最大频率，这里只要设置 50~630Hz 即可
5	F0-06	100	上限频率数值设定
6	F0-09	2.5	参数名称：加速时间 1，按题目要求设置
7	F0-10	2.5	参数名称：减速时间 1，按题目要求设置
8	F2-00	1	DI1 端子功能（正转）出厂值，设为 1，正转
9	F2-01	2	DI2 端子功能（反转）出厂值，设为 2，反转
10	F2-02	13	DI3 端子功能（多段速端子 1），设为 13，即定义为转速控制 1 端
11	F2-03	14	DI4 端子功能（多段速端子 2），设为 14，即定义为转速控制 2 端
12	F2-04	15	DI5 端子功能（多段速端子 3），设为 15，即定义为转速控制 3 端
13	F8-01	10	名称：第 0 段速，设为 10Hz，与题目要求相符
14	F8-02	20	名称：第 1 段速，设为 20Hz，与题目要求相符
15	F8-03	25	名称：第 2 段速，设为 25Hz，与题目要求相符
16	F8-04	30	名称：第 3 段速，设为 30Hz，与题目要求相符

(续)

序号	参数号	设定值	说 明
17	F8-05	35	名称：第4段速，设为35Hz，与题目要求相符
18	F8-06	40	名称：第5段速，设为40Hz，与题目要求相符
19	F8-07	45	名称：第6段速，设为45Hz，与题目要求相符
20	F8-08	50	名称：第7段速，设为50Hz，与题目要求相符

2）设计电路图，如图8-18所示。

3）操作各开关，实现相应的段速。

工作原理：S_0是照明的双控开关，公共端接至COM端，起动开机时，先接通S_4，再通过S_0选择转向（正转或反转），当S_0接通DI1时，选择正转，当S_0接通DI2时，选择反转。

转向选择后，选择接通S_1、S_2、S_3，以实现各段速，见表8-12。

停机时，断开S_4即可。各个段速的实际转速由参数的设置决定。

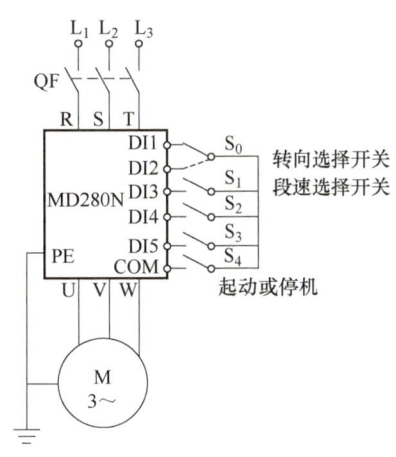

图8-18 变频器段速控制

表8-12 段速选择操作表（×为接通）

段 速	S_3	S_2	S_1
多段速0			
多段速1			×
多段速2		×	
多段速3		×	×
多段速4	×		
多段速5	×		×
多段速6	×	×	
多段速7	×	×	×

学习过程与检测

一、填空题

1. 通过改变_____使异步电动机转速发生改变，称为变频调速。

2. 变频器主要由_____、_____、_____、_____、_____、_____和微处理单元等组成。

3. MD280N汇川变频器接线端子R、S、T应该接到_____，U、V、W接线端子应该接到_____。

4. MD280N汇川变频器参数F0-00设置为1时，其控制方式是_____。

二、判断题

1. 变频器是通过改变输出交流电频率来调速的，所以输出的交流电频率变化时，电压不改变。（   ）

2. MD280N 汇川变频器具有 16 个段速的调速功能。（   ）

3. 如果 MD280N 汇川变频器进行端子控制多段速，则参数码 FO-01 应设置为 0。（   ）

技能训练

完成表 8-13 的技能训练。

表 8-13　变频器调速应用

技能训练时间	_____年___月___日　星期___第___节　地点_____	
技能训练指导教师		
技能训练项目小组名单		人数
技能训练内容	采用 MD280N 变频器进行调速控制，分别按例 8-1、例 8-2 进行接线，并设置参数，体验变频调速效果	
技能训练设备及型号	技能训练元件清单见表 8-14	
技能训练工具	万用表、剥线钳、螺钉旋具、压线脚	
技能训练步骤	按例 8-1 安装电路 1. 检测元件 S0-S4 2. 按图 8-19 布局元件 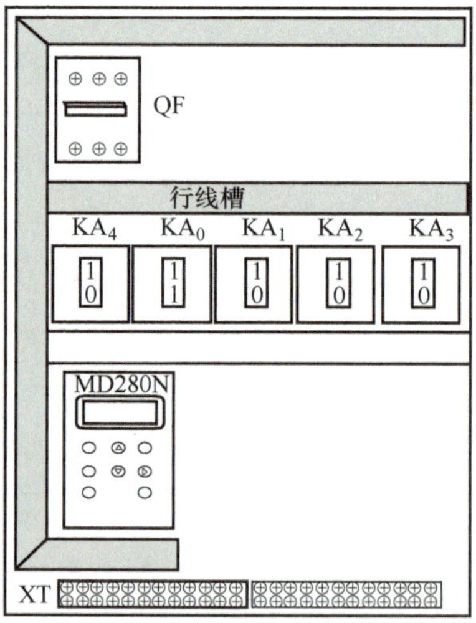 图 8-19　元件布局图 3. 按例 8-1 的电路图进行接线，主电路使用 1.5mm^2 导线，其他使用 0.75mm^2 导线，线端子用压线脚、冷压端子进行加工 4. 上电，按例 8-1 的参数设置变频器参数 5. 对面板相关按键进行控制，观察电动机的转速，并测量不同的转速对应的三相输出电压 　$f=20\text{Hz}$；$U_1=$　　　V（任一相） 　$f=30\text{Hz}$；$U_2=$　　　V（任一相） 　$f=50\text{Hz}$；$U_3=$　　　V（任一相）	

(续)

技能训练步骤	6. 试机完毕，先断电，经教师评价后再拆线 按例 2 安装电路 1. 按例 8-2 电路原理图进行接线，套上号码管，标记号码 2. 上电，重新设置变频器参数，见表 8-11 3. 按例 8-2 进行段速选择操作，先后操作 8 个段速。测量每一段速的输出电压，并填入表 1 表 1 | 段速（频率）/Hz	任一相电压/V	段速（频率）/Hz	任一相电压/V
0		4	
1		5	
2		6	
3		7	| 试机完毕，先断电，经教师评价后再拆线 收拾器材，打扫现场
---	---
技能训练评价	执行力（技能训练效率）100%　　团结协作力 100%　　遵守现场秩序 100%　　完成效果 100%
技能训练总结	

表 8-14　技能训练元件清单

序号	代号	名称/型号	数量
1	QF	塑壳开关/NM1-63S/3300 20A	1 个
2	M	异步电动机/YS5012	1 台
3	KA	双控照明开关	1 个
4		单控照明开关	4 个
5		1.5mm² 铜芯软线/RV	按需配置
6		0.75mm² 铜芯软线/RV	按需配置
7		1.5mm² 黄绿双色铜芯软线/RV	按需配置
8		四脚三相插头带引线	1 个
9		安装基板/50cm×60cm×2cm	1 块
10		安装固定螺钉	按需配置
11	XT	接线端子排/TB1510	2 个
12		30mm×25mm 行线槽/TC3025	2m
13		异型管或号码管/1cm	2m
14		汇川变频器/MD280N	1 台
15		管式冷压端子/E1008	按需配置
16		SV1.25-4S 叉型端子	按需配置

评价与分析

完成表 8-15 的评价与分析。

表 8-15 评价与分析

班级		姓名		日期	
序号	评价要点		配分	得分	总评
1	完成填空题 1		5		
2	完成填空题 2		5		
3	完成填空题 3		5		
4	完成填空题 4		5		
5	完成判断题 1		5		A≥90
6	完成判断题 2		5		80≤B<90
7	完成判断题 3		5		60≤C<80
8	完成技能训练项目		40		D<60
9	没有迟到早退		5		
10	爱护设备		5		
11	学习态度端正		5		
12	与同学团结合作良好		5		
13	具备职业素养及安全意识		5		
学习小结与建议					

任务九 步进电动机应用

学习目标

能利用汇川 PLC H2U-1616MT、步进电动机驱动器 SH-20403 对步进电动机 42BYGH5403 进行调速控制，加深体验步进电动机在调速方面的优势。

任务情境描述

步进电动机在调速方面具有较高的精度，比其他电动机更有优势，其调速系统包括控制器、驱动器和步进电动机，本任务介绍利用汇川 PLC H2U-1616MT、步进电动机驱动器 SH-20403 对步进电动机 42BYGH5403 进行调速控制。

学习过程与活动

1. 依据学习资料，分别学习 PLC 的应用知识、步进电动机驱动器的应用方法和特点参数、步进电动机接线方法。

2. 通过例题及技能训练项目的操作，体验步进电动机的调速过程。

学习活动一　学习两相混合式步进电动机调速应用电路

1. 掌握汇川 PLC H2U-1616MT 的接线方法，了解其应用特点。
2. 了解两相混合式步进电动机的主要参数及参数的设置方法。
3. 了解步进电动机驱动器的主要特点。
4. 能读懂步进电动机驱动系统接线图。

建议 2 学时。

学习材料

在需要精确控制转数时，比如要实现电动机只转动两圈就停止下来，普通三相异步电动机无法做到，只能选择步进电动机。步进电动机能精确控制转动速度和转动圈数，而普通三相异步电动机则没有这样的功能，这是它们的一个重要差别。

步进电动机的工作电源是直流矩形脉冲信号，每输入一个矩形脉冲，它就能旋转一步，可以通过控制矩形脉冲的数量和频率，控制步进电动机的转角和转速。举个例子，某步进电动机步距角是 1.8°，如果要它转 1 圈半之后就立马停止，该加几个脉冲？

答：一圈半是 540°，需要加 540/1.8＝300 个脉冲。

如果要它 2s 转 1 圈半，又怎么做呢？很简单，那就是 f＝300/2Hz＝150Hz，也就是脉冲信号频率 f＝150Hz，通电 2s。步进电动机有多根信号线，怎么加脉冲信号呢？脉冲数量又如何保证准确呢？步进电动机调速应用电路如图 9-1 所示。

如此复杂的电路，它是怎么使步进电动机工作呢？

电路的基本工作过程：电源分别供给 PLC 和直流开关电源（输入交流，输出直流），直流开关电源有两组不同电压输出，一组是 DC 24V，供给步进电动机驱动器的后级放大部分，驱动步进电动机，另一组电压是 DC 5V，作为弱信号回路，按下起动按钮 SB_2 后，PLC 根据编程内容产生单列弱信号矩形脉冲，送到两相步进电动机驱动器，经两相步进电动机驱动器放大后，再分成两列脉冲分别送到步进电动机的 A+/A− 和 B+/B−两相绕组，步进电动机得到脉冲信号即旋转。两相绕组轮流得到脉冲电压，每得到一个脉冲，它就转过一步。如需中途停机，则按 SB_1，电动机则停止。

一、汇川 PLC H2U-1616MT

汇川 PLC H2U-1616MT 为深圳市汇川技术股份有限公司开发，如图 9-2 所示。这里输入端采用漏型接法，即 S/S 接 24V；输出端为晶体管输出方式，高速脉冲输出有 3 路，即 Y0、Y1、Y2。本学习活动中需要产生脉冲信号，可以选择从这 3 个端子输出脉冲给驱动器。停止信号

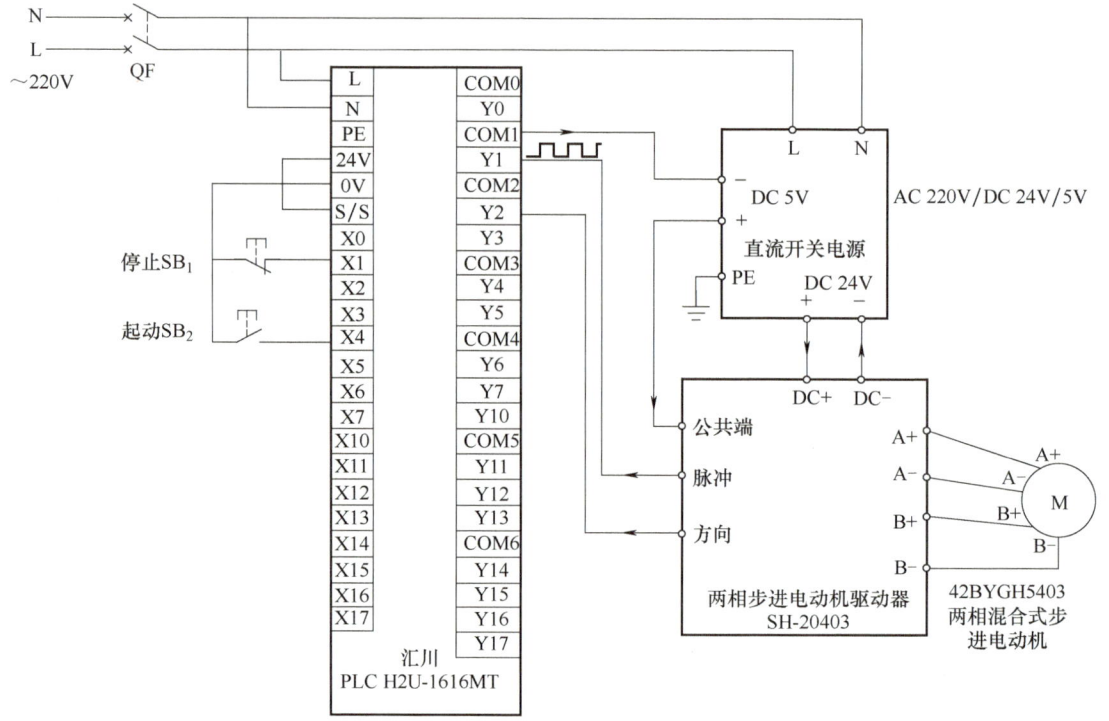

图 9-1 步进电动机调速应用电路

和起动信号分别选择 X1 和 X4。使用前，先在计算机上编写工作程序，下载到 PLC 上。

图 9-2 汇川 PLC H2U-1616MT

二、两相混合式步进电动机

42BYGH5403 步进电动机技术参数见表 9-1。

表 9-1 两相混合式步进电动机技术参数

参数	数值
电压/V	10~40
相数	2
步距角 (°)	1.8
静力矩/(N·m)	0.49
定位力矩/(N·m)	0.025

(续)

转动惯量/(kg·m²)	6.8×10^{-4}
引线数	4（红、蓝、绿、黑）
重量/g	340
机身长/mm	48
电阻/Ω	1.2
电感/mH	1.8
电流/A	1.8
A 相绕组	A+红色——A-蓝色
B 相绕组	B+绿色——B-黑色

三、两相步进电动机驱动器

1. 型号

森创两相步进电动机驱动器 SH-20403 如图 9-3 所示。

2. 特点

1）电压 DC 10~40V；容量 30W。

2）恒相流 PWM（PWM 指脉冲宽度调制）控制驱动，输出电流可调节。

3）最大 3A 的 8 种输出电流可选择。

4）最大 128 细分的 8 种细分模式可选。

5）输入信号光电隔离，可有效减少冲击或损坏。

6）标准共阳单脉冲接入口。

7）具有脱机保持功能。

8）半密闭式机壳可适应更严荷环境。

9）提供节能的自动半电流锁定功能。

10）通过 CE 认证。

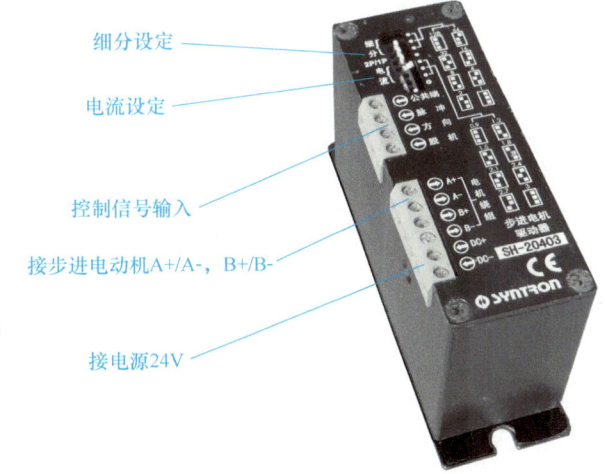

图 9-3 森创两相步进电动机驱动器 SH-20403

3. 驱动器与控制器连接

驱动器与控制器（如 PLC）之间的连接采用共阳极接法，如图 9-4 所示。驱动器与控制器（如 PLC）连接说明如下。

1）电源 DC 5V 的正极接到驱动器的"公共端"，这样，脉冲信号、方向信号及脱机信号的低电平均视为有效信号。

2）方向信号为高电平时，电动机反转；低电平时，正转。

3）脉冲信号下降沿被驱动器解析为一个有效脉冲，并驱动电动机转一步。但过低的频率会使转子颤动，过高的频率会使转子失步。

4）脱机信号为高电平或悬空时，转子处于锁定状态；低电平时电动机相电流被切断，转子处于脱机自由状态。

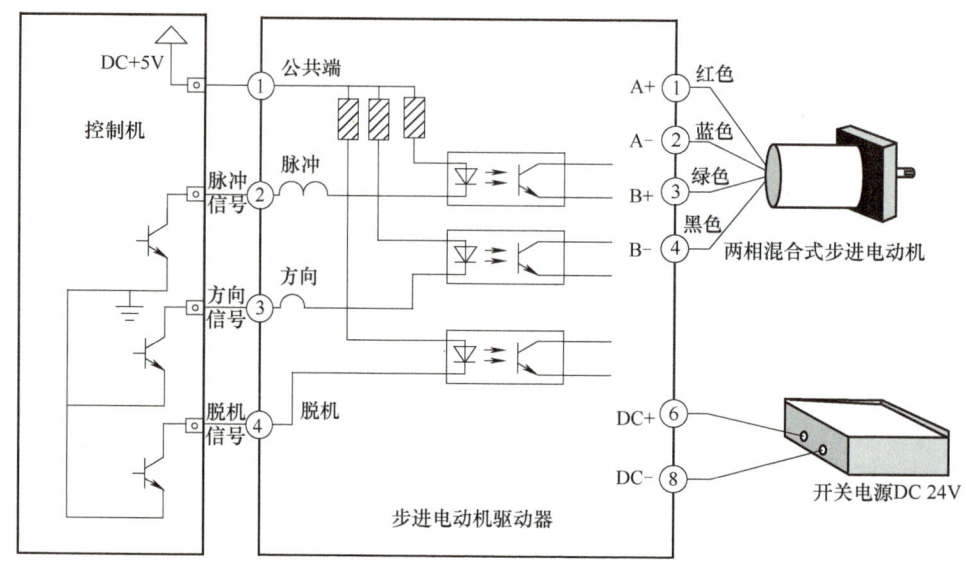

图 9-4 驱动器与控制器的连接

4. DIP 拨码开关

（1）细分设定　森创 SH-20403 可通过调整拨码开关改变运行模式，驱动器面板上 3 位拨码器可以设置 8 种运行模式，即整步、半步、4 细分、8 细分、16 细分、32 细分、64 细分、128 细分。设置方法见表 9-2。

表 9-2 细分设置

细分	整步	半步	4细分	8细分	16细分	32细分	64细分	128细分
DIP1 DIP2 DIP3								

（2）驱动器输出电流　驱动器输出电流可按表 9-3 进行设置。

表 9-3 输出电流设置

电流/A	0.9	1.2	1.5	1.8	2.1	2.4	2.7	3.0
DIP5 DIP6 DIP7								

注意：在更改拨码开关前，需断开电源。

本学习活动中所用的步进电动机工作电流是 1.8A，所以应将驱动器的输出电流也设定到 1.8A 或以下（空载），调整相应的 DIP 拨码器。

学习过程与检测

一、填空题

1. 本学习活动学习的步进电动机为_____相混合式步进电动机。

2. 对于本学习活动的步进电动机及驱动器，当驱动器细分设为整步时，每输入驱动器一个脉冲，电动机转过_____°；当驱动器细分设为 8 时，每输入驱动器一个脉冲，电动机转过_____°。

二、判断题

1. 细分是步进电动机的一项功能。（   ）
2. 细分是步进电动机驱动器的一项功能。（   ）
3. 细分是 PLC 输出脉冲的一项功能。（   ）
4. 细分是将较低频脉冲转变为较高频脉冲。（   ）
5. 步进电动机细分数越高，电动机运转越平稳。（   ）
6. 本学习活动的步进电动机驱动器，方向和脉冲端均为高电平有效。（   ）
7. 本学习活动的步进电动机驱动器，方向端为高电平，脉冲端为低电平时有效。（   ）
8. 本学习活动的步进电动机驱动器，方向和脉冲端均为低电平有效。（   ）

三、操作题

使用本学习活动介绍的步进电动机驱动器，设置步进驱动器的电流为 1.8A，细分为 4。

评价与分析

完成表 9-4 的评价与分析。

表 9-4　评价与分析

班级		姓名		日期	
序号	评价要点		配分	得分	总评
1	完成填空题 1		10		
2	完成填空题 2		10		
3	完成判断题 1		5		
4	完成判断题 2		5		
5	完成判断题 3		5		A≥90
6	完成判断题 4		5		80≤B<90
7	完成判断题 5		5		60≤C<80
8	完成判断题 6		5		D<60
9	完成判断题 7		5		
10	完成判断题 8		5		
11	完成操作题		10		
12	爱护设备		10		
13	遵守课堂秩序		10		
14	学习态度端正		10		
学习小结与建议					

学习活动二　学习步进电动机调速控制方法

温馨提示

本学习活动配有微视频《步进电动机与伺服电动机的控制电路》，读者在学习相关内容时，可参看微视频学习。

学习目标

学习例题,完成技能训练项目。

建议学时

建议 3 学时。

学习材料

按电路原理图连接电路,根据不同的调速要求编写不同的程序,完成步进电动机的调速控制。下面举两个不同调速要求的例子。

[**例 9-1**] 要求步进电动机起动后正转 3.5 圈即停转,转速为 1r/s,电动机未停转前,可以按停止按钮提前停机。驱动器的细分设为整步,驱动器输出电流设为 1.5A。

解: 1) 按图 9-1 连接安装电路之后,进行电路检查。

首先检查连接电路是否达到工艺要求,是否有漏接线或导线连接错误,端子压接是否牢固;然后,用万用表检查电路,断电情况下,检测电路是否存在短路故障,检测电路的基本连接是否正确。

2) PLC 控制程序的编写。因为细分设为整步,故步距角是 1.8°。转 3.5 圈就需 $3.5 \times 360/1.8 = 700$ 个脉冲,转速 1r/s,得 $700/[3.5r/(1r/s)] = 200$ 个脉冲/s,即 $f=200$Hz。根据以上数据及接线图,编写程序见表 9-5。

本例使用汇川编程软件编写,汇川 PLC 配有相应的 PLC 编程软件,版本号 AutoShop v1.0.6 Build0308。

表 9-5 例 9-1 PLC 程序

PLC 程序	程序解释
M8002 —[SET S0]	程序头
S0 STL —[ZRST Y0 Y6]	清零
X4 —[SET S20]	按起动按钮 X4
S20 STL —(Y2)	选择正转 Y2 Y2 低电平有效
—[PLSY K200 K700 Y1]	发送 700 个脉冲,每秒 200 个
M8029 —[SET S0]	M8029 发送完毕指令,返回起动前状态
RET	程序结束
X1 —[SET S0]	提前停机 X1

3）下载程序至 PLC。接通 PLC 电源，连接好下载线，将程序下载至 PLC。

4）断电后，通过拨码开关设定驱动器的细分为整步，电流输出设置 1.5A。

5）通电试机。接通电源，打开 PLC 上的 RUN/STOP 开关，按起动按钮 SB_2，观察电动机转向和转速、圈数。重新起动，按提前停止按钮 SB_1，是否能提前停机。

[例 9-2]　要求步进电动机起动后正转半圈，之后立即连续反转，速度都是 0.5r/s，驱动器细分设定为 2，输出电流 1.8A。按停止按钮，步进电动机停转。

解：1）按图 9-1 进行电路连接后，编写 PLC 控制程序。

因为细分是 2（半步），电动机步距角是 1.8°，通入一个脉冲转子只转过 0.9°。转 0.5 圈就需 0.5×360/0.9＝200 个脉冲，转速 0.5r/s，得 200 个脉冲/s，即 f＝200Hz。根据以上数据及接线图，编写程序见表 9-6。

表 9-6　例 9-2 PLC 程序

PLC 程序	程序解释
M8002 —[SET S0]	程序头
S0 STL —[ZRST Y0 Y6]	输出清零
X4 —[SET S20]	按起动按钮 SB_2
S20 STL —(Y2)	选择正转 Y2，Y2 低电平有效
—[PLSY K200 K200 Y1] M8029 —[SET S21]	正转半圈，输出 200 个脉冲，频率 f＝200Hz，目标 Y1 驱动器脉冲端口 M8029 脉冲输出完毕
S21 STL —[PLSY K200 K0 Y1] RET	Y2 高电平，步进电动机连续反转，频率 f＝200Hz
X1 —[SET S0]	按 SB_1 停机，返回开机前状态

2）下载程序至 PLC。接通电源，连接好下载线，将程序下载至 PLC。

3）断电后，通过拨码开关设定驱动器的细分为 2，电流输出设置 1.8A。

4）通电试机。接通电源，打开 PLC 上的 RUN/STOP 开关，按起动按钮 SB_2，观察电动机转向和转速、圈数。按停机按钮。其他步骤与例 9-1 相同。

学习过程与检测

简答题

PLC 程序：[PLSY　K200　K400　Y1] 表示什么？

技能训练

根据本学习活动例题，完成表 9-7 的技能训练。

表 9-7　技能训练——步进电动机调速控制

技能训练时间	_____年___月___日　星期___第___节　地点_____		
技能训练 指导教师			
技能训练项目 小组名单		人数	
技能训练内容	采用 PLC 对两相混合式步进电动机进行调速控制		
技能训练设备 及型号	技能训练元件清单见表 9-8		
技能训练工具	万用表、剥线钳、螺钉旋具、压线脚		
技能训练步骤	安装例 9-1 电路： 1. 按元件布局图定位元件（见图 9-5） 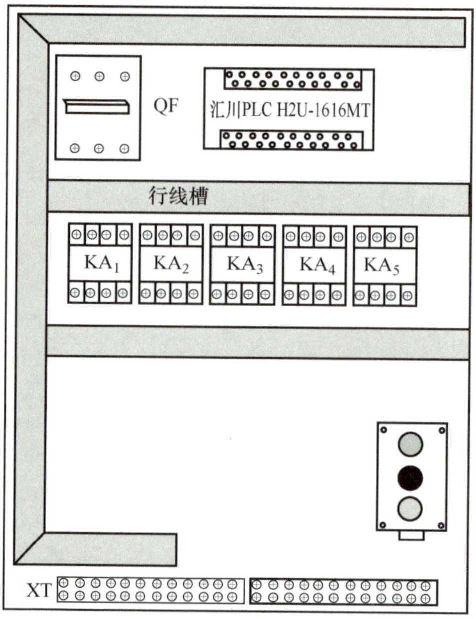 图 9-5　元件布局图 　　2. 按图 9-6 进行电路连接，全部使用 0.75mm² RV 导线。采用管式冷压端子进行接线。套号码管标记编号 　　3. 根据原理图对电路进行检查：首先检查连接电路是否达到工艺要求，是否有漏接线或导线连接错误，端子压接是否牢固；然后用万用表检查电路，断电情况下： 　　1）检测电路是否存在短路故障 　　2）检测电路的基本连接是否正确 　　特别注意：接线有误时，有可能会损坏器件，请谨慎安装检查 　　4. 计算机编写 PLC 控制程序，并下载到 PLC 上 编程和下载技术需复习，在教师指导下进行 　　5. 断电设置驱动器的细分和输出电流 　　6. 按下起动按钮 SB_2，观察电动机运行情况是否达到要求 如果达不到要求，则需重新检查每一个环节，直到符合控制要求 安装例 9-2 电路： 　　1）原电路不更改，按例 9-2 要求编写控制程序 　　2）下载试机。各步骤同例 9-1 过程		

(续)

技能训练步骤	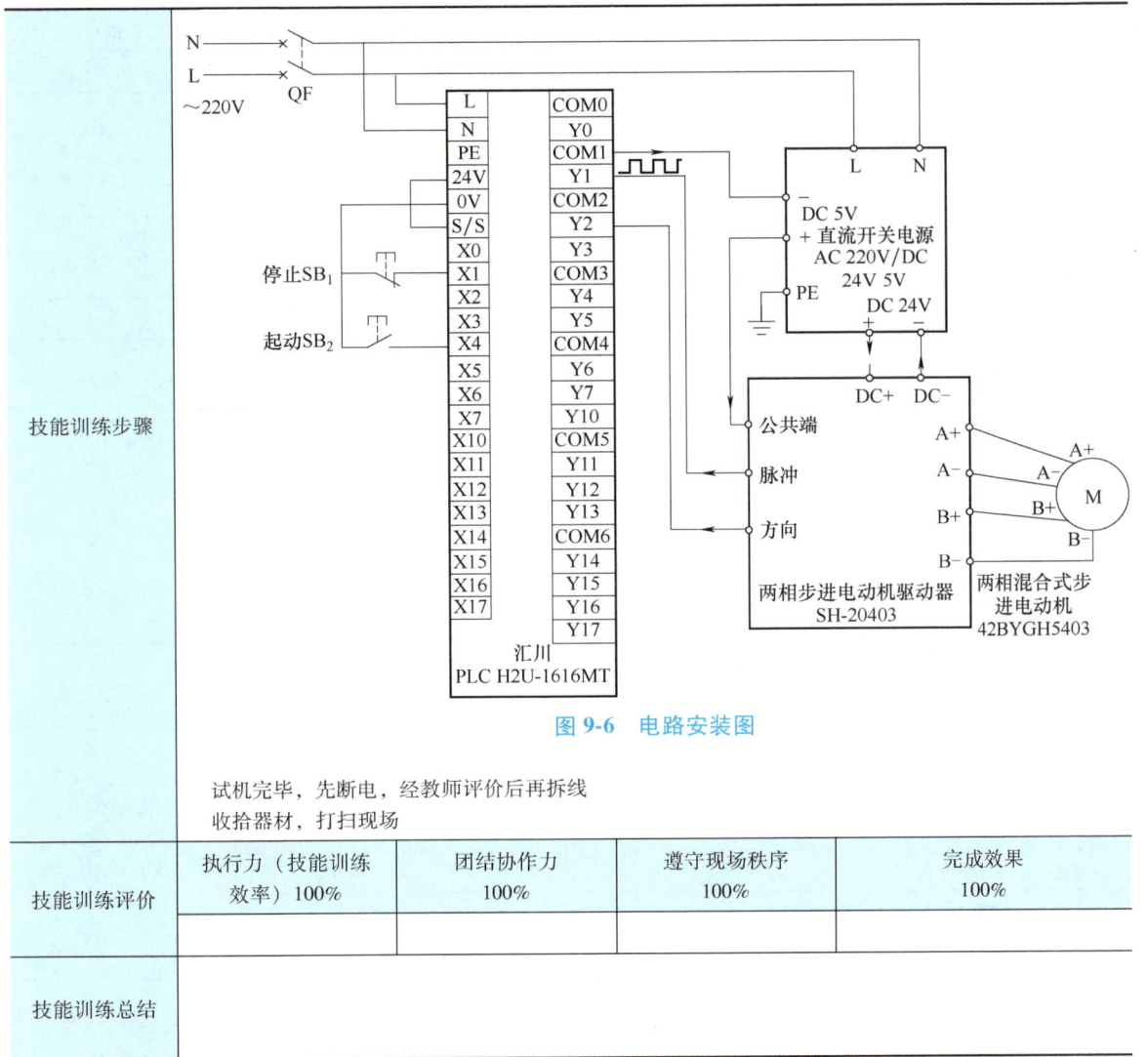 图 9-6 电路安装图 试机完毕，先断电，经教师评价后再拆线 收拾器材，打扫现场				
技能训练评价	执行力（技能训练效率）100%	团结协作力 100%	遵守现场秩序 100%	完成效果 100%	
技能训练总结					

注：电动机和驱动器、开关电源的安装视实际情况由指导教师指导安装。

表 9-8 技能训练元件清单

序号	代号	名称/型号	数量
1	QF	塑壳开关/NM1-63S/3300 20A	1个
2	M	两相混合式步进电动机/42BYGH5403	1台
3		两相混合式步进电动机驱动器/森创 SH-20403	1台
4	SB	按钮盒/NP2-E3001，三位，一开一闭	2个
5		1.5mm² 铜芯软线/RV	按需配置
6		0.75mm² 铜芯软线/RV	按需配置
7		1.5mm² 黄绿双色铜芯软线/RV	按需配置
8		四脚三相插头带引线	1个

(续)

序号	代号	名称/型号	数量
9		安装基板/50cm×60cm×2cm	1块
10		安装固定螺钉	按需配置
11	XT	接线端子排/TB1510	2个
12		30mm×25mm 行线槽/TC3025	2m
13		异型管或号码管/1cm	2m
14		管式冷压端子/E1008	按需配置
15		SV1.25-4S 叉型端子	按需配置
16	PLC	汇川 PLC H2U-1616MT	1台
17	DC	AC 220V/DC 24V/5V 开关电源	1个

评价与分析

完成表 9-9 的评价与分析。

表 9-9 评价与分析

班级		姓名		日期	
序号	评价要点		配分	得分	总评
1	完成简答题		15		A≥90 80≤B<90 60≤C<80 D<60
2	完成技能训练项目		65		
3	与同学团结合作良好		5		
4	爱护设备		5		
5	按时出勤，遵守课堂纪律		5		
6	具备安全用电意识和职业素养		5		
学习小结与建议					

任务十　交流伺服电动机的应用

步进电机与伺服电机的控制电路

温馨提示

本学习活动配有微视频《步进电动机与伺服电动机的控制电路》，读者在学习相关内容时，可观看视频学习。

学习目标

掌握台达交流伺服电动机位置控制方法。

任务情境描述

伺服电动机系统包括伺服电动机和伺服驱动器及传动机构,具有位置控制、速度控制、转矩控制三种控制方式。位置控制应用最为广泛,适用于对位置精度要求较高的场合。速度控制常见于只对转速精确控制,对位置没有要求或要求不高的场合。转矩控制常见于电动机输出转矩需要实时调整的场合,转矩控制方式下可对伺服电动机的转速和最大转矩进行限制。

本任务主要是学会使用台达交流伺服电动机进行位置控制。

 **学习过程与活动**

1. 了解交流伺服电动机的主要功能。
2. 认识台达交流伺服电动机的型号含义。
3. 认识台达交流电动机驱动器各个端口及位置控制参数的设置方法。
4. 掌握位置控制转速公式。
5. 通过学习例题,结合技能训练项目,掌握台达交流伺服电动机进行位置控制的方法。

 建议学时

建议 4 学时。

 学习材料

交流伺服电动机属于控制电动机,凡是对位置、速度和力矩的控制精度要求比较高的场合,都可以采用交流伺服电动机,如机床、印刷设备、包装设备、纺织设备、激光加工设备、机器人、电子、制药、金融机具、自动化生产线等。交流伺服电动机控制精度可以达到 0.01mm 以上。因为伺服多用在定位、速度控制场合,所以伺服又称为运动控制。

下面以台达交流伺服电动机为例介绍它的位置模式控制应用。

应用电路如图 10-1 所示,要求起动后,伺服电动机正转 3 圈后再反转 2.5 圈停转,正转速为 1.5r/s,反转转速为 1r/s,如需提前停转,则按停机按钮。

分析:电路要求通过 PLC 产生脉冲加到伺服驱动器,对伺服电动机进行转子位置控制。

一、台达交流伺服电动机

台达交流伺服电动机外形如图 10-2 所示。型号各部分代表含义如图 10-3 所示。

二、台达 ASD-A0421-AB 型伺服驱动器

1. 驱动器部分技术指标

伺服电动机需要匹配伺服驱动器。台达交流伺服电动机 ECMAC30604PS 可以用台达 ASD-A0421-AB 型伺服驱动器,构成驱动系统。该驱动器部分技术指标如下:

1)工作电压:单相 AC 220V。
2)额定输出功率:400W。
3)编码器分辨率:2500ppr。
4)编码器反馈分辨率:10000ppr。

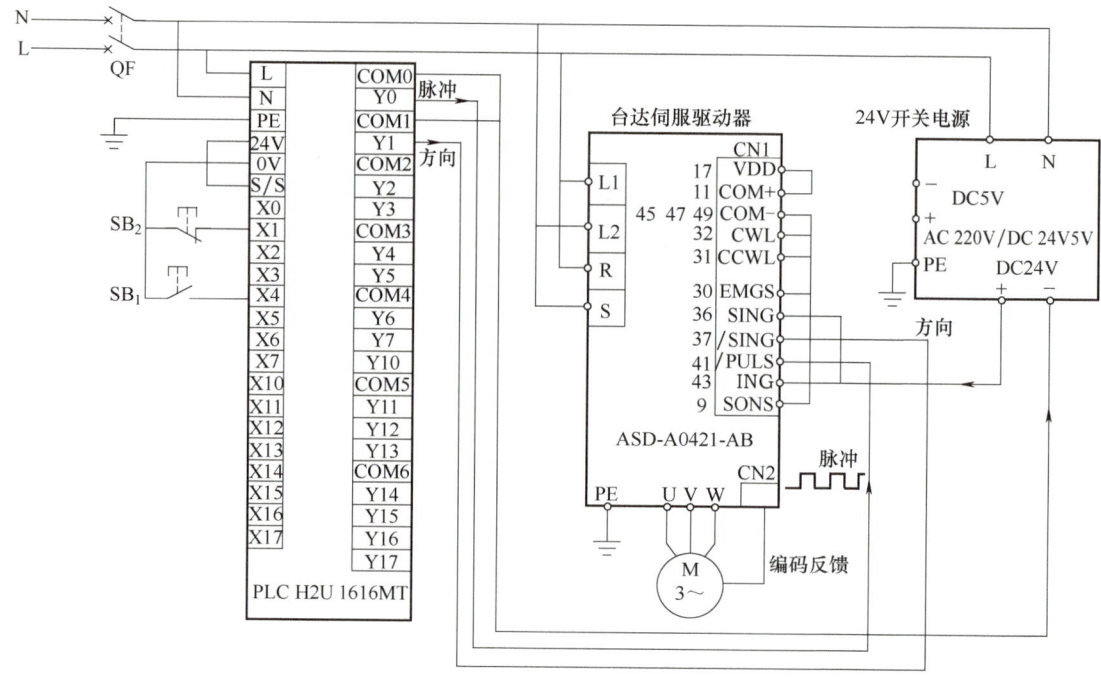

图 10-1 台达交流伺服电动机应用电路

图 10-2 台达交流伺服电动机外形

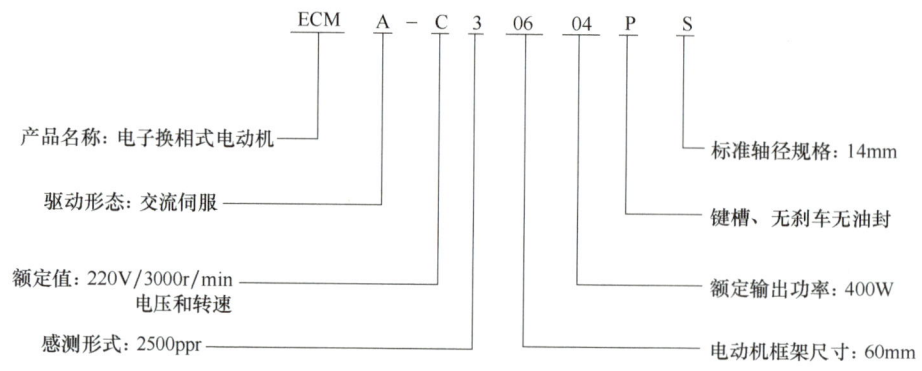

图 10-3 台达交流伺服电机型号含义

5）配专用电动机：支持 ECMA 机种。

2. 伺服驱动器接口

1）电源接口：L1、L2、R、S、T，外接交流电源 220V。

2）伺服电动机接口：U、V、W，接到伺服电动机绕组上。

3）内外部回生电阻接口：P、D、C。当使用外部回生电阻时，P、C 端接电阻，P、D 端开路；当使用内部回生电阻时，P、C 端开路，P、D 端需短路。

4）控制连接器接口：CN1 接口，内含位置脉冲命令输入、位置脉冲命令输出、电源等部分。这里的电源不是外接输入电源，而是驱动器内部提供的直流电源，供其他控制部分电路使用，应用时，根据控制模式连接相应的电源。

5）编码器连接器接口：CN2 接口。它与伺服电动机相接，将电动机运行的反馈信号送回到驱动器。

6）RS-486 或 RS-422 连接器接口：CN3 接口，可与计算机或控制器进行连接。

3. 驱动器的面板操作

操作面板有液晶显示窗、操作按键，如图 10-4 所示，各按键功能说明见表 10-1。

要让伺服电动机完成一定的操作控制内容，需在伺服驱动器上通过按键进行设定，伺服驱动器可以提供三个基本模式的操作控制，让电动机完成相应的工作。

显示器可以对机器运行进行监控，显示机器当前运行状态。驱动器上电后，自动进入监控显示模式。通过操作 UP/DOWN 键或 MODE 键，进入参数模式。驱动器共有 5 组参数可选择，分别是：

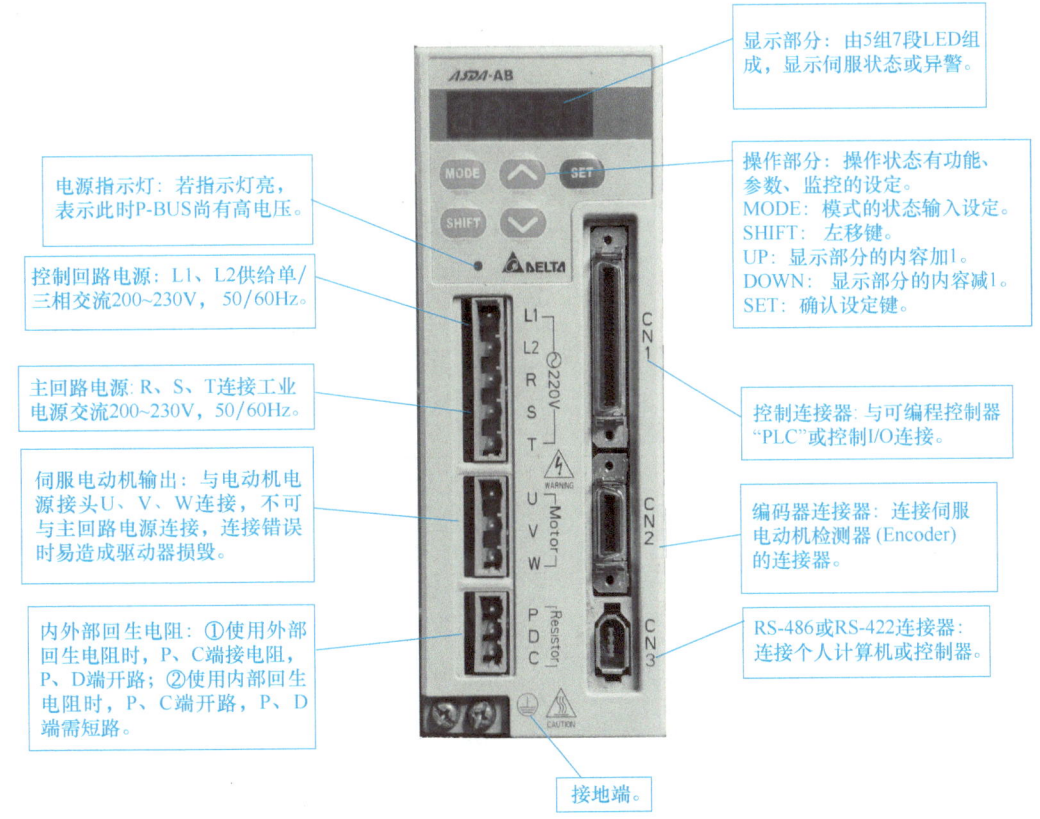

图 10-4　台达伺服驱动器控制面板

表 10-1 面板各部分的名称及按键功能

名 称	功 能
显示器	5组7段显示器,用于显示监控数值、参数值及设定值
电源指示灯	主电源回路中容量的充电显示
MODE 键	进入参数模式或脱离参数模式及设定模式
SHIFT 键	参数模式下可改变群组参码。设定模式下闪烁字符左移可用于修正较高的设定字符值
UP 键	变更监控码、参数码或设定值
DOWN 键	变更监控码、参数码或设定值
SET 键	显示及储存设定值

1) 监控参数 P0-00~P0-17：共有 18 种参数项目可设定。
2) 基本参数 P1-00~P1-64：共有 65 种参数项目可设定。
3) 扩展参数 P2-00~P2-68：共有 69 种参数项目可设定。
4) 通信参数 P3-00~P3-07：共有 8 种参数项目可设定。
5) 诊断参数 P4-00~P4-26：有 27 种参数项目可设定。

4. 伺服驱动器控制方式

伺服驱动器有三种基本控制方式：位置控制、速度控制、转矩控制。由基本控制方式相互组合，总共有 11 种控制模式，见表 10-2。

表 10-2 伺服电动机驱动器控制模式

模式名称	模式代号	模式设置代码	说 明
端子输入的位置模式	Pt	00	驱动器接收位置命令，控制电动机至目标位置，位置命令由端子输入，信号形态为脉冲
内部寄存器输入的位置模式	Pr	01	驱动器接收位置命令，控制电动机至目标位置，位置命令由内部寄存器提供（共8组寄存器），可利用 DI 信号选择寄存器编号
模拟输入的速度模式	S	02	驱动器接收速度命令，控制电动机至目标转速。速度命令可由内部寄存器（共三组寄存器）或由外部端子模拟电压（-10~10V）提供，命令根据 DI 信号来选择
无模拟输入的速度模式	Sz	04	驱动器接收速度命令，控制电动机至目标转速。速度命令仅可由内部寄存器提供（共三组寄存器），无法由外部端子提供。命令根据 DI 信号来选择
模拟输入的转矩模式	T	03	驱动器接收转矩命令，控制电动机至目标位置。转矩命令可由内部寄存器（共三组寄存器）或由外部端子模拟电压（-10~10V）提供，命令根据 DI 信号来选择
无模拟输入的转矩模式	Tz	05	驱动器接收转矩命令，控制电动机至目标位置。转矩命令仅可由内部寄存器提供（共三组寄存器），无法由外部端子提供。命令根据 DI 信号来选择
混合模式	Pt-S	06	Pt 与 S 可通过 DI 信号切换
	Pt-T	07	Pt 与 T 可通过 DI 信号切换
	Pr-S	08	Pr 与 S 可通过 DI 信号切换
	Pr-T	09	Pr 与 T 可通过 DI 信号切换
	S-T	10	S 与 T 可通过 DI 信号切换
备注			将驱动器切换到 SERVO OFF 状态，可由 DI 的 SON 信号 OFF 来完成 将参数 P1-01 中的控制模式设定填入表中 设定完成后，将驱动器断电再重新送电即可

5. 控制模式的设定

本例伺服电动机应用采用位置控制（Pt）模式，伺服驱动器设定参数见表10-3。

表10-3 本例参数表

序号	参数	名称	出厂值	设定值	功能说明
1	P2-08	特殊参数写入	0	10	参数复位（复位后请重新接通电源）。设定此参数前，应先确认驱动器状态在SERVO OFF，即断开SON信号线
2	P1-00	外部脉冲列指令输入形式设定	2	2	1. AB相脉冲列（4X） 2. 正转脉冲列及逆转脉冲列 3. 脉冲形式：脉冲列+符号
3	P1-01	控制模式及控制命令输入源设定	00	00	Pt：位置控制模式（命令由端子输入）
4	P1-44	电子齿轮比分子（N）	1	待定	多段电子齿轮比分子设定，设定范围为1~32767
5	P1-45	电子齿轮比分母（M）	1	待定	多段电子齿轮比分母设定，设定范围为1~32767 齿轮比范围为$1/50<N/M<200$

电子齿轮提供简单易用的行程比例变更，当电子齿轮比为1时，命令端每个脉冲对应到电动机转动脉冲为一个脉冲；当电子齿轮比为0.5时，命令端每两个脉冲对应到电动机转动脉冲才为一个脉冲。

由于编码器反馈分辨率为10000ppr，在驱动器参数初始化后（电子齿轮比为1），伺服电动机接收10000个脉冲信号，转子将转动一圈。可通过修改电子齿轮比参数P1-11/P1-45，设定伺服电动机转动一圈所需要的脉冲数量，计算公式为

$$每转脉冲数（N_0）= 反馈分辨率 \div 电子齿轮比（N/M）$$

脉冲频率与伺服电动机转速之间的关系为

$$频率 = 转速 \times 反馈分辨率 \div 电子齿轮比$$

本例采用位置控制模式对电动机进行控制，位置控制模式接线图如图10-1所示。

三、编写控制程序

电动机每转脉冲数 = 10000÷10 = 1000。所以正转脉冲数3000个，反转脉冲2500个。

$$正转脉冲频率 = 1.5 \times 10000 \div 10 Hz = 1500 Hz$$
$$反转脉冲频率 = 1 \times 10000 \div 10 Hz = 1000 Hz$$

正转3圈后再反转2.5圈停转，正转速为1.5r/s，反转转速1r/s。
根据以上参数编写PLC程序，见表10-4。

四、电路调试

1）检查电路，电路连接要牢固、正确，工艺要良好。
2）参数设置，伺服驱动器参数按表10-3设置。
3）程序下载，连接通信电路，通电下载程序。
4）整机通电试机，按起动按钮，观察转向和转速。提前按停机键，检查能否停机。

表 10-4　伺服电动机控制 PLC 程序表

程　　序	解　　释
M8002—[SET S0]	程序头
S0 STL—[ZRST Y0 Y6]	清零
X4—[SET S20]	按起动按钮 X4
S20 STL—(Y1)	选择正转 Y1
[PLSY K1500 K3000 Y0]	发送 3000 个脉冲给 Y0，每秒 1500 个
M8029—[SET S21]	
S21 STL—[PLSY K1000 K2500 Y0]	M8029 发送结束
M8029—[SET S0]	反转，发送 2500 个脉冲给 Y0 端，每秒 1000 个
RET	
X1—[SET S0]	停机 X1

学习过程与检测

填空题

1. 根据本任务学习的伺服电动机和台达驱动器相关知识，如果驱动器的电子齿轮比分子设置为 20，电子齿轮比分母设置为 2，驱动器的反馈分辨率为 10000ppr，那么该伺服电动机转过两圈时，输入驱动器的脉冲数为 _____ 个。如果电动机转速为 1r/s，则该脉冲频率为 _____ Hz。

2. 台达伺服驱动器有 _____ 种基本控制方式，分别是 _____。

技能训练

结合本任务学习例题，完成表 10-5 的技能训练。

表 10-5　技能训练——伺服电动机位置控制

技能训练时间	_____年___月___日　星期___第___节　地点_____		
技能训练指导教师			
技能训练项目小组名单		人数	
技能训练内容	用 PLC、台达伺服驱动器（ASD-A0421-AB 型）对伺服电动机（型号 ECMAC30604PS）进行位置控制		
技能训练设备及型号	技能训练元件清单见表 10-6		
技能训练工具	万用表、剥线钳、螺钉旋具、压线脚		

(续)

技能训练步骤	1. 按元件布局图（图10-5）定位安装元件 2. 按图10-1的电路进行电路连接，全部使用0.75mm² RV导线。采用管式冷压端子加工线端子，套号码管标记编号 3. 根据原理图对电路检查：首先检查连接电路是否达到工艺要求，是否有漏接线或导线连接错误，端子压接是否牢固；然后用万用表检查电路，断电情况下进行如下检测。 1）检测电路是否存在短路故障 2）检测电路的基本连接是否正确 接线有误时，有可能会损坏器件，请谨慎安装检查 4. 编写程序，然后下载到PLC上 编程和下载内容需复习，在教师指导下进行 5. 按起动按钮SB_1，观察电动机运行情况是否达到要求 如果达不到要求，则需重新检查每一个环节，直到符合控制要求 试机完毕，先断电，经教师评价后再拆线收拾器材，打扫现场	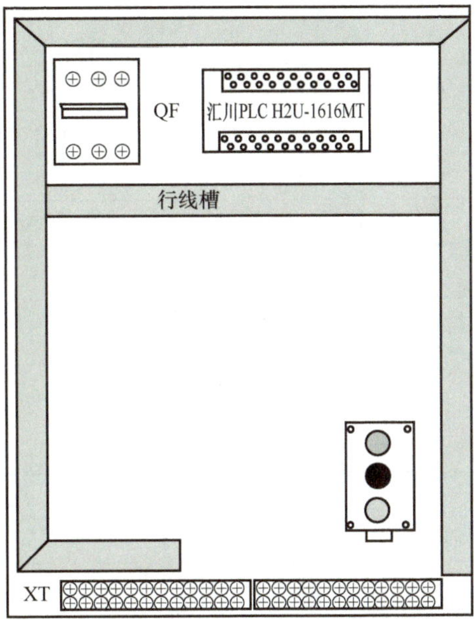 图 10-5 元件布局图

技能训练评价	执行力（技能训练效率）100%	团结协作力 100%	遵守现场秩序 100%	完成效果 100%

技能训练总结	

注意：电动机和驱动器、开关电源的安装视实际情况由指导老师指导安装。

表10-6 技能训练元件清单

序号	代号	名称/型号	数量
1	QF	塑壳开关/NM1-63S/3300 20A	1个
2	M	伺服电动机（型号ECMAC30604PS）	1台
3		台达伺服驱动器（台达ASD-A0421-AB型）	1台
4	SB	按钮盒/NP2-E3001，三位，一开一闭	2个
5		1.5mm² 铜芯软线/RV	按需配置
6		0.75mm² 铜芯软线/RV	按需配置
7		1.5mm² 黄绿双色铜芯软线/RV	按需配置
8		四脚三相插头带引线	1个
9		安装基板/50cm×60cm×2cm	1块
10		安装固定螺钉	按需配置
11	XT	接线端子排/TB1510	2个
12		30mm×25mm 行线槽/TC3025	2m

(续)

序号	代　号	名称/型号	数　　量
13		异型管或号码管/1cm	2m
14		管式冷压端子/E1008	按需配置
15		SV1.25-4S 叉型端子	按需配置
16	PLC	汇川 PLC H2U-1616MT	1台
17	DC	DC 24V/5A 开关电源（伺服驱动器用）	1个

 评价与分析

完成表10-7的评价与分析。

表10-7　评价与分析

班级		姓名		日期	
序号	评　价　要　点		配分	得分	总评
1	完成填空题1		10		A≥90 80≤B<90 60≤C<80 D<60
2	完成填空题2		10		
3	完成技能训练项目		60		
4	与同学团结合作良好		5		
5	没有迟到早退		5		
6	遵守课堂纪律		5		
7	具备职业素养与安全操作意识		5		
学习小结与建议					

任务十一　电动机综合控制

 学习目标

学习本任务例题，掌握多台电动机的综合控制方法。

 任务情境描述

在实际应用中，一个生产工艺流程有时会有多台电动机工作，完成不同的任务，其中PLC在电力拖动控制中扮演着重要的角色，起到非常重要的作用。本任务通过例题学习其控制方式。

 学习过程与活动

1. 阅读例题，理解题目。

2. 安装电路。

3. 按技能训练要求，配合例题说明完成技能训练项目。

 建议学时

建议 6 学时。

 学习材料

为了提高生产效率，自动控制渐渐地应用到各个领域，一个生产工艺流程有时会有多台电动机工作，完成不同的任务，PLC 在电力拖动控制中扮演着重要的角色，已大量应用到工农业生产中，起到非常重要的作用。机械加工的精度除了本身因素外，还有很大的因素取决于自动化技术，下面通过例题学习多台电动机的综合控制。

图 11-1 和图 11-2 电路中，有 5 台电动机相互配合工作完成一个生产流程，每个电动机都是由 PLC 独立控制，每次只能起动一台电动机。为了简化操作流程和电动机工作效果，本例将复杂的操作简化成表 11-1 中所述，试编写 PLC 程序，说明控制过程。

表 11-1 电动机工作控制要求

控 制 选 择	控 制 对 象	效 果	备 注
M_1	SB_2	M_1 低速（△）	
	SB_3	M_1 高速（YY）	
	SB_1	M_1 停止	
M_2	SB_4	M_2 星形联结，KT 得电定时 3s	
		M_2 三角形联结运行	
	SB_1	M_2 停止	
M_3	SB_5	M_3 正转起动 20Hz 运行 10s	速度自动切换
		M_3 正转起动 30Hz 运行 10s	
		M_3 正转起动 40Hz 运行 10s	
		M_3 正转起动 50Hz 运行 10s	
		M_3 正转起动 20Hz 运行 10s	
		M_3 反转起动 50Hz 连续运行	
	SB_1	M_3 停止	
M_4	SB_6	M_4 正转 3 圈，速度 1r/s	自动停止，也可手动按下 SB_1 停止
	SB_7	M_4 反转 1 圈，速度 1r/s	
M_5	SB_8	M_5 正转 3 圈，速度 1r/s	自动停止，也可手动按下 SB_1 停止
	SB_9	M_5 反转 1 圈，速度 1r/s	

操作要求：上电后，任选一台电动机都可以起动，但不能同时起动和运行两台机器。M_1、M_2 电动机过载时，自动停机

1. 变频器参数设置

变频器参数设置见表 11-2。

2. 伺服驱动器参数设置

伺服驱动器参数设置见表 11-3。

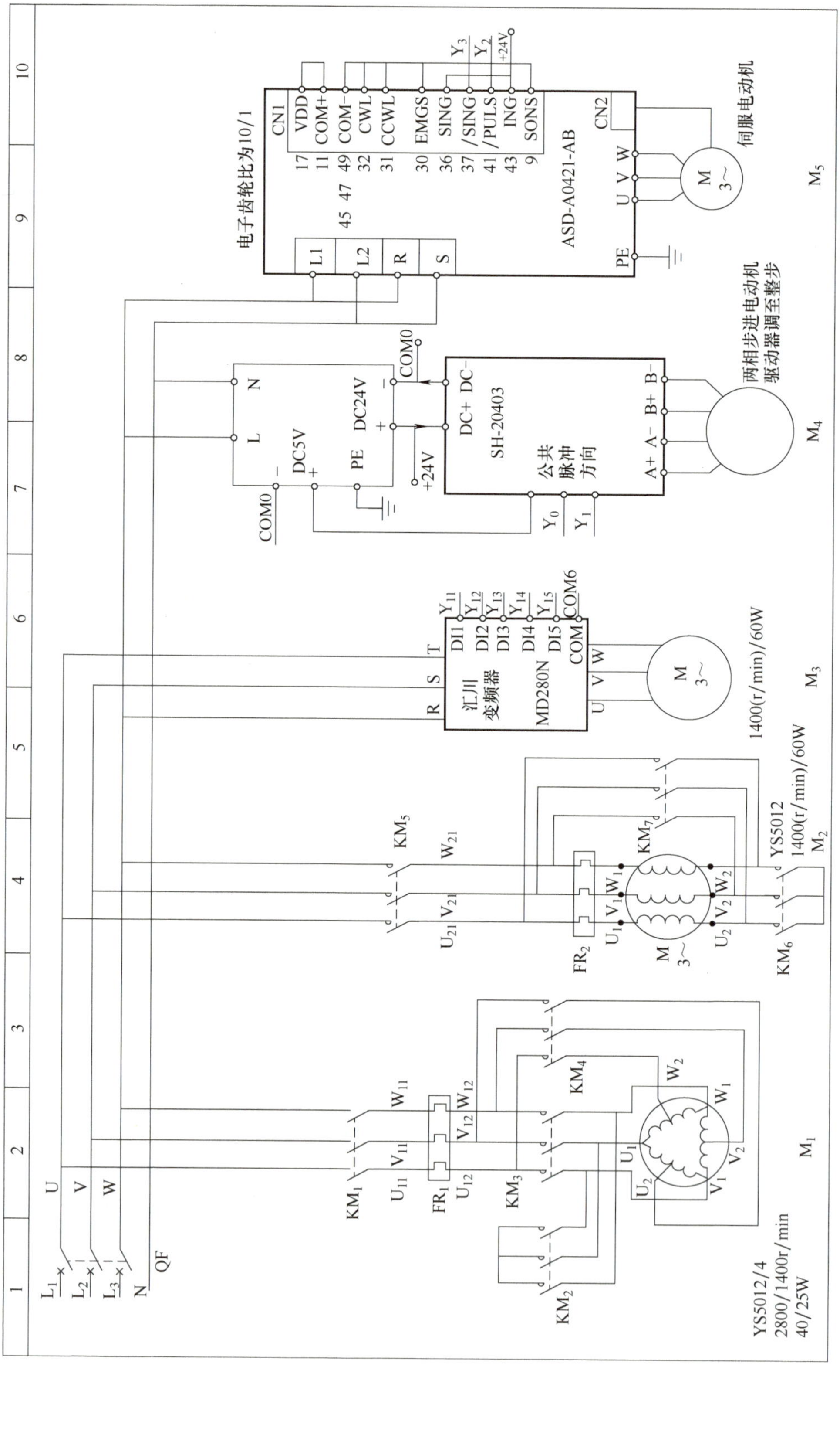

图 11-1 多台电动机综合控制主电路

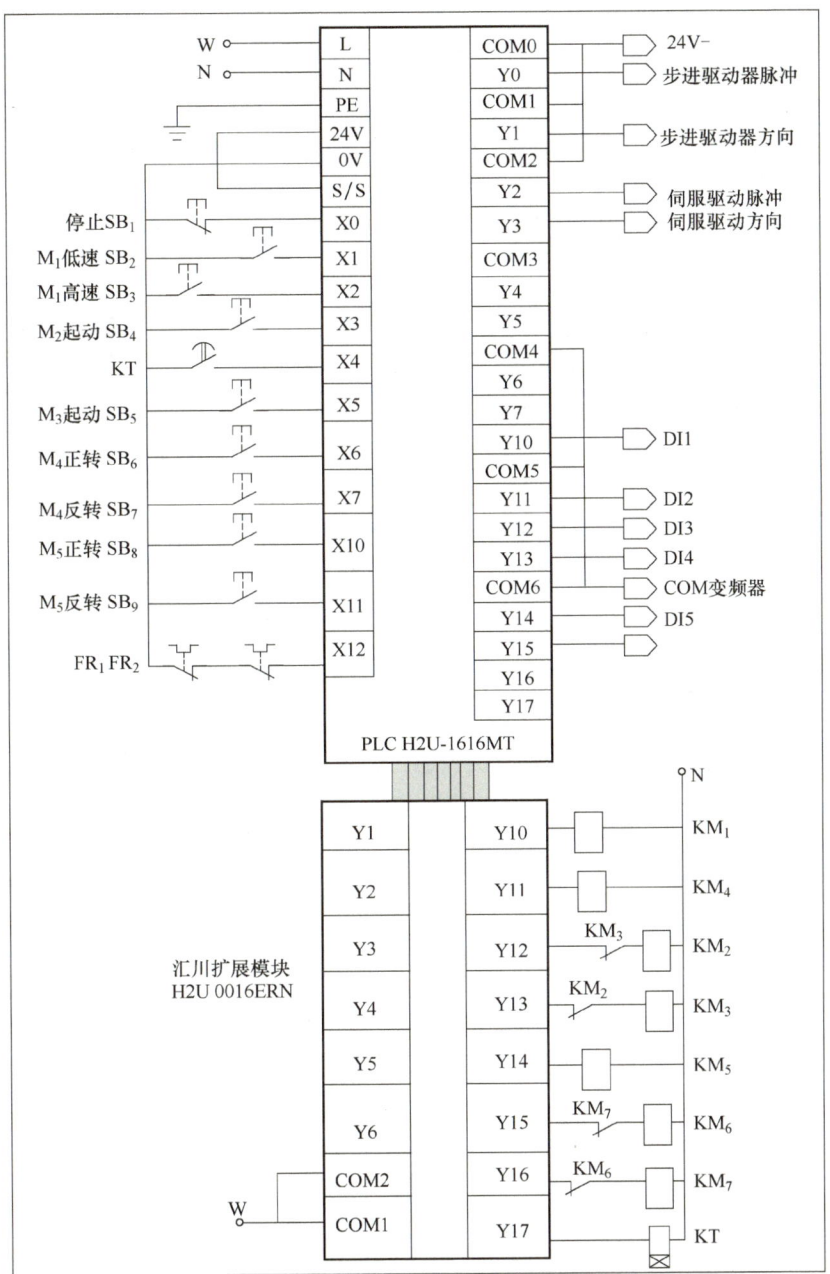

图 11-2　PLC 连接

3. 步进电动机设置

步进电动机设置为整步，电流为 1.5A。

4. 热过载保护

热过载保护按电动机额定电流设定。

5. 电路原理分析

电路有 5 台电动机协调工作，由 PLC 控制，PLC 增加有扩展模块，型号为 H2U 0016ERN，扩展模块采用数字量输入，由主机送来，输出是继电器形式，额定输出电流 2A，工作电压 220V，输出端可接交流接触器线圈或指示灯，通过交流接触器控制电动机。

表 11-2　变频器参数设置

序号	参数号	设定值	说　明
1	FP-01	1	恢复出厂设置（初始化）
2	F0-00	1	命令源选择：端子控制选择1。按本例要求采用端子控制调速
3	F0-01	4	频率源选择：多段速选择4。本例要实现6个段速控制电动机
4	F0-04	100	最大频率，这里只要设置50~630Hz即可
5	F0-06	100	上限频率数值设定
6	F0-09	2.5	参数名称：加速时间1。按题目要求设置
7	F0-10	2.5	参数名称：减速时间1。按题目要求设置
8	F2-00	1	DI1端子功能（正转）出厂值，设为1，正转
9	F2-01	2	DI2端子功能（反转）出厂值，设为2，反转
10	F2-02	13	DI3端子功能（多段速端子1），设为13，即定义为转速控制1端
11	F2-03	14	DI4端子功能（多段速端子2），设为14，即定义为转速控制2端
12	F2-04	15	DI5端子功能（多段速端子3），设为15，即定义为转速控制3端
13	F8-02	20	参数名称：第1段速。设置为输出20Hz，与题目要求相符
14	F8-03	30	参数名称：第2段速。设置为输出30Hz，与题目要求相符
15	F8-04	40	参数名称：第3段速。设置为输出40Hz，与题目要求相符
16	F8-05	50	参数名称：第4段速。设置为输出50Hz，与题目要求相符
17	F8-06	20	参数名称：第5段速。设置为输出20Hz，与题目要求相符
18	F8-07	50	参数名称：第6段速。设置为输出50Hz，与题目要求相符

表 11-3　伺服驱动器参数设置

序号	参数	名　称	出厂值	设定值	功能说明
1	P2-08	特殊参数写入	0	10	参数复位（复位后请重新接通电源）。设定此参数前，请先确认驱动器状态在SERVO OFF，即断开SON信号线
2	P1-00	外部脉冲列指令输入形式设定	2	2	1. AB相脉冲列（4X） 2. 正转脉冲列及逆转脉冲列 3. 脉冲形式：脉冲列+符号
3	P1-01	控制模式及控制命令输入源设定	00	0	Pt：位置控制模式（命令由端子输入）
4	P1-44	电子齿轮比分子（N）	1	10	多段电子齿轮比分子设定，设定范围为1~32767
5	P1-45	电子齿轮比分母（M）	1	1	多段电子齿轮比分母设定，设定范围为1~32767 齿轮比范围为1/50<N/M<200

　　M_1电动机为4/2极双速电动机，由KM_1、KM_2、KM_3、KM_4和KM_5控制，低速时，只有KM_1和KM_3闭合，电动机绕组接成三角形，4极，低速运行。高速时，只有KM_1、KM_2和KM_4闭合，电动机绕组接成双星形，2极，高速运行。它们的切换由PLC扩展模块控制。

　　M_2电动机为星—三角减压起动的电动机，星形联结起动时间由时间继电器KT设定，星形联结起动电动机时，只有KM_5和KM_6闭合，时间继电器线圈接至PLC扩展模块Y17端，定时结束时，接通X4输入，切换到三角形联结运行，KM_6断开，KM_7闭合。它们的切换也由PLC扩展模块控制。

　　M_3电动机为变频器驱动，变频器对电动机进行多段速调速，控制方法是由PLC的Y10~Y16输出接到变频器的输入控制端DI1~DI5上，由参数设置可知，用到多段速1~6共6个段速。根据前面的知识，这6个段速的控制端设置见表11-4。

表 11-4 段速设置

	DI5（Y14）	DI4（Y13）	DI3（Y12）	方向端子	转速转向
多段速1			×	Y11	正转20Hz
多段速2		×		Y11	正转30Hz
多段速3		×	×	Y11	正转40Hz
多段速4	×			Y11	正转50Hz
多段速5	×		×	Y11	正转20Hz
多段速6	×	×		Y12	反转50Hz

M_4 电动机正转 3 圈，整步 200 个脉冲/圈，共 600 个脉冲，频率 $f = 200Hz$；反转 1 圈，200 个脉冲，频率也是 $f = 200Hz$，送至 Y0 脉冲端。

M_5 电动机采用位置控制方式，每转脉冲数为：$10000 \div 10 = 1000$ 个脉冲。正转 3 圈，需 3000 个脉冲，频率 $f = 1000Hz$。反转 1 圈，脉冲数为 1000 个，频率也是 1000Hz。

本例用到两种定时器，一个是 PLC 内部寄存器上的定时器，另一个是外部定时器。内部定时器执行段速自动切换，外部定时器执行星—三角形起动自动控制。

6. 编写程序

根据以上原理分析，编写汇川 PLC 程序，见表 11-5。

表 11-5 程序编写

汇川程序	程序注释
M8002 —[SET S0]	汇川程序头
X0 —[SET S0]	停机 X0
X12 —[SET S0]	过载停机 X12
S0 STL —[ZRST Y0 Y37]	选择电动机操作前清零
—[ZRST S21 S100]	选择电动机操作前恢复区间
X1 —[SET S20]	选择 M_1 电动机低速起动（△联结）
X2 —[SET S21]	选择 M_1 电动机高速起动（YY联结）
X3 —[SET S22]	选择 M_2 电动机星形联结起动
X5 —[SET S24]	选择 M_3 电动机起动
X6 —[SET S30]	选择 M_4 电动机正转 X6
X7 —[SET S31]	选择 M_4 电动机反转 X7
X10 —[SET S32]	选择 M_5 电动机正转 X10
X11 —[SET S33]	选择 M_5 电动机反转 X11
S20 STL —(Y30) —(Y33)	M_1 电动机低速，三角形联结
S21 STL —(Y30) —(Y31) —(Y32)	M_1 电动机高速YY联结
S22 STL —(Y34) —(Y35) —(Y37)	M_2 电动机星形联结起动 KT 定时器得电 Y37
X4 —[SET S23]	KT 定时结束，接通 X4

(续)

汇川程序	程序注释
S23 STL — Y34 ( ) — Y36 ( )	M_2 电动机三角形联结运行
S24 STL — Y10 ( ) — Y12 ( )	M_3 电动机正转 20Hz 起动
— (T0 K100)	定时 10s 运行
— T0 — [SET S25]	
S25 STL — Y10 ( ) — Y13 ( )	定时结束，转下一步 M_3 电动机正转 30Hz 起动
— (T1 K100)	定时 10s
— T1 — [SET S26]	定时结束，转下一步
S26 STL — Y10 ( ) — Y12 ( ) — Y13 ( )	M_3 电动机正转 40Hz 起动
— (T2 K100)	定时 10s
— T2 — [SET S27]	定时结束，转下一步
S27 STL — Y10 ( ) — Y14 ( )	M_3 电动机正转 50Hz 起动
— (T3 K100)	定时 10s
— T3 — [SET S28]	定时结束，转下一步
S28 STL — Y10 ( ) — Y14 ( ) — Y12 ( )	M_3 电动机正转 20Hz 起动
— (T4 K100)	定时 10s
— T4 — [SET S29]	定时结束，转下一步
S29 STL — Y11 ( ) — Y13 ( ) — Y14 ( )	M_3 电动机反转 50Hz
S30 STL — Y1 ( ) — [PLSY K200 K600 Y0] — M8029 — [SET S0]	M_4 电动机正转 3 圈，600 个脉冲
S31 STL — [PLSY K200 K200 Y0] — M8029 — [SET S0]	M_4 电动机反转 1 圈，200 个脉冲
S32 STL — Y3 ( ) — [PLSY K1000 K3000 Y2] — M8029 — [SET S0]	M_5 电动机正转 3 圈
S33 STL — [PLSY K1000 K1000 Y2] — M8029 — [SET S0] — RET	M_5 电动机反转 1 圈 程序结束

本例中，可根据实际生产需要，不需改动电路，通过更改 PLC 程序，即可改变各个电动机的运行方式，比如各电动机运行时间、切换方式等。PLC 的应用使得自动化控制具有现实意义。

学习过程与检测

填空题

本任务用到了 5 台电动机，其中 M_1 的起动方式为_____，M_1 的调速方式为_____；可实现_____种速度运行，电动机同步转速是_____；M_2 的起动方式为_____；M_2 正常运行时有_____种速度可调整，M_3 电动机的起动方式为_____，可实现_____种速度调整。5 台电动机中，属于控制电动机的是_____；用于位置控制的电动机是_____；要使 M_4 两相混合式步进电动机转 1/4 圈，细分调到整步时，则须加入_____个脉冲。

技能训练

配合例题完成表 11-6 的技能训练。

表 11-6 技能训练——多台电动机综合控制

技能训练时间	____年____月____日 星期____第____节 地点_____		
技能训练指导教师			
技能训练项目小组名单		人数	
技能训练内容	三相电动机、变频器、步进电动机、伺服电动机综合控制		
技能训练设备及型号	技能训练元件清单见表 11-7		
技能训练工具	万用表、剥线钳、螺钉旋具、压线脚		
技能训练步骤	安装技能训练电路如图 11-1 和图 11-2 所示，是本任务的例 11-1 题图，各参数均按本例题进行设置，编写程序可以参考例题给出的程序，也可以自行编写 1. 熟悉电路原理图，了解电路的控制原理 2. 清点元件，检查元件与原理图是否符合，检查所有开关是否正常 3. 熟悉所有元件的接线端子位置 4. 检查工具和材料是否齐全 5. 做好技能训练人员的任务分工，要求人人参与协作 6. 将元件按图 11-3 进行固定 7. 安装接线，主线路采用 1.5mm² 铜芯软线，控制电路采用 0.75mm² 铜芯软线，线端子用针式或叉型端子加工 8. 接错线很可能会损坏元器件，特别是 PLC 和变频器、电动机等，应谨慎检查，确认无误后才能通电；设置变频器、伺服电动机驱动器和步进电动机驱动器参数 9. 编写 PLC 程序，下载试机 试机完毕，先断电，经教师评价后再拆线 收拾器材，打扫现场		

(续)

技能训练步骤	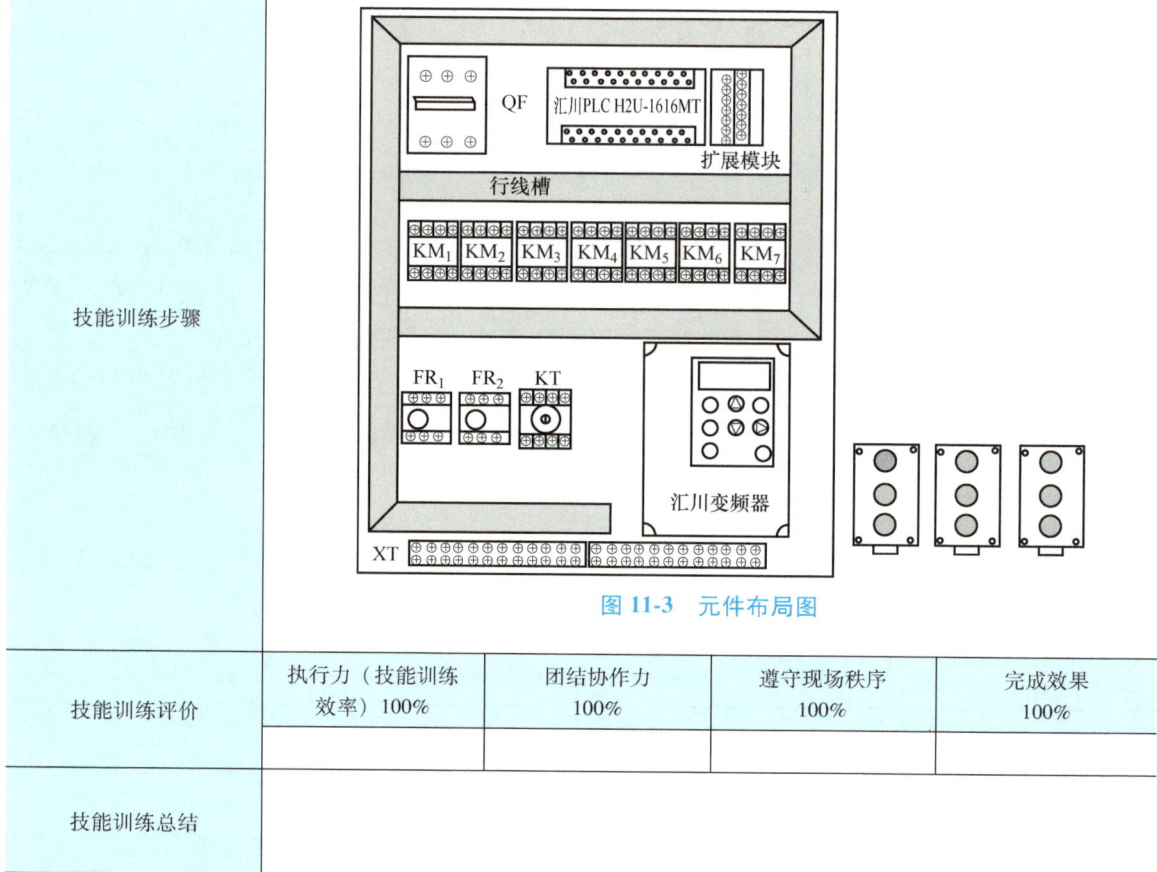 图 11-3 元件布局图			
技能训练评价	执行力（技能训练效率）100%	团结协作力 100%	遵守现场秩序 100%	完成效果 100%
技能训练总结				

注：电动机和驱动器、开关电源的安装视实际情况由指导教师指导安装。

表 11-7 技能训练元件清单

序号	代号	名称/型号	数量
1	QF	塑壳开关/NM1-63S/3300 20A	1个
2	M_2、M_3	三相异步电动机/YS5012	3台
3	M_1	双速电动机/YS5012/4	1台
4	M_5	伺服电动机（型号 ECMAC30604PS）	1台
5		台达伺服驱动器（台达 ASD-A0421-AB 型）	1台
6	M_4	两相混合式步进电动机/42BYGH5403	1台
7		两相混合式步进电动机驱动器/森创 SH-20403	1台
8	KM	交流接触器/CJX2-09/380	7个
9	SB	按钮盒/NP2-E3001，三位，一开一闭	3个
10		1.5mm² 铜芯软线/RV	按需配置
11		0.75mm² 铜芯软线/RV	按需配置
12		1.5mm² 黄绿双色铜芯软线/RV	按需配置

（续）

序号	代号	名称/型号	数量
13		四脚三相插头带引线	1个
14		安装基板/50cm×60cm×2cm	1块
15		安装固定螺钉	按需配置
16	XT	接线端子排/TB1510	2个
17		30mm×25mm 行线槽/TC3025	2m
18		异型管或号码管/1cm	2m
19		管式冷压端子/E1008	按需配置
20		SV1.25-4S 叉型端子	按需配置
21	PLC	汇川 PLC H2U-1616MT	1台
22	DC	DC 24V/5A 开关电源（伺服驱动器用）	1个
23		汇川 PLC 扩展模块/H2U 0016ERN	1个
24		汇川变频器 MD280N	1台
25		安装导轨/C45	3个

评价与分析

完成表 11-8 的评价与分析。

表 11-8 评价与分析

班级			姓名		日期	
序号	评价要点			配分	得分	总评
1	完成技能训练项目			68		A≥90 80≤B<90 60≤C<80 D<60
2	爱护设备			8		
3	与同学团结合作良好			8		
4	遵守课堂纪律			8		
5	具备职业素养与安全操作意识			8		
学习小结与建议						

参 考 文 献

［1］曾祥富，陈亚琳. 电气设备安装与维修项目实训［M］. 北京：高等教育出版社，2015.
［2］宋涛. 电机控制线路安装与调试［M］. 北京：机械工业出版社，2012.
［3］《最新国家标准电气图识读指南》编写组. 最新国家标准电气图识读指南［M］. 北京：中国水利水电出版社，2011.
［4］韩雪涛. 图解电动机维修快速入门［M］. 北京：机械工业出版社，2014.
［5］庄汉清. 电气安装与维修技术［M］. 北京：电子工业出版社，2015.
［6］何应俊. 电动机维修技术基本功［M］. 北京：人民邮电出版社，2010.
［7］黄永铭. 电动机与变压器维修［M］. 4版. 北京：高等教育出版社，2012.